E. Laubach · F. Mau · Th. Mau (Hrsg.)

Medizin im 21. Jahrhundert

Molekulare Medizin, Mikrotherapie
und High-Tech-Operationen

Springer-Verlag Berlin Heidelberg GmbH

E. Laubach · F. Mau · Th. Mau (Hrsg.)

Medizin im 21. Jahrhundert

Molekulare Medizin, Mikrotherapie
und High-Tech-Operationen

Mit 106 Abbildungen
und 20 Tabellen

Dr. Ester Laubach
Medizinische Klinik II
Klinikum Großhadern, Ludwig-Maximilians-Universität
Marchioninistr. 15
81377 München

Dr. Frank Mau
Unternehmensberatung Henrichs & Partner
Fritz-Kotz-Str. 14
51674 Wiehl

Thomas Mau, Dipl. Kfm.
Unternehmensberatung Henrichs & Partner
Fritz-Kotz-Str. 14
51674 Wiehl

ISBN 978-3-540-42321-8   ISBN 978-3-642-56302-7 (eBook)
DOI 10.1007/978-3-642-56302-7

Die Deutsche Bibliothek – CIP-Einheitsaufnahme
Medizin im 21. Jahrhundert : molekulare Medizin, Mikrotherapie und High-Tech-Operationen /
Hrsg.: Ester Laubach ... Mit Beitr. von R. Beisse ... – Berlin ; Heidelberg ; New York ; Barcelona ;
Hongkong ; London ; Mailand ; Paris ; Tokio : Springer, 2002

Dieses Werk ist urheberrechtlich geschützt. Die dadurch begründeten Rechte, insbesondere die der
Übersetzung, des Nachdrucks, des Vortrags, der Entnahme von Abbildungen und Tabellen, der Funksendung, der Mikroverfilmung oder der Vervielfältigung auf anderen Wegen und der Speicherung in
Datenverarbeitungsanlagen, bleiben, auch bei nur auszugsweiser Verwertung, vorbehalten. Eine Vervielfältigung dieses Werkes oder von Teilen dieses Werkes ist auch im Einzelfall nur in den Grenzen
der gesetzlichen Bestimmungen des Urheberrechtsgesetzes der Bundesrepublik Deutschland vom
9. September 1965 in der jeweils gültigen Fassung zulässig. Sie ist grundsätzlich vergütungspflichtig.
Zuwiderhandlungen unterliegen den Strafbestimmungen des Urheberrechtsgesetzes.

© Springer-Verlag Berlin Heidelberg 2002
Ursprünglich erschienen bei Springer-Verlag Berlin Heidelberg New York 2002.

Die Wiedergabe von Gebrauchsnamen, Handelsnamen, Warenbezeichnungen usw. in diesem Werk
berechtigt auch ohne besondere Kennzeichnung nicht zu der Annahme, dass solche Namen im
Sinne der Warenzeichen- und Markenschutz-Gesetzgebung als frei zu betrachten wären und daher
von jedermann benutzt werden dürften.

Produkthaftung: Für Angaben über Dosierungsanweisungen und Applikationsformen kann vom
Verlag keine Gewähr übernommen werden. Derartige Angaben müssen vom jeweiligen Anwender
im Einzelfall anhand anderer Literaturstellen auf ihre Richtigkeit überprüft werden.

Herstellung: PRO EDIT GmbH, Heidelberg
Umschlaggestaltung: design & production GmbH, Heidelberg
Satzherstellung: STORCH GmbH, Wiesentheid
Gedruckt auf säurefreiem Papier   SPIN: 10844587   22/3130 ML-5 4 3 2 1 0

Vorwort

Im vorliegenden Band referieren ausgewiesene Experten über wesentliche Innovationsfelder der heutigen Medizin und geben damit eine – auch durchaus kritische – Bestandsaufnahme von Hauptentwicklungstendenzen in der aktuellen Medizin. In der Summe entsteht ein Gesamtbild, das dem Leser eine Orientierung in der unübersichtlich gewordenen, in viele Experten- und Spezialgebiete zergliederten Medizin bietet. Daneben eröffnen die Beiträge faszinierende Perspektiven und zukunftsweisende Ausblicke auf die Medizin des 21. Jahrhunderts.

Angesichts der unbestrittenen Komplexität des medizinischen Fortschritts wurden zur Realisierung eines multidisziplinären Ansatzes Spezialisten aus ganz unterschiedlichen Forschungs- und Anwendungsgebieten von der Grundlagenforschung bis hin zu konservativen und operativen klinischen Fächern als Autoren gewonnen.

Die Beiträge informieren in ihrer inhaltlichen Vielfalt über den Stand der medizinischen Entwicklung aus so verschiedenen Bereichen wie den Grundlagen, Verfahren und therapeutischen Anwendungen der Gentechnik bis hin zur Proteomforschung, der weit fortgeschrittenen Miniaturisierung invasiver Verfahren und Technologien bis hin zu computer- und roboterunterstützten High-Tech-Operationen.

Die Herausgeber danken den Autoren für ihr großes Engagement, das zunächst eine interdisziplinäre Expertentagung im November 2000 in Frankfurt a. M. möglich machte und schließlich zur Veröffentlichung des vorliegenden Bandes jenseits der traditionellen Fächergrenzen geführt hat. Des Weiteren sei Frau Dr. D. Guth sowie Frau Dr. U. Niesel vom Springer-Verlag für die ausgesprochen konstruktive Zusammenarbeit gedankt.

ESTER LAUBACH, FRANK MAU, THOMAS MAU
München, Wiehl, Herbst 2001

Für die freundliche Unterstützung
zur Realisation der Tagung sowie dieses Bandes
sei den folgenden Unternehmen gedankt:

Aesculap (Tuttlingen),
Bavaria Medizin Technologie (Oberpfaffenhofen),
Orto Maquet (Rastatt), ProteoSys (Mainz),
Sequenom (Hamburg), Stryker Leibinger (Freiburg)

Inhaltsverzeichnis

Erfolgsfaktoren für Innovationen in der Medizin
F. Mau 1

Molekulare Diagnostik –
Fortschritte in der molekularen Medizin
W. Höppner, D. Arlt, O. Weiner 19

Gene und Zellkerne in Diagnose und Therapie
H. G. Gassen, S. Perl 87

Functional Proteomics in der medizinischen Forschung
A. Schrattenholz 115

Stand der Gentherapie und der lokalen Medikamentenapplikation im kardiovaskulären Bereich
S. Nikol, M. G. Engelmann 135

Minimal invasive Techniken im 21. Jahrhundert –
eine kritische Analyse am Beispiel der operativen Urologie
D. Schnorr 181

Minimal invasive thorakoskopische Eingriffe an der Wirbelsäule
R. Beisse 199

Minimal invasive Therapie in der Neuroradiologie
M. Schumacher 229

Das Mikroendoskop in der Augenheilkunde:
der Blick aus dem Glaskörperraum
F. Koch 257

Fibrinolyse bei akuter Erblindung –
Ergebnisse der Mikrokathetertechnik
D. Schmidt, M. Schumacher 269

Computerassistierte Hirnoperationen
M. Bettag, Ch. Busert, F. Hertel 293

Heutiger Stellenwert der intraoperativen Navigation
und der roboterassistierten Operationstechnik
in Orthopädie und Traumatologie
W. Siebert 305

Sachverzeichnis 323

Autorenverzeichnis

ARLT, DORIT, Dr.
Institut für Hormon- und Fortpflanzungsforschung,
Universität Hamburg, Grandweg 64, 22529 Hamburg

BEISSE, RUDOLF, Dr.
Abteilung Chirurgie/Unfallchirurgie der Berufsgenossenschaftlichen
Unfallklinik Murnau, Prof.-Küntscher-Str. 8, 82418 Murnau

BETTAG, MARTIN, Prof. Dr.
Klinik für Neurochirurgie, Krankenhaus der Barmherzigen Brüder,
Nordallee 1, 54292 Trier

BUSERT, CHRISTOPH, Dr.
Klinik für Neurochirurgie, Krankenhaus der Barmherzigen Brüder,
Nordallee 1, 54292 Trier

ENGELMANN, MARKUS G., Dr.
Medizinische Klinik I, Klinikum Großhadern, Ludwig-Maximilians-
Universität, Marchioninistr. 15, 81377 München

GASSEN, HANS GÜNTER, Prof. Dr.
Institut für Biochemie, TU Darmstadt, Petersenstr. 22, 64287 Darmstadt

HERTEL, FRANK, Dr.
Klinik für Neurochirurgie, Krankenhaus der Barmherzigen Brüder,
Nordallee 1, 54292 Trier

HÖPPNER, WOLFGANG, Prof. Dr.
Institut für Hormon- und Fortpflanzungsforschung,
Universität Hamburg, Grandweg 64, 22529 Hamburg

Koch, Frank, Prof. Dr.
Klinik für Augenheilkunde, Johann-Wolfgang-Goethe-Universität,
Theodor-Stern-Kai 7, 60590 Frankfurt/M.

Laubach, Ester, Dr.
Ludwig-Maximilians-Universität Medizinische Poliklinik II,
Klinikum Großhadern, Marchioninistraße 15, 81377 München

Mau, Frank, Dr.
Unternehmensberatung Henrichs & Partner, Fritz-Kotz-Str. 14,
51674 Wiehl

Mau, Thomas, Dipl.-Kfm.
Unternehmensberatung Henrichs & Partner, Fritz-Kotz-Str. 14,
51674 Wiehl

Nikol, Sigrid, Prof. Dr.
Medizinische Klinik C, Universitätsklinik Münster, Westfälische-
Wilhelms-Universität, Albert-Schweitzer-Str. 44, 48129 Münster

Perl, Sabine, Dipl.-Ing.
Institut für Biochemie, TU Darmstadt, Petersenstr. 22,
64287 Darmstadt

Schmidt, Dieter, Prof. Dr.
Univ.-Augenklinik Freiburg, Sektion für Neuroradiologie
der Neurolog.-Univ.-Klinik, Kilianstr. 5, 79106 Freiburg

Schnorr, Dietmar, Prof. Dr.
Klinik für Urologie, Universitätsklinikum Charité,
Schumannstr. 20–21, 10117 Berlin

Schrattenholz, André, PD Dr.
ProteoSys AG, Carl-Zeiss-Str. 51, 55129 Mainz

Schumacher, Martin, Prof. Dr.
Universitätsklinik Freiburg, Abteilung Neuroradiologie,
Breisacherstr. 64, 79106 Freiburg

Siebert, Werner, Prof. Dr.
Orthopädische Klinik, Wilhelmshöher Allee 345, 34131 Kassel

Weiner, Olaf, Dr.
Evotec Analytical Systems GmbH, Max-Planck-Str. 15a, 40699 Erkrath

Erfolgsfaktoren für Innovationen in der Medizin

Frank Mau

Inhalt

1 Einleitung 2

2 Innovationen in der Medizin sind kein Sonderfall
  der technisch-wissenschaftlichen Innovationen 3

3 Wie gelangt man zu technischen oder wissenschaftlichen
  Innovationen in der Medizin? 4

4 Wissenschafts- und technikhistorischer Kontext
  für die gegenwärtigen Hauptinnovationsgebiete der Medizin . 7

5 Welche Innovationsstrategien und damit verbundenen
  Kernziele werden verfolgt? 10

6 Wie gestaltet sich der Durchsetzungs- und Reifungsprozess
  einer Innovation? 12

7 Was sind konkrete Erfolgsfaktoren von Innovationen
  in der Medizin? 15

8 Anstelle eines Fazits: Wie schnell kommt die Zukunft? 17

Literatur 18

1
Einleitung

Der Gesundheitsmarkt ist ein Zukunftsmarkt, dem im Bereich der gesundheitsfördernden Dienstleistungen ebenso wie auf dem Sektor der pharmazeutischen und medizintechnischen Produkte große Wachstumschancen eingeräumt werden. So rangiert bei der Einschätzung der Zukunftsaussichten die Branche „Gesundheitsfürsorge" nach dem Morgan & Stanley Capital International World Index an der ersten Stelle; dieser Index gibt die Börsenwertfaktoren ausgewählter Branchen wieder und platziert somit andere große Zukunftsbranchen wie Medien, Dienstleistungen, Elektronik und Informationstechnologie hinter die Gesundheitsfürsorge (vgl. Sveiby 1998, S. 23, dort Abb. 1.2).

Dem amerikanischen Volksökonomen Lester Thurow zufolge wäre die Medizin zu den „brainpower industries" zu zählen, d.h. zu denjenigen experten- und wissensbasierten Wachstumsindustrien, für deren Akteure gilt, dass „[t]oday knowledge and skills now stand alone as the only source of comparative advantage" (Thurow 1996, S. 68). In diesen Industrien gilt, dass „[...] the invention of new products [und innovativen Dienstleistungen, Erg. d. A.] became important. Those who invented new products [Dienstleistungen, Erg. d. A.] would produce those products [Dienstleistungen, Erg. d. A.] during the initial, high-profitability, high-wage, stages of their life cycle" (Thurow 1996, ebd.). Für die Experten in diesen Zukunftsmärkten hat dies zumindest in den Vereinigten Staaten schon jetzt den Effekt, dass „[...] some service industries, such as finance and medicine, pay the highest wages in the economy" (Thurow 1996, S. 71).

Wie Thurow hervorhebt, sind Neuerungen, seien es Produkte oder Dienstleistungen – und hier macht die Medizin keineswegs eine Ausnahme –, in allen Technik- und Wissensgebieten eine (vielleicht sogar die) entscheidende Triebkraft für positive Veränderung und Wachstum.

Neben dieser großen ökonomischen Bedeutung des Gesundheitsmarktes erfahren die Medizin und die in diesem Bereich stattfindenden Innovationen eine zunehmende Beachtung in der Öffentlichkeit. Dies lässt sich teilweise damit erklären, dass in der zwar informierteren, deshalb in der Sache aber nicht unbedingt aufgeklärteren Mediengesellschaft echte Innovationen neben Skandalen, kleinen und großen Katastrophen zunehmend zu den Themen zählen, die über den entsprechenden „news value" verfügen, um eine publikumswirksame Aufmachung und nachhaltige Berücksichtigung in den Medien zu finden. Bei den medizinischen Innovationen führt dies offenbar dazu, dass der medienkonsumierende Patient als medizinischer Laie auf die vermeintlich sensationell wirkenden, heilenden, lebensrettenden etc. Innovationen hingewiesen wird und diese von seinem Arzt einfordert. Die zunehmend individualistisch geprägte Anspruchshaltung und der im internationalen Vergleich gleichzeitig relativ hohe Krankenversicherungsstatus verstärken dies und führen mitunter zu extremen Forderungen, so dass von Ärzten, Pharmazeuten und Medizintechnikern die Lösung aller gesundheitlichen Probleme erwartet wird[1].

Diese öffentliche Erwartungshaltung hat auch weit reichende Auswirkungen auf die Industriesparten für Arzneien und Medizinprodukte. In einer Zeit, die von einem scharfen Wettbewerb, enormen Forschungs- und Entwicklungskosten sowie immer kürzeren Entwicklungs- und Erprobungsspannen bestimmt wird, müssen Produkte recht offensiv, zuweilen sogar aggressiv vermarktet werden. Dies hat Auswirkungen, die nicht immer unbedingt positiv sein müssen. So könnte heute vielleicht auch in der Medizin bereits das lediglich Neue der Feind des bisher Bewährten sein, obwohl gerade im Bereich der Gesundheit nur das wirklich, d.h. erwiesenermaßen Bessere das sog. „Alte" verdrängen sollte.

2
Innovationen in der Medizin sind kein Sonderfall der technisch-wissenschaftlichen Innovationen

Innovationen oder schlichter gesagt „Neuerungen" in der Medizin, seien es nun rein medizintechnische Innovationen wie die Einführung eines portablen Blutzuckermessgeräts oder Erkenntniszuwächse, die eher zum Bereich des Grundlagenwissens zu zählen sind wie beispielsweise die Aufklärung der Hepatitis-B-Infektion und die daraus abgeleitete Entwicklung eines Impfstoffs, oder aber neue Fertigkeiten und

---

[1] Das Internet gewinnt als fachlich verlässliche Informationsquelle immer mehr an Bedeutung. Vergleiche die Ausführungen Dietmar Schnorrs im vorliegenden Band in seinem Beitrag unter 2.2: „Durch das Internet und andere moderne Medienoptionen sind Patienten heute besser informiert als jemals zuvor und treten ihren Ärzten gegenüber mit Sachkenntnis und umfangreichem Wissen auf."

Dienstleistungen wie die Ausgestaltung der minimal invasiven Eingriffstechniken, sind letztlich alle Bestandteil des allgemeinen technischen und wissenschaftlichen Fortschritts. Für die Verbesserung unserer Medizintechnologie gelten ebenso wie für die Mehrung unseres medizinischen Wissens und den Ausbau unserer medizinischen Fertigkeiten dieselben Gesetzmäßigkeiten wie generell bei neuen technischen Errungenschaften, Erkenntnis- und Fertigkeitszuwächsen.

Dennoch scheinen Neuerungen in der Medizin zuweilen eine Sonderstellung einzunehmen. Dies liegt vermutlich daran, dass wir davon insofern unmittelbar und in besonderer Weise betroffen sind, als uns eine medizinische Innovation irgendwann einmal einen entscheidenden gesundheitsfördernden bzw. -erhaltenden, evtl. sogar lebensrettenden Nutzen bringen kann. Vielleicht führt dieser individuell-existenzielle Bezug dazu, dass medizinische Innovationen in der Wahrnehmung und Bewertung einen anderen Stellenwert einnehmen als andere Innovationen. Sie finden oftmals erhebliche Beachtung in den Medien, erfahren teilweise eine sehr breite gesellschaftliche, aber auch politische und wirtschaftliche Förderung oder stoßen in Einzelfällen auf erbitterten Widerstand und kategorische Ablehnung.

Dennoch: Auch wenn die medizinischen Innovationen im Unterschied zu anderen Technik- und Wissensgebieten hinsichtlich Wahrnehmung und Bewertung gewisse Besonderheiten aufweisen mögen, stellen sie als technische oder wissenschaftliche Errungenschaften im engeren Sinne keine Sonderklasse von Innovationen dar. Sie entstammen keiner eigenständigen technologisch-wissenschaftlichen Entwicklungslinie. Schließlich sei auch daran erinnert, dass es genügend kontroverse Technologien und Wissensfelder von der Kernenergie bis hin zur voranschreitenden Digitalisierung der Medien und Bürokratien gibt, wo Innovationen mitunter zu ähnlichen Begleiterscheinungen in der Bewertung und Wahrnehmung führen.

3
Wie gelangt man zu technischen oder wissenschaftlichen Innovationen in der Medizin?

Insofern also Innovationen in der Medizin Spezialfälle, d.h. eine Teilklasse des allgemeinen technischen und wissenschaftlichen Fortschritts darstellen, gelten für sie genau die gleichen Gesetzmäßigkeiten oder besser gesagt Zufälligkeiten wie für andere Neuerungen auch. Vor der Geburt einer Innovation steht immer bewusst oder unbewusst die Frage, die der Physiker Neil Gershenfeld, Leiter des MediaLab am MIT, treffend formuliert hat:

> „Wo finde ich ungenutzten Raum und wie kann ich ihn füllen?"
> (Kaku 2000, S. 50)

An der Formulierung Gershenfelds, der sich damit befasst, „neue Wege zur Verbesserung und Bereicherung der ‚Schnittstelle zwischen Mensch und Maschine' zu finden" (Kaku 2000, S. 49) und sich dabei bemüht, die „Computer des nächsten Jahrhunderts" (Kaku 2000, S. 50) mitzuentwickeln, lassen sich zwei wesentliche Aspekte ablesen, die die Geburt und Weiterentwicklung von Innovationen stets begleiten.

Erstens spricht Gershenfeld zu Recht von der Suche nach einem bisher ungenutzten anstelle eines lediglich ungefüllten Raumes. Bei einer Innovation geht es nicht allein darum, irgendetwas irgendwie Neuartiges zu finden, das es bislang noch nicht gab. Das wäre das Betreiben eines Glasperlenspiels. Innovationen müssen nicht nur neu sein, sondern neu sein *und* einen überzeugenden Nutzen erbringen. Die Betrachtung des Reifungs- und Durchsetzungsprozesses einer Innovation wird zeigen, dass dem durch die Innovation verwirklichten Nutzen dabei eine wesentliche Bedeutung zukommt.

Zweitens spiegelt der von Gershenfeld gewählte Ausdruck „wie man ihn füllen kann" wider, dass es mit der bereits sehr kreativen Leistung, einen bisher nicht realisierten Nutzen zu identifizieren, noch nicht getan ist. Vielmehr ist dies nur der Ausgangspunkt – entscheidend ist, wie man diesen Nutzen umsetzen kann. Hier ist die eigentliche Forschungs- und Entwicklungsarbeit zu leisten. So ist es von der Idee, Gefäßverschlüsse durch einen kleinen, transluminaren Eingriff mittels einer Art Sonde zu behandeln, noch ein langer Weg bis zum heutigen Stand der interventionellen Kathetertechnologie, wie sie in der Kardiologie und Radiologie betrieben wird. Viele weitere Beispiele ließen sich hier anführen und es fällt zunächst vergleichsweise leicht, sich die bisher ungenutzten Räume im Bereich der molekularen Medizin auszumalen: Heilung aller Krebsarten, von Aids oder allen Erbkrankheiten (wie z.B. Huntington-Chorea, Mukoviszidose, Hämophilie; für zahlreiche weitere Beispiele s. Kaku 2000, S. 193–214). Wie man diese Ideen jedoch im Einzelnen zu erfolgreichen medizinischen Anwendungen entwickelt, ist eine ungleich schwierigere Aufgabe. Dies wird in dem von Gershenfeld gewählten Ausdruck „wie man ihn füllen kann" v.a. durch seine nichtssagende Offenheit angedeutet. Für erfolgreiche Forschungs- und Entwicklungsarbeit gibt es eben keine Rezepte.

Angesichts der Tatsache, dass die Erfindung und Entwicklung von innovativen Produkten und Dienstleistungen immer ein unerzwingbares und nicht vorhersagbares kreativ-spontanes Element enthält, kann man bei der Ausrichtung eines Forschungs- und Entwicklungsbereichs lediglich bemüht sein, ein innovationsförderndes Umfeld zu schaffen.

Ein solches Umfeld müsste, wie John Kao, Direktor des Managing Innovation Executive Program an der Stanford University und CEO der „Idea Factory" in San Francisco, schreibt, „die Vorzüge der betrieblichen Unordnung" aufweisen (Kao in: v. Pierer u. v. Oettinger 1997, S. 319). Es sollte ein attraktives Umfeld für Experten sein, das nach Karl Sveiby folgendermaßen aussieht: „Experten lieben komplexe Probleme, Fortschritte in ihrem Beruf, die Freiheit Lösungen zu suchen, gut ausgestattete, finanziell abgesicherte Labors und öffentliche Anerkennung ihrer Leistungen." (Sveiby 1998, S. 88) Hingegen haben Experten „eine Abneigung gegen Vorschriften, die ihre individuelle Freiheit einschränken, Routinearbeiten und Bürokratie (die sie tendenziell überall sehen)" (Sveiby 1998, ebd.).

Es wäre aber verfehlt, unterschiedslos jede Neuerung als „Innovation" zu bezeichnen. Vielmehr sollte man mit Claus Weyrich, ehemals Leiter der Forschungslaboratorien der Siemens AG und seit 1996 Mitglied des Vorstands der Siemens AG, zumindest zwei Arten von Innovationen unterscheiden. Weyrich spricht von „revolutionären Innovationen" einerseits und „evolutionären Innovationen" andererseits:

Bei evolutionären *Innovationen, die auf Bekanntem aufbauen und schrittweise Verbesserungen bewirken, sind v.a. eine gute Planung und ein gutes Projektmanagement entscheidend. Revolutionäre Innovationen dagegen sind nur schlecht planbar. Sie erfordern starke, engagierte Persönlichkeiten – Innovations-Champions – mit Intuition, Risikobereitschaft und Durchhaltevermögen. Dafür bieten sie aber auch grundsätzlich neue Möglichkeiten zur Erfüllung der vorhandenen oder latenten Bedürfnisse von Kunden. (Hervorhebung im Original, Weyrich in: v. Pierer u. v. Oettinger 1997, S. 41f.)*

Die Unterscheidung zwischen revolutionären und evolutionären Innovationen lässt sich auch auf die Neuerungen der Medizin übertragen: Gewiss war die Entwicklung und Einführung der Antibabypille zunächst eine revolutionäre Innovation. Die kontinuierliche Weiterentwicklung, im Sinne der evolutionären Innovation, hat dann zu neuen Produktgenerationen in Form von optimierten Nachfolgepräparaten geführt. Der Hauptnutzen dieser Präparate bestand dabei weiterhin in der Empfängnisverhütung (Kernnutzen des revolutionären Innovationsschritts). Die einzelnen evolutionären Innovationsschritte erfüllten im Verhältnis zum Hauptnutzen eine zwar nur untergeordnete, aber dennoch für die Konsumentinnen wesentliche zusätzliche Nutzenfunktion, die v.a. in der Minimierung von Risiken und Nebenwirkungen, die sich bei regelmäßiger Einnahme ergeben hatten, bestand.

Den hier am Beispiel der Antibabypille skizzierten Entwicklungsweg von Innovationen findet man häufig: Zunächst wird durch eine revolutionäre Neuerung ein völlig neuer Nutzen erzeugt, woraufhin dann viele weitere evolutionäre Innovationen am eigentlichen Hauptnutzen nichts Wesentliches ändern, jedoch die Handhabung der Innovation vereinfachen, die Wirkung verbessern, unerwünschte Nebeneffekte minimieren etc.

> Zusammenfassend lassen sich medizinische Innovationen so charakterisieren, dass sie in revolutionärer oder evolutionärer Weise einen bislang nicht realisierten medizinischen Nutzen erschließen bzw. verbessern. Weder für das Auffinden des Ausgangspunkts, d.h. die Imagination eines Nutzens (Innovationsvision), noch für den Weg der schrittweisen technologisch-wissenschaftlichen Verwirklichung (Innovationsrealisation) gibt es eine vorgezeichnete Methode, eine programmierte Planung oder gar ein Rezept. Vielmehr kommt es darauf an, ein expertenfreundliches Umfeld zu schaffen, das innovationsfördernd wirkt.

4 Wissenschafts- und technikhistorischer Kontext für die gegenwärtigen Hauptinnovationsgebiete der Medizin

Man kann in Verlängerung des Sprichwortes, dass man das Rad nicht jedes Mal neu erfinden müsse, sicherlich behaupten, dass jede Innovation auf bestimmten Voraussetzungen beruht. Jede Innovation setzt bereits vorhandenes Wissen und anwendungsbewährte Technologien voraus. Man kann dies mit Weyrich auch in einen Slogan fassen: „Innovationen entstehen nicht im luftleeren Raum." (Weyrich in: v. Pierer u. v. Oettinger 1997, S. 41)

Dies gilt selbstverständlich auch für die Innovationen in der Medizin, die, wie oben dargelegt, keine Sonderformen von Innovationen darstellen. Die wissenschaftliche Entwicklung der Medizin steht in mannigfaltiger Verbindung zum Fortgang der anderen Wissenschaften und die Entfaltung der Medizintechnik erfolgt im Zusammenhang des allgemeinen technischen Fortschritts. Die voranstehenden Sätze sind in ihrer Allgemeinheit nahezu tautologisch und daher wenig aufschlussreich. Wenn man über Innovationen in der Medizin im 21. Jahrhundert nachdenkt, möchte man gerne spezifischer benennen können, auf welchen Gebieten innovative Entwicklungen sich entweder bereits vollziehen oder zu erwarten sind.

Hier soll die nahe liegende These vertreten werden, dass Innovationen in der Medizin – insbesondere die revolutionären – aus den technischen und wissenschaftlichen Revolutionen der jüngsten Vergangenheit hervorgehen. Die Frage, welche Revolutionen dies im Einzelnen sind, wird man mit Michio Kaku so beantworten:

Im späten 20. Jahrhundert hat die Wissenschaft das Ende eines Zeitalters erreicht: Die Geheimnisse des Atoms sind gelüftet, die Moleküle des Lebens sind erforscht, und der elektronische Rechner ist entstanden. Mit diesen drei grundlegenden Errungenschaften, die durch die Quantenrevolution, die DNS-Revolution und die Computerrevolution möglich wurden, sind die Grundgesetze von Materie, Leben und Rechnen im Wesentlichen aufgeklärt. (Kaku 2000, S. 16)

Es sind demnach v.a. 3 wissenschaftlich-technische Revolutionen, die auch im Bereich der Medizin einen nachhaltigen Forschungs- und Entwicklungsschub auslösen bzw. bereits ausgelöst haben:

- die Erschließung mikrophysikalischer bis hin zu subatomaren Strukturen,
- die Entschlüsselung der DNS,
- die Entwicklung der elektronischen Computer.

Die neuen Möglichkeiten, die sich hierdurch eröffnen, sind enorm. In der Medizin werden folgende Hauptinnovationsgebiete erkennbar:

- Die Erschließung mikrophysikalischer bis hin zu subatomaren Strukturen gestattet eine immer weiter voranschreitende Miniaturisierung von Instrumenten bis hin zur Nanotechnologie.
- Das physikalische Verständnis und die technische Nutzung der mikrophysikalischen Strukturen haben die diagnostischen Ansätze, insbesondere was die bildgebenden Verfahren anbelangt, umfassend erweitert.
- Die Entschlüsselung der DNS bildet die Grundlage für die Entstehung eines neuen Forschungs- und Industriezweiges: die Biotechnologie.
- Die rasante Weiterentwicklung der Computer, die von Generation zu Generation leistungsfähiger[2] und bedienungsfreundlicher werden, ermöglicht eine bislang nicht gekannte, hoch effiziente Aufbereitung und algorithmische Weiterverarbeitung von sehr großen Datenmengen; in der weiteren Folge führt dies zu einer weit reichenden Automatisierung und zur Robotik[3].

Mit den angedeuteten Entwicklungsmöglichkeiten werden große Erwartungen verknüpft. Ihnen wird derzeit eine so große Zukunft vorhergesagt, dass die damit verbundenen Schlagworte „Miniaturisierung, Nanotechnologie, Biotechnologie und Computerisierung/Automatisierung" nicht nur Eingang in wissenschaftliche Publikationen und Expertendiskussionen, sondern auch in öffentliche Debatten und wirtschaftspolitische Entscheidungen gefunden haben. Wohl bekannt wird die Weiterentwicklung der Computertechnologie v.a. in den Vereinigten Staaten schon seit längerem staatlich stark gefördert. Ebenso wurden die Anstrengungen der öffentlichen Hand zum Aufbau und zur Wachstumsbeschleunigung der Biotechnologie v.a. in den Vereinigten Staaten, aber auch in Großbritannien verstärkt. Seit neuestem unterstützt die Regierung der Vereinigten Staaten auch die Forschungsinstitutionen und Unternehmen, die sich auf dem Sektor der Miniaturisierung und Nanotechnologie betätigen.

---

[2] Das Gesetz von Gordon Moore, Mitbegründer der Firma Intel, besagt, „dass sich die Computerleistung ungefähr alle 18 Monate verdoppelt" (Kaku 2000, S. 27).

[3] Seit längerem verspricht die Forschergemeinde der Künstlichen Intelligenz auch semi- bzw. intelligente Systeme.

5
Welche Innovationsstrategien und damit verbundenen Kernziele werden verfolgt?

Die Innovationsstrategien der benannten Hauptinnovationsgebiete in der Medizin lassen sich leicht herleiten. Dazu muss man sich nur die Kernziele der bereits realisierten Anwendungen, d.h. den jeweils erwarteten bzw. schon realisierten Nutzen, vergegenwärtigen:

- Von einer immer weiter gehenden Verkleinerung der Instrumente und biophysikalischen Anwendungsdimensionen in Diagnostik und Therapie verspricht man sich eine Begrenzung der Lokalität (insbesondere des Zugangstraumas bei mechanischen Interventionen) und gleichzeitig eine Erhöhung der Spezifikation des diagnostisch-therapeutischen Eingriffs. Beispiele hierfür sind die minimal invasiven operativen Verfahren, die Kathetertechnologie (bis hin zum Mikrokatheter), aber auch die in der klinischen Erprobung befindliche sog. „wireless endoscopy", bei der der Patient eine Minikamera schluckt, mit deren Hilfe dann ein Film über seinen Gastrointestinaltrakt erstellt werden kann. Mit geeigneten Lasermikroskopen hat man im Tierversuch an der Universität Jena bereits Zelle für Zelle entfernen können (Grönemeyer 2000, S. 68).
- Mit den neuen biotechnologischen Verfahren wird das Ziel verfolgt, sowohl im Rahmen der Diagnostik als auch in der Therapie möglichst spezifisch und direkt auf molekularbiologischer Ebene ansetzen zu können. Hierbei werden durch regional-lokal sehr eng begrenzte Anwendungen (Genreparatur) Wirkungen erzielt, die systemische Auswirkungen haben, d.h. in größere physiologische Wirkzusammenhänge eingreifen.
- Von den biotechnologischen Verfahren verspricht man sich zudem eine weit gehende Individualisierung der Medizin bis hin zu einer auf den individuellen Lebensstil eines Patienten abgestimmten Medizin (Lifestylemedizin).
- Durch die Verwendung miniaturisierter/nanotechnologischer Instrumente werden im diagnostischen Prozess zunehmend auch in Kombination mit biotechnologischen Verfahren und elektronisch gestützter Datenverarbeitung qualitativ (Präzisionsgrad, Validität) und quantitativ (Spezifikation, Relevanz) optimierte Datenmengen erzeugt und ausgewertet. Hiervon verspricht man sich neben einer

möglichst begrenzten, gezielten Diagnostik v.a. eine genauere Planung und eine kontrolliertere Durchführung der Therapie sowie eine bessere Berechenbarkeit des Behandlungsverlaufs und der erzielbaren Resultate.

- Der Einsatz sehr leistungsfähiger elektronischer Datenverarbeitungssysteme in Zusammenhang mit hochauflösenden bildgebenden Verfahren hat zur Anwendung von Navigationssystemen geführt, die beispielsweise dem Neurochirurgen einen idealen, d.h. maximal schonenden Zugang zu tief liegenden Hirnregionen aufzeigen. Durch diese Systeme wird sowohl seine Operationsplanung als auch die Durchführung der Operation selbst interaktiv unterstützt und kontrolliert.
- Schließlich hat die Vereinigung von computergestützten Navigationssystemen und Operationsrobotern, die mit (teilweise bereits miniaturisierten) Präzisionsinstrumenten arbeiten, zur Automatisierung von operativen Teilprozessen (etwa Fräsungen mittels einer Instrumentensteuerung am Knochen zur Anpassung einer Gelenkprothese im Genauigkeitsbereich von 0,05 mm; vgl. Grönemeyer 2000, S. 313) geführt. Mit diesen kombinierten Systemen aus Navigation und Robotik, die nicht nur in der Knochenchirurgie, sondern auch in der Herzchirurgie und in der Urologie eingesetzt werden, ist man bemüht, den Präzisionsgrad zu steigern und gleichzeitig eine möglichst teilautomatisierte oder zumindest kontrollierte Durchführung der Eingriffe zu erreichen. Durch die Verbindung von Robotik und Navigation wird nicht nur der Bereich des vom Menschen handwerklich-technisch Machbaren durch eine genauere Planung und robotergestützte Durchführung erweitert, sondern es wird letztlich auch eine neue Dimension in der Qualitätsgarantie in der Medizin angestrebt.

In Abb. 1 werden die geschilderten Entwicklungen noch einmal schematisch aufgeführt und es wird aufgezeigt, wo bereits Verfahren in der Entwicklung, Erprobung oder Anwendung sind, die Verbindungen zwischen den einzelnen Entwicklungszweigen herstellen. Der Einsatz leistungsfähiger bildgebender Verfahren stellt sowohl bei der fortschreitenden Miniaturisierung als auch bei der weiteren Integration der elektronischen Datenverarbeitung einen unterstützenden und entwicklungsfördernden Faktor dar.

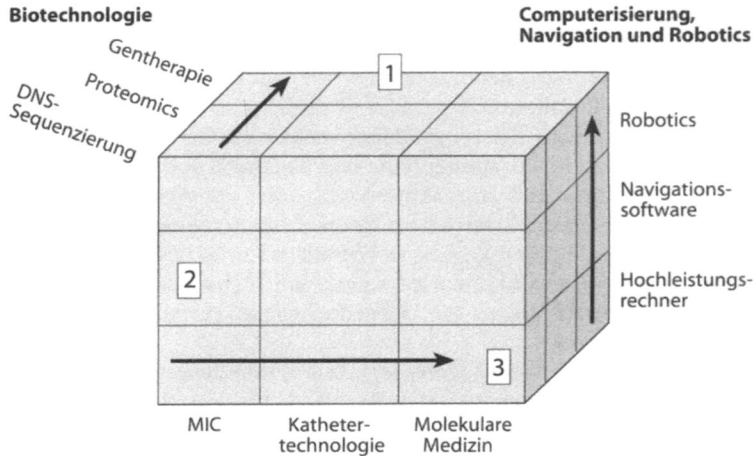

Abb. 1. Innovationsdimensionen in der Medizin. Die *Pfeile* sollen die Entwicklungsrichtung der jeweiligen Innovationsdimension andeuten. Die an den *Würfelkanten* aufgeführten Entwicklungsschritte sind nur exemplarisch zu verstehen und bilden die Entwicklungsdimension nicht vollständig und entwicklungshistorisch korrekt ab. An den Punkten *1, 2* und *3* lassen sich bereits Beispiele für die Überschneidung der Innovationsdimensionen angeben. Zu *1* „Gentherapie/Kathetertechnologie" vgl. den Beitrag von S. Nikol und M. Engelmann; zu *2* „Navigationssoftware/Minimal invasive Chirurgie" vgl. den Beitrag von D. Schnorr; zu *3* „Molekulare Medizin/Hochleistungsrechner" vgl. die Beiträge von W. Höppner et al. und A. Schrattenholz.
MIC Minimal invasive Chirurgie

6
Wie gestaltet sich der Durchsetzungs- und Reifungsprozess einer Innovation?

Nachdem vorangehend die derzeit erkennbaren Hauptinnovationsgebiete in der Medizin skizziert wurden, soll nun kurz betrachtet werden, wie sich der Durchsetzungs- und Reifungsprozess einer Innovation allgemein darstellt.

In seiner Studie „The invisible computer" hat Donald A. Norman sich mit der Entwicklungsdynamik in der High-Tech-Branche der Computer- und Softwareindustrie befasst und für Innovationen einige Charakteristika formuliert, die deren Reifungs- und Durchsetzungsprozess beschreiben sollen. Zunächst gliedert Norman den gesamten Prozess in 2 Hauptphasen, die jeweils in 2 Hinsichten betrachtet werden sollen: (a) die Leistungs-/Nutzenebene und (b) die Kundenart, die die Innovation verwendet (Norman 1998, S. 32f., dort insbesondere Abb. 2.2 und 2.3).

Phase (1)
(a) Leistungs-/Nutzenebene:
Den Startpunkt dieser Phase bildet bei Norman genau wie bei Gershenfeld die Einführung einer Innovation, die auf der Ebene der Leistungsfähigkeit einen bisher unerschlossenen, vollkommen neuen Nutzen realisieren muss (revolutionäre Innovation).
Nach Norman wird dieser Nutzen in der Regel durch die ersten Versionen der Innovation zunächst eher grob und wenig anwenderfreundlich realisiert. Darüber hinaus ist die Innovation anfangs häufig noch sehr störempfindlich. Die Entwickler arbeiten daher nach der Einführung systematisch an weiteren Verbesserungen im Sinne der evolutionären Innovation.
(b) Kundenarten:
In Phase (1) nutzen v.a. solche Konsumenten die Innovation, die nach Norman entweder selbst Innovatoren, Technologieenthusiasten oder Visionäre sind oder Personen, die sich grundsätzlich sehr früh an neue Entwicklungen anpassen („early adopters"). Diese Konsumentengruppen nehmen hohe Kosten, Betriebsabstürze etc. für die Nutzung revolutionärer Innovationen in Kauf.

Phase (2)
(a) Leistungs-/Nutzenebene:
Wenn der Hauptnutzen einer Innovation vollständig ausgereift ist, beginnt die Entwicklungsphase, in der der Nutzer und nicht mehr die Innovation selbst im Mittelpunkt der Entwicklung steht. Nun liegt der Entwicklungsfortschritt nicht mehr in weiteren exzessiven technologischen Ergänzungsdetails (wie z.B. die computergesteuerte Kaffemaschine mit Uhrzeit- und Datumprogrammierung), sondern darin, eine größtmögliche Bedienungsfreundlichkeit, eine hohe Betriebssicherheit sowie niedrige Anschaffungs- und Betriebskosten zu realisieren.

(b) Kundenarten:
Nach Norman wird eine Innovation erst dann von der Mehrheit der Konsumenten akzeptiert, wenn sie erfolgreich die Phase (2) durchlaufen hat, und erst dann entsteht eine entsprechende Nachfrage. Erst wenn die Innovation ausgereift ist, die Preise für die Anschaffung und die Kosten für den Betrieb attraktiv sind, entscheidet sich zunächst die von Norman als „frühe Mehrheit" („early majority", „pragmatists") benannte Konsumentengruppe und bei weiterer Verfeinerung schließlich auch die „späte Mehrheit" („late majority", „conservatives") für den Erwerb und Einsatz der Innovation.

Zusammenfassend schreibt Norman:

In the early days [d. i. Phase (1), Anm. d. A.], the innovators and technology enthusiasts drive the market; they demand technology. In the later days [d. i. Phase (2), Anm. d. A.], the pragmatists and conservatives dominate; they want solutions and convenience. Note that although the innovators and early adopters drive the technology markets, they are really only a small percentage of the market; the big market is with the pragmatists and conservatives. (Norman 1998, S. 33, Erläuterung zu Abb. 2.3)

Konsequenterweise benennt Norman den Übergang von der ersten zur zweiten Phase als „transition point", als „the chasm": Erst hier, und nicht beim Ausgangspunkt, an dem durchaus ein überzeugender Nutzen realisiert sein mag, entscheidet sich letztlich, ob die Innovation sich langfristig durchsetzen wird oder nicht.

Auf medizinische Innovationen übertragen, lässt sich hier das Beispiel der minimal invasiven Chirurgie anführen. Die Chirurgen, die in den 80er Jahren auf diese Art und Weise unter oftmals erschwerten Bedingungen (v.a. technischer Art) operierten, wurden noch Anfang der 90er Jahre belächelt. Nachdem jedoch die minimal invasive Technik immer mehr ausgereift war und sich der Kunden- bzw. Patientennutzen v.a. in einem kleineren OP-Trauma mit geringeren Schmerzen und einem besseren kosmetischen Ergebnis sowie in einem kürzeren Krankenhausaufenthalt zeigte, war die Verbreitung der Methode, die mittlerweile bei vielen Operationen zum Standardverfahren gehört, nicht mehr aufzuhalten.

7
Was sind konkrete Erfolgsfaktoren von Innovationen in der Medizin?

Eingangs wurde bereits darauf hingewiesen, dass nicht jede Neuerung in der Medizin bereits eine erfolgreiche und dauerhafte Innovation darstellt. Vieles, was neu ist, kann sich aus den unterschiedlichsten Gründen nicht nachhaltig im diagnostisch-therapeutischen Repertoire der Medizin etablieren.

Welche Kriterien muss eine Innovation in der Medizin erfüllen, um langfristig erfolgreich zu sein? Nachfolgend werden einige nahe liegende Kriterien aufgelistet, wobei die Liste weder den Anspruch auf Vollständigkeit erhebt noch irgendeiner übergeordneten Systematik folgt. Aus rein stilistischen Gründen wurden ausschließlich Begriffe gewählt, die mit dem Buchstaben „E" (Erfolg) beginnen. Die hier vertretene These lautet, dass es den nachhaltigen Erfolg von Innovationen in der Medizin fördert, wenn die E-Kriterien erfüllt werden. Allerdings scheint eine Abstufung in „E-muss-" und „E-soll-Kriterien" deshalb sinnvoll, weil eine Innovation, die eines der aufgeführten „E-muss-Kriterien" nicht erfüllt, kaum langfristig erfolgreich sein dürfte. Hingegen könnte eines der „E-soll-Kriterien" vielleicht auch unerfüllt bleiben, ohne den durchgreifenden Erfolg der Innovation zu behindern.

„E-muss-Kriterien"

Die Innovation muss *erfolgversprechend* sein, d.h., durch sie muss ein bisher nicht erreichter diagnostischer und/oder therapeutischer Nutzen realisiert werden.

Die Innovation muss *erkenntnisbasiert* sein; sie darf nicht im Widerspruch zum derzeit verfügbaren und gesicherten medizinischen Wissen stehen; zumindest muss die Innovation auf Erkenntnissen beruhen, die sich in den derzeitigen medizinischen Wissenskorpus integrieren lassen; ggf. kann auch die Aufgabe gesichert geglaubten Wissens notwendig sein.

Die Innovation muss bereits ausführlich *erprobt* worden sein; in der experimentellen Erprobungsphase, d.h. in Labor-, Tier-, Übertragungsversuchen etc. nach den jeweils generell akzeptierten methodologischen Standards und vorgeschriebenen gesetzlichen Bestimmungen, muss der durch sie erhoffte Nutzen überwiegend (d.h. bis auf erklärbare Ausnahmen) realisiert worden sein.

Die Innovation muss *erfahrungsgesichert* sein, worunter hier verstanden werden soll, dass die Innovation nach der Erprobungsphase im Rahmen klinischer Studien (wiederum nach den generell akzeptierten methodologischen Standards und vorgeschriebenen gesetzlichen Bestimmungen) systematisch getestet wurde und sich dort bewähren muss.

„E-soll-Kriterien"

Über die genannten E-Kriterien hinaus gibt es eine Reihe von „E-soll-Kriterien", die einer Innovation in der Medizin unter den bestehenden gesellschaftlichen und wirtschaftlichen Rahmenbedingungen entscheidend zum Erfolg verhelfen können.

Eine medizinische Innovation sollte möglichst breit, d.h. bei möglichst vielen Patienten, *einsetzbar* sein, da der Einsatzbereich einer medizinischen Innovation letztlich die potenzielle Nachfrage nach ihr bestimmt und damit den Markt, der sich mit der Innovation bedienen lässt. Selbstverständlich beeinflusst die voraussichtliche Einsatzbreite einer noch zu entwickelnden Innovation auch die Investitionsentscheidungen für oder gegen bestimmte Forschungs- und Entwicklungsprojekte. So dürften für Forschungs- und Entwicklungsprojekte zur Bekämpfung von Volkskrankheiten wie Diabetes mellitus, an der ca. 5% der Bevölkerung (Deutschland) leiden, ungleich mehr Ressourcen zur Verfügung gestellt werden als zur Erforschung sehr seltener Erkrankungen wie z.B. des Alport-Syndroms, das sich mit einer Häufigkeit von 1:50.000 in der Bevölkerung findet.

Eine Innovation sollte sich *erlösbringend* vermarkten lassen. Wie eingangs bereits erwähnt wurde, ist der gesundheitsfördernde Bereich einer der großen Zukunftsmärkte. Daher dürfte zumindest für die Innovationsvisionen, die von privatwirtschaftlichen Unternehmen verfolgt werden, gelten, dass diese nur dann eine Chance auf Realisierung haben, wenn damit in nennenswertem Umfang Erlöse erzielt werden können.

Die Innovation sollte schließlich *ethisch* akzeptabel sein, wobei ethische Akzeptanz (hier begrifflich eigenwillig verwendet) sich auf die jeweils akzeptierten moralischen und/oder juristischen Normen und Standards bezieht. Allerdings gilt im Bereich der ethischen Akzeptanz, dass zunächst akzeptierte moralische und/oder juristische Normen und Standards gerade aufgrund der Entwicklung von medizinischen Innovationen einer intensiven Diskussion und oftmals auch Revision unterzogen werden. Dies ist aktuell in der Gentechnikdebatte zu beobachten[4].

8
Anstelle eines Fazits:
Wie schnell kommt die Zukunft?

Wie in allen Technik- und Wissensgebieten vollzieht sich auch in der Medizin ein nicht geplanter, gleichsam „naturwüchsiger" Wandel. Auch wenn Innovationen in der Medizin einerseits viele Hoffnungen und andererseits Ängste erwecken, kann man doch anhand zahlreicher Beispiele feststellen, dass nicht nur die Entwicklungszeiträume selbst, sondern auch die Anwendungs- und Umsetzungsgeschichte von medizinischen Innovationen eher von längerer Dauer sind. So erinnerte beispielsweise Hans Günter Gassen daran, dass bei der vergleichsweise einfachen Technologie der Röntgenbilddiagnostik von der ersten Röntgenbildaufnahme bis zur modernen radiologischen Diagnostik, z.B. der Computertomographie, rund 100 Jahre vergangen sind[5]. Darüber hinaus stellen sich gerade bei revolutionären Innovationen verbreitungs- und umsetzungshemmende Kräfte, die oftmals aus der eigenen Fachdisziplin heraus entstehen, der Neuerung in den Weg. Dies lässt sich an dem oben skizzierten Beipiel der Einführung der minimal invasiven Chirurgie, aber auch an den kritischen Ausblicken von Perl u. Gassen (vgl. den Beitrag in diesem Band) zur Weiterentwicklung der Biotechnologie aufzeigen.

Aufgrund der erheblichen Entwicklungs- und Umsetzungszeiträume sowie der kritischen Widerstände gegen revolutionäre Innovationen vollzieht sich der Wandel in der Medizin vermutlich zumeist langsamer als zunächst prognostiziert oder befürchtet. Er wird begleitet von einer breiten fachlich-kritischen Diskussion unter Experten und zudem heute von einem durch die Medien vermittelten Austausch mit

---

[4] Als Beispiele für eine sachliche und zugleich unorthodoxe Herangehensweise an kontroverse ethische Fragestellungen seien die Arbeiten von Wolfgang Lenzen (1999) und John Harris (1995) genannt.

[5] Im Rahmen seines Vortrags auf der Expertentagung „Medizin im 21. Jahrhundert", Frankfurt a. M., 10. 11. 2000.

der Öffentlichkeit und den zuständigen Institutionen. Mit anderen Worten: Die Zukunft kommt langsamer als von Traditionalisten befürchtet und von Fortschrittsenthusiasten erhofft.

Angesichts der zunehmenden Komplexität medizinischer Innovationen sollten sich die hemmenden Mechanismen mit den progressiven Kräften in einem sachgerechten, selbstregulierenden Rückkopplungskreis die Waage halten. Keinesfalls sollte jedoch eine der beiden Seiten dauerhaft und unkontrolliert die Überhand gewinnen, denn so wie ein ungebremster Fortschritt unabsehbare Risiken für Patienten beinhalten würde, hätte ein Übergewicht der hemmenden Kräfte zur Folge, dass die Medizinentwicklung in eine antiaufklärerische Phase einmünden würde. Aufklärung bedeutet im Kern jedoch immer, einem kritisch reflektierten Fortschritt verpflichtet zu sein.

Literatur

Grönemeyer DHW (2000) Med. in Deutschland – Standort mit Zukunft. Springer, Berlin Heidelberg New York Tokyo

Harris J (1995) Der Wert des Lebens. Eine Einführung in die medizinische Ethik. Akademie, Berlin

Kaku M (2000) Zukunftsvisionen – Wie Wissenschaft und Technik des 21. Jahrhunderts unser Leben revolutionieren. Knaur, München

Lenzen W (1999) Liebe, Leben, Tod. Eine moralphilosophische Studie. Reclam, Stuttgart

Norman DA (1998) The invisible computer – why products can fail, the personal computer is so complex, and information appliances are the solution. MIT Press, Cambridge/MA

Pierer H von, Oettinger B von (Hrsg) (1997) Wie kommt das Neue in die Welt? Hanser, München

Sveiby KE (1998) Wissenskapital – das unentdeckte Vermögen: immaterielle Unternehmenswerte aufspüren, messen und steigern. mi/Moderne Industrie, Landsberg/Lech

Thurow LC (1996) The future of capitalism – how today's economic forces shape tomorrow's world. nb, London

Molekulare Diagnostik –
Fortschritte in der molekularen Medizin

Wolfgang Höppner, Dorit Arlt, Olaf Weiner

Inhalt

1 Einleitung 21

2 DNA, Chromosomen, Gene, genetischer Code,
 Informationsfluss 22
2.1 Erbsubstanz 22
2.2 Struktur von Genen 27

3 Fluss der genetischen Information. 30
3.1 Replikation 31
3.2 Regulation der Expression von Genen:
 RNA-Polymerase, Transkriptionsfaktoren, mRNA-Reifung . 32

4 Pathogene Veränderungen der Erbinformation 33
4.1 Chromosomale Veränderungen. 34
4.1.1 Numerische Aneusomie. 34
4.1.2 Segmentale Aneusomie 34
4.1.3 Interchromosomale Rearrangements 35
4.1.4 Intrachromosomale Rearrangements 35
4.2 Intragenetische Veränderungen 35
4.2.1 Intragenetische Deletionen und Insertionen 35
4.2.2 Punktmutationen 36

4.2.3	Instabile repetitive Sequenzen	37
4.2.4	Veränderungen des mitochondrialen Genoms	37
5	**Auswirkungen von Fehlern in der genetischen Information**	**38**
6	**Molekulare Diagnostik**	**41**
7	**Methoden zur Untersuchung von Genen**	**45**
7.1	Probenentnahme und Stabilisierung	45
7.2	Isolation von Nukleinsäuren	46
7.3	Vervielfältigung der Nukleinsäuren	49
7.4	Signalamplifikationsverfahren	53
7.5	Analyse von Amplifikationsreaktionen	53
7.5.1	Gelelektrophoretische Analyse von DNA-Fragmenten	54
7.5.2	Single-Strand-Conformation-Polymorphism-Analyse	56
7.5.3	DNA-Sequenzierung von PCR-Amplifikaten	58
7.6	Technologieentwicklungen in der molekularen Diagnostik	60
7.6.1	Chromatographische Auftrennung mittels Mikrokanalsystemen – Lab-on-Chip	60
7.6.2	Fluoreszenzanalytische Detektionsverfahren	60
7.6.3	Chip-Array-Verfahren	65
7.7	Massenspektroskopische Detektionsverfahren und Trends	67
8	**Klinisch relevante Beispiele molekularer Diagnostik**	**70**
8.1	Molekularbiologische Diagnostik des Steroid-21-Hydroxylasemangels	71
8.1.1	Klinik des Steroid-21-Hydroxylasemangels	71

Molekulare Diagnostik – Fortschritte in der molekularen Medizin 21

8.1.2	Molekularbiologie des Steroid-21-Hydroxylasemangels . . .	72
8.1.3	Molekularbiologische Diagnostik des Steroid-21-Hydroxylasemangels	73
8.2	Molekularbiologische Diagnostik der multiplen endokrinen Neoplasie Typ 1	75
8.2.1	Krebsentstehung und Onkogene	75
8.2.2	Klinik der multiplen endokrinen Neoplasie Typ 1	76
8.2.3	Molekularbiologie der MEN 1	77
8.2.4	Molekularbiologische Diagnostik der MEN 1	78
8.3	Molekularbiologische Diagnostik des RET-Protoonkogens bei Patienten mit multipler endokriner Neoplasie Typ 2. . .	79
8.3.1	Klinik der multiplen endokrinen Neoplasie Typ 2	79
8.3.2	Molekularbiologie der MEN 2	80
8.3.3	Molekularbiologische Diagnostik der MEN 2	81
8.4	Genetische Disposition für Thromboembolien	84
8.5	Ausblick.	85
Literatur	. . . .	85

1
Einleitung

Es gab wohl kaum ein wissenschaftliches Ziel, an dem so viele Wissenschaftler aus öffentlichen und kommerziellen Forschungseinrichtungen mitgearbeitet haben und das so viel öffentliche Beachtung fand wie die Entschlüsselung des menschlichen Genoms. Nur knapp 50 Jahre nach der Entdeckung der DNA-Struktur und des biologischen Prinzips der Kodierung, Nutzung und Weitergabe von genetischer Information ist die komplette Basensequenz und damit die Rohinformation über das menschliche Erbgut vollständig bekannt.

Bei der Verfolgung dieses Ziels wurden die Methoden zur Isolierung und Aufbereitung genomischer DNA für die Sequenzanalyse ständig verbessert. Auch beteiligten sich immer mehr Forschungsgruppen aus verschiedensten Ländern an dem Projekt. Dies führte dazu, dass das Ziel ca. 3 Jahre früher erreicht werden konnte als ursprünglich geplant.

Die Fortschritte in der Molekularbiologie und in der Zytogenetik haben die diagnostischen Möglichkeiten in der Medizin bereits in den vergangenen Jahren erheblich erweitert. Dies führte zur verbesserten Diagnostik von genetisch bedingten Erkrankungen oder zur Feststellung von genetischen Risikobedingungen. Ebenso wurden detaillierte Erkenntnisse über molekulargenetische Veränderungen bei der Tumorentstehung gewonnen.

Mit der kompletten Sequenzierung des humanen Genoms sind die Hoffnungen verbunden, das Verständnis über die Krankheitsentstehung so zu verbessern, dass die Diagnostik noch früher und präziser greift und dass mit der Kenntnis molekularer Mechanismen neue, zielgenaue therapeutische Verfahren entwickelt werden können. Durch die Ermittlung und Berücksichtigung der genetischen Ausstattung des Patienten wird eine Individualisierung von Therapien erwartet, insbesondere bei der Anwendung von Arzneimitteln.

2
DNA, Chromosomen, Gene, genetischer Code, Informationsfluss

2.1
Erbsubstanz

Die Erbinformation ist bei allen Lebewesen von gleicher Struktur. Chemisch besteht sie aus einem oder mehreren langkettigen Molekülen, den Desoxyribonukleinsäuren (DNS, engl. DNA) bzw. den Ribonukleinsäuren (RNS, engl. RNA). Der Name leitet sich aus den chemischen Bestandteilen ab. Außer einem Zuckerrest, Desoxyribose oder Ribose, und einem Phosphatrest sind die 4 Nukleotidbasen Adenin (A), Guanin (G), Cytosin (C) und Thymin (T), im Falle der RNA Uracil (U) statt Thymin, enthalten. Die Basen in dem langkettigen DNA-Molekül sind über die Zuckerreste (Desoxyribose im Falle der DNA und Ribose im Falle der RNA) an Phosphatreste gebunden, die wiederum zwischen den Zuckern als Phosphatdiesterbindungen das Rückgrat des Moleküls bilden (Abb. 1).

In der variablen Reihenfolge der Basen ist die genetische Information kodiert. Sie ist jeweils in bestimmten DNA-Abschnitten, die als Gene bezeichnet werden, zusammengefasst und bestimmt zum einen

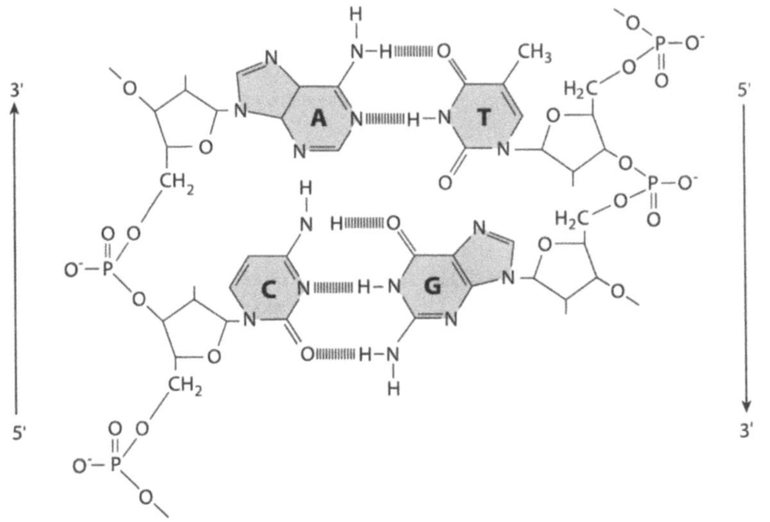

Abb. 1. Bausteine der DNA und ihre Verknüpfung. Entscheidend für den genetischen Code sind die *schraffiert* dargestellten 4 Basen Adenin *(A)*, Thymin *(T)*, Cytosin *(C)* und Guanin *(G)*. Sie bilden spezifische Wasserstoffbrücken paarweise nur zwischen *A* und *T* bzw. *G* und *C* und ermöglichen daher das Prinzip der komplementären Informationsspeicherung.
Die Basen sind über die Desoxyribose mit den Phosphatgruppen kovalent verknüpft. Über Diphosphatesterbindungen zwischen den OH-Gruppen an C-Atom 3 und C-Atom 5 der Ribose wird das kovalente Rückgrat der DNA gebildet.
Die Richtung der DNA ist entsprechend der Nummerierung der C-Atome in der Desoxyribose angegeben, wobei am 3'-Ende die OH-Gruppe am C-Atom 3 der Desoxyribose frei ist, während am 5'-Ende die OH-Gruppe am C-Atom 5 durch Phosporsäure verestert ist (Phosphat).
Aus der räumlichen Anordnung der Bindungen ergibt sich bei der antiparallelen Zusammenlagerung der komplementären DNA-Stränge die bekannte Doppelhelixstruktur. (Aus Löffler u. Petrides 1999)

den Bauplan von Proteinen und zum anderen die Struktur der Ribonukleinsäuremoleküle, die für die Proteinsynthese benötigt werden (ribosomale RNA und Transfer-RNA). Die genetische Sprache, die durch dieses Alphabet kodiert wird, ist in allen Organismen gleich.

Die DNA liegt als Doppelstrang von zwei antiparallelen DNA-Molekülen vor. Durch spezifische Wasserstoffbrücken zwischen den Basen C und G oder A und T werden die Stränge zusammengehalten und es entsteht die Konformation einer linksgängigen Doppelhelix. Diese Struktur kann nur dann stabil sein, wenn im Verlauf des gesamten Doppelstrangs immer die Basenpaare G/C und A/T miteinander in Wechselwirkung treten können (s. Abb. 1). Dadurch wird erzwungen, dass beide Moleküle der Doppelhelix in ihrer Basenabfolge die gleiche Information enthalten, allerdings komplementär zueinander. Bei der Zellteilung muss sich die DNA replizieren. Dies geschieht durch enzymatische Auftrennung der Doppelhelixstruktur und durch Neuverknüpfung von Nukleotidbausteinen, die sich jeweils komplementär zu der vorgegebenen Sequenz an die nun einzeln vorliegenden DNA-Stränge anlagern. Dadurch entsteht jeweils eine perfekte Kopie jedes Strangs, wobei der bereits vorhandene Strang als Matrize dient. Diesen Vorgang bezeichnet man als semikonservative Replikation (Abb. 2).

Bei höheren Organismen ist die genetische Information auf mehrere DNA-Moleküle verteilt. Die einzelnen Moleküle liegen dicht gepackt mit Strukturproteinen (u.a. Histone) vor und bilden die Chromosomen. Isoliert man das genetische Matarnel während einer bestimmten Phase des Zellzyklus, der sog. Metaphase, so kann man die verschiedenen Chromosomen anhand ihrer Größe und ihrer charakteristischen Struktur lichtmikroskopisch identifizieren. Das menschliche Genom besteht aus 46 Chromosomen, wobei 22 Chromosomen (Autosomen) jeweils doppelt vorhanden sind (diploide Zellen), während sich je nach Geschlecht entweder zwei X-Chromosomen (weiblich) oder ein X- und ein Y-Chromosom (männlich) finden. Die Keimzellen enthalten jeweils nur ein Chromosom jedes Typs (haploide Zellen) sowie ein X- oder ein Y-Chromosom.

Aus Platzgründen sind die Chromosomen in der Zelle unter normalen Bedingungen außerordentlich dicht gepackt (kondensiert). Während der Vorbereitung auf die Zellteilung, in deren Verlauf die DNA dupliziert und auf die Tochterzellen verteilt werden muss, lockert sich die Chromatinstruktur auf. In diesem Zustand können die Chromosomen durch bestimmte Färbetechniken unter dem Lichtmikroskop sichtbar gemacht werden. Sie unterscheiden sich in ihrer Größe und im charakteristischen Bandenmuster, das auf unterschiedlich dichte Bereiche in den einzelnen Chromosomen zurückzuführen ist. Dieses Bandenmuster ermöglicht auch eine sehr grobe räumliche Einteilung, die

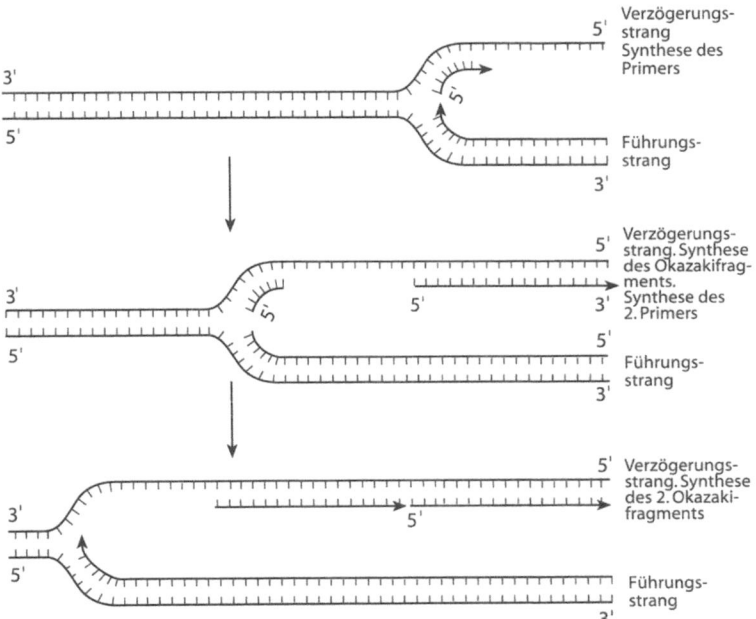

Abb. 2. Zur Zellteilung werden beide DNA-Moleküle der doppelsträngigen Helix als Vorlage zur Synthese eines komplementären DNA-Moleküls genutzt. Am Ende des Vorgangs liegen 2 doppelsträngige Helices, also 4 DNA-Moleküle, vor. Jede Doppelhelix besteht aus einem neu synthetisierten und einem alten DNA-Strang (semikonservativ).
Die Synthese der neuen DNA erfolgt durch das Enzym DNA-Polymerase. Dieses Enzym kann nur in 5'-3'-Richtung DNA synthetisieren. Daher kann die Synthese nur für einen Strang kontinuierlich laufen (Führungsstrang; engl. „leading strand"), während bei dem anderen Strang (Verzögerungsstrang; engl. „lagging strand") immer nur kurze Abschnitte synthetisiert werden können, die dann durch das Enzym DNA-Ligase verknüpft werden. (Aus Löffler u. Petrides 1999)

über die Nummerierung der Banden ausgedrückt wird. So lassen sich z.B. chromosomale Rearrangements und größere Deletionen an den fehlenden Banden auf dem betreffenden Chromosom feststellen.

Das menschliche Genom besteht, wie man bereits seit längerem weiß, aus 3 Mrd. Basenpaaren. Es ist zum ganz überwiegenden Teil in den 46 Chromosomen verpackt, die sich im Zellkern befinden. Dazu kommt ein kleiner Teil genetischer Informationen, der im mitochondrialen Genom kodiert ist, das aus etwas über 16 500 Basenpaaren besteht.

Nach älteren Schätzungen enthält unser Genom zwischen 50 000 und 100 000 Gene. Vorläufige Abschätzungen aus den nun vorliegenden Rohdaten des Genomprojekts lassen nur zwischen 30 000 und 40 000 Gene vermuten. Nur etwa 20–25% des Genoms bestehen aus Gensequenzen und davon stellen nur wiederum etwa 10–15% kodierende Information dar, so dass lediglich 2–3% der Basensequenzen Informationen enthalten, die in die Genprodukte umgeschrieben werden. Die restlichen 97–98% haben Funktionen, über die nur spekuliert werden kann. Zum Teil besitzen sie wahrscheinlich entweder strukturbildende Funktion, schaffen räumliche Abstände, die zur selektiven Expression und Regulation der einzelnen Gene notwendig sind, oder fungieren als genetisches Reservoir, in dem Sequenzen variiert werden, bis sie irgendwann als neue Gene oder Gensegmente mit besser angepassten Eigenschaften Verwendung finden. In Abb. 3 sind die verschiedenen strukturellen Elemente im Überblick dargestellt. Überwiegend liegen verschiedene Typen von repetitiven Sequenzmotiven vor, das sind

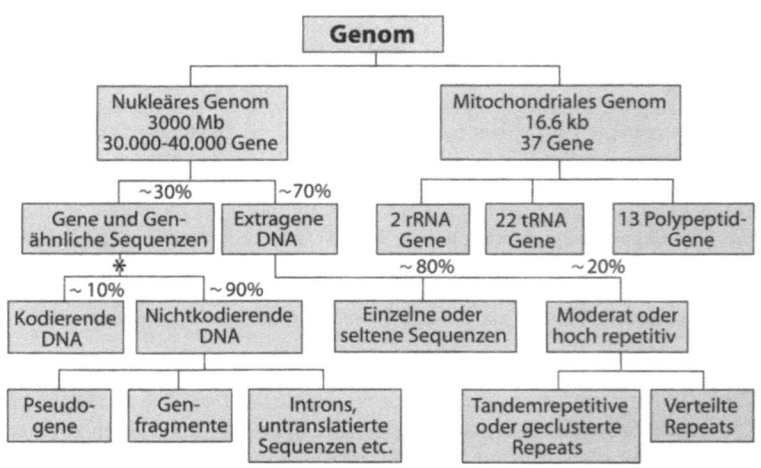

* Einzigartig oder gering repetitiv

Abb. 3. Verteilung struktureller DNA-Elemente im Genom. Nur etwa 2–3% des Genoms enthalten kodierende Information für Genprodukte

Basenwiederholungen verschiedener Länge, Häufigkeit und Komplexität. Die häufigsten Elemente repetitiver DNA-Strukturen stellen die Mikrosatelliten dar. Sie können aus Di-, Tri- oder Tetranukleotidmotiven bestehen und werden in der Regel bis zu 30-mal wiederholt. Es gibt annähernd 100 000 derartiger Elemente, mehr oder weniger gleichmäßig über das Genom verteilt. Sie stellen ein wichtiges genetisches Markersystem dar, das zum Aufspüren neuer Krankheitsgene, aber auch für die indirekte genetische Diagnostik und für forensische Zwecke genutzt wird.

2.2
Struktur von Genen

Auf der chromosomalen DNA sind 3 Arten von Genen kodiert.

- Die *erste Gruppe* von Genen enthält die Baupläne für Proteine. Diese Gene werden zunächst in eine RNA-Vorstufe umgeschrieben, die dann durch verschiedene Prozessierungsschritte in die reife Boten-RNA (mRNA nach engl. „messenger RNA") umgeformt wird und als Matrize für die Proteinbiosynthese an den Ribosomen dient (Abb. 4). Dabei kodieren immer 3 Basen (Codon) für eine Aminosäure. Da

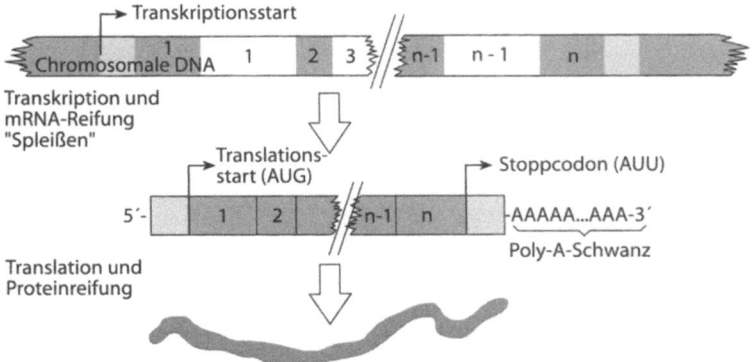

Abb. 4. Bei der Transkription wird zunächst ein Primärtranskript gebildet, aus dem durch kovalente Modifikationen und Spleißen eine reife mRNA entsteht. Diese dient als Vorlage für die Proteinbiosynthese an den Ribosomen, den Proteinfabriken der Zelle. (Aus Löffler u. Petrides 1999)

bei 4 verschiedenen Basen insgesamt 64 Kombinationsmöglichkeiten für Triplets möglich sind, aber nur 20 proteinogene Aminosäuren existieren, können für die meisten Aminosäuren mehrere verschiedene Triplets alternativ verwendet werden. Außerdem gibt es ein Triplett, das den Beginn der Proteinkette definiert (meist ATG), und Stoppcodons, die das Ende der Proteinkette definieren (TAA, TAG, TGA) (Tabelle 1).

- Die *zweite Gruppe* von Genen kodiert die RNA-Moleküle, die zum Prozessieren der mRNA-Vorstufen und beim Translatieren der mRNA in Protein benötigt werden. Ihre Anzahl ist auf wenige Dutzend beschränkt. Am besten untersucht sind die ribosomalen RNA-Moleküle, die bei der Bildung der Ribosomen eine wichtige Rolle spielen.
- Die *dritte Gruppe* von Genen kodiert für die Transfer-RNA (tRNA). Diese relativ kleinen RNA-Moleküle werden für den korrekten Einbau der verschiedenen Aminosäuren während der Proteinbiosynthese benötigt. Sie binden die Aminosäurebausteine in aktivierter

Tabelle 1. Der genetische Code

Position I	Position II				Position III
	U	C	A	G	
U	Phe	Ser	Tyr	Cys	U
	Phe	Ser	Tyr	Cys	C
	Leu	Ser	Stopp	Stopp	A
	Leu	Ser	Stopp	Trp	G
C	Leu	Pro	His	Arg	U
	Leu	Pro	His	Arg	C
	Leu	Pro	Gln	Arg	A
	Leu	Pro	Gln	Arg	G
A	Ile	Thr	Asn	Ser	U
	Ile	Thr	Asn	Ser	C
	Ile	Thr	Lys	Arg	A
	Met	Thr	Lys	Arg	G
G	Val	Ala	Asp	Gly	U
	Val	Ala	Asp	Gly	C
	Val	Ala	Glu	Gly	A
	Val	Ala	Glu	Gly	G

U Uracil, *C* Cytosin, *A* Adenin, *G* Guanin

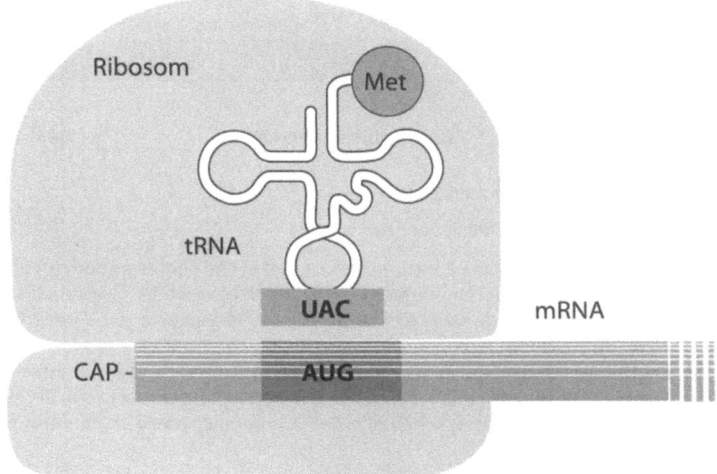

Abb. 5. Für die Umsetzung des genetischen Codes der mRNA in die entsprechende Peptidsequenz fungieren spezifische tRNA-Moleküle für jede Aminosäure als Überträger. Die tRNA-Moleküle erkennen durch ihr Anticodon, das komplementär zu dem Basentriplett für die Aminosäure ist, welche Aminosäure als nächste eingebaut wird und übergeben diese an den Proteinsyntheseapparat des Ribosoms

Form und bestimmen durch die Anticodonsequenz, die komplementär zu der Triplettsequenz auf der mRNA-Matrize ist, den korrekten Zeitpunkt des Einbaus in die Proteinkette (Abb. 5).

Die Gene bestehen aus dem zu transkribierenden Abschnitt, der die Kodierung für die Proteine oder die verschiedenen RNA-Spezies enthält. Diese Bereiche werden Exons genannt (Abb. 6). Sie sind unterbrochen von Abschnitten, die nicht für relevante Informationen kodieren und als Introns bezeichnet werden. Zusätzlich bestehen die Gene aus Steuerbereichen, die für die Regulation der Transkription der Gene notwendig sind. Die Steuerbereiche bestehen aus dem Promotor, der wichtige regulatorische Elemente enthält, die für die Erkennung durch die RNA-Polymerase und den korrekten Beginn der Transkription entscheidend sind. Darüber hinaus gibt es weiter entfernte Steuerbereiche, die für die Modulation der Transkription benötigt werden. Hier wird entschieden, wann und in welchen Zellen ein Gen abgelesen und in

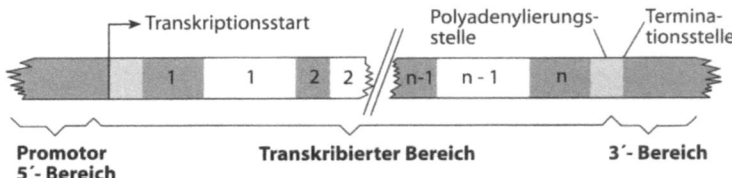

Abb. 6. Gene bestehen aus Exons, in denen kodierende Informationen enthalten sind, und aus Introns, deren Funktion bisher nicht bekannt ist. Zusätzlich sind im 5'-flankierenden Bereich Steuerelemente für die Regulation der Genexpression enthalten (Promotor).
Der Beginn der Transkription ist ebenso durch bestimmte Sequenzmotive festgelegt wie die Termination. Die Polyadenylierungsstelle definiert den Bereich, in dem bei der mRNA-Reifung kovalent eine Polyadeninsequenz angeknüpft wird

RNA umgeschrieben wird. Je nach der Komplexität der Regulation eines bestimmten Gens kann sich der Steuerbereich über einige 100 bis einige 1000 Basenpaare erstrecken.

Bei der Transkription entsteht zunächst ein Primärtranskript, das noch die von den Introns kodierten Abschnitte enthält. Unmittelbar nach der Transkription werden die Transkripte an den beiden Enden durch Anheftung bestimmter Gruppen chemisch modifiziert. Anschließend werden während eines Reifungsvorgangs die Intronabschnitte aus dem Primärtranskript entfernt. Diesen Vorgang bezeichnet man als Spleißen. Erst die reife mRNA gelangt in das Zytoplasma, wo sie für die Proteinbiosynthese zur Verfügung steht (s. Abb. 4).

3
Fluss der genetischen Information

Die genetische Information muss im Rahmen von 2 komplexen zellbiologischen Prozessen abgelesen und weitergegeben werden (Abb. 7).

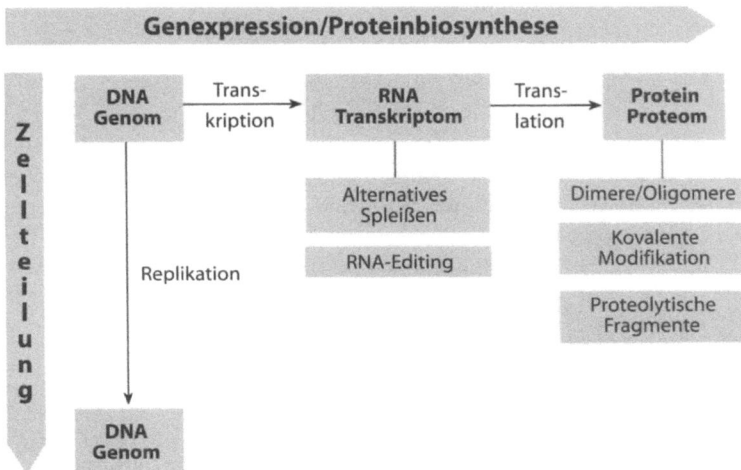

Abb. 7. Die genetische Information wird bei der Replikation und bei der Genexpression abgelesen und umgewandelt. Während die Replikation zu einer möglichst präzisen Verdoppelung des Genoms führen soll, kommt es im Laufe des Prozesses der Genexpression auf der mRNA-Ebene und auf der Ebene der Proteine zu einer erheblichen Erhöhung der Komplexität durch verschiedene Arten von kovalenten Modifikationen

3.1
Replikation

Bei der Zellteilung (Replikation) werden nach der Auftrennung des DNA-Doppelstrangs beide Stränge nach dem Prinzip der komplementären Basenpaarung abgeschrieben und anschließend wieder als Doppelstrang verpackt in Chromosomen auf die Tochterzellen verteilt. Fehler, die dabei auftreten können, werden durch ein ausgeklügeltes Korrektur- und Reparatursystem weitgehend verhindert.

3.2
Regulation der Expression von Genen: RNA-Polymerase, Transkriptionsfaktoren, mRNA-Reifung

Die ca. 30 000–40 000 verschiedenen Gene liegen zwar in allen Zellen (außer in den kernlosen Erythrozyten und in den Keimzellen) in zweifacher Kopie vor, im Laufe der Evolution haben sich aber Zelldifferenzierungen ergeben, durch die jedes Gen nur in bestimmten Zellen und nur unter bestimmten Bedingungen genutzt wird. Die Expression eines Gens muss daher präzise gesteuert werden. Hierzu dienen die regulatorischen Abschnitte, die jeweils vor einem Gen angeordnet sind. An spezifische kurze DNA-Sequenzen, regulatorische Elemente genannt, binden Transkriptionsfaktoren. Das sind Proteine, die in der Lage sind, die Transkription eines Gens spezifisch zu verstärken oder zu inhibieren. Dies geschieht durch Wechselwirkungen mit anderen Transkriptionsfaktoren und v.a. durch Interaktion mit dem Transkriptionskomplex, der aus dem Enzym RNA-Polymerase II und zahlreichen Hilfsproteinen besteht. Die Transkriptionsfaktoren sind entsprechend ihrer speziellen Funktion entweder gewebsspezifisch exprimiert oder durch äußere Bedingungen in ihrer Aktivität moduliert oder durch Liganden (wie z.B. Hormone) reguliert.

Bei der Genexpression wird die genetische Information in 2 Schritten in die Genprodukte, in der Regel Proteine, übertragen. Der erste Schritt dieses Prozesses beginnt mit der Auftrennung des DNA-Doppelstrangs in den Bereichen, in denen die Gene lokalisiert sind, die in einer Zelle zum jeweiligen Zeitpunkt benötigt werden. Die genetische Information wird zunächst in ein Primärtranskript umgeschrieben. Auch bei diesem Vorgang wird das Prinzip der komplementären Basenpaarung angewendet. Im Unterschied zur Replikation wird aber nur ein DNA-Strang umgeschrieben, der als Sensestrang bezeichnet wird. Das Primärtranskript wird in mehreren Folgeschritten chemisch modifiziert und durch den enzymatischen Vorgang des Spleißens werden die Intronsequenzen herausgeschnitten. Die reife mRNA enthält dann nur noch die Exonsequenzen, die für die zu synthetisierenden Proteine kodieren. Bei der Proteinsynthese an den Ribosomen wird wiederum das Prinzip der komplementären Basenpaarung angewendet. Die Codons auf der mRNA werden nacheinander durch die Anticodonsequenzen der aminosäurespezifischen tRNA-Moleküle erkannt und damit wird die korrekte Reihenfolge der Bausteine in einem Protein sichergestellt.

Während die Summe der genetischen Informationen als Genom bezeichnet wird, wurde für die Summe der in einer Zelle exprimierten mRNA-Moleküle der Begriff Transkriptom und für die Summe der Proteine der Begriff Proteom (s. Abb. 7) geprägt. Die Zahl und Konzentration der exprimierten Transkripte und der daraus gebildeten Proteine in einer Zelle ist außerordentlich variabel. Dazu kommt, dass durch alternatives Spleißen und RNA-Editing aus einem Gen verschiedene Transkripte gebildet werden können und dass durch kovalente Modifikationen, Di- und Oligomerenbildung und peptidische Fragmentierungen aus einer mRNA verschiedene Formen eines Proteins gebildet werden können. Unabhängig von der noch offenen Frage, ob das menschliche Genom tatsächlich nur aus 30 000–40 000 oder mehr Genen besteht, ergibt sich durch die Vielfältigkeit der Veränderungen auf Transkriptom- und Proteomebene eine derartige Komplexität, dass die Wissenschaft noch viele Jahrzehnte benötigen wird, um alle Details zu verstehen.

4
Pathogene Veränderungen der Erbinformation

Trotz der ausgeklügelten Mechanismen der Weitergabe der genetischen Information und der mehrfach abgesicherten Systeme zur Vermeidung und Korrektur von Fehlern beim Fluss der genetischen Informationen kann es zu Veränderungen der Erbinformation mit pathologisch relevanten Folgen kommen.

Genetisch bedingte Erkrankungen sind auf verschiedene Arten von Defekten der DNA zurückzuführen. Die Gendefekte können darauf beruhen, dass in Extremfällen Chromosomen ganz (numerische Aneusomien) oder teilweise (segmentale Aneusomien) fehlen. Das andere Extrem ist der Austausch einer einzelnen Base im kodierenden Bereich eines Gens (intragenetische Mutation), der Ursache einer Krankheit sein kann.

4.1
Chromosomale Veränderungen

4.1.1
Numerische Aneusomie

Abweichungen von der normalen numerischen chromosomalen Ausstattung führen über einen Gendosiseffekt zu sehr komplexen Syndromen. Alle Produkte der Gene, die auf dem überzähligen oder fehlenden Chromosom lokalisiert sind, werden in zu hoher oder zu niedriger Dosis exprimiert. Wenn auch die veränderte Dosis für viele Genprodukte phänotypisch ohne Auswirkung ist, so gibt es doch bestimmte Produkte, deren veränderte zelluläre Konzentrationen zu einem pathologischen Phänotyp führen. Beim Down-Syndrom (Trisomie 21) beispielsweise führen insbesondere die Produkte um den DNA-Marker D21S55 in der Bande 21q22.3 zu den spezifischen Symptomen dieser Erkrankung. Ein Begleitsymptom von Aneuploidien ist häufig eine mentale Retardierung, da durch diese komplexen chromosomalen Veränderungen mit hoher Wahrscheinlichkeit auch Genprodukte des Zentralnervensystems nicht adäquat exprimiert sind.

4.1.2
Segmentale Aneusomie

Partielle Deletionen oder Duplikationen, die größere Abschnitte eines Chromosoms betreffen ($>3 \cdot 10^6$ Basenpaare), sind zytogenetisch unter dem Lichtmikroskop feststellbar. Diese Veränderungen können zu unterschiedlich komplexen Krankheitsbildern führen, je nachdem, wie viele und welche Gene dabei betroffen sind. Das Spektrum von Symptomen kann von Patient zu Patient stark variieren. Kleinere Veränderungen der DNA, die Bereiche von deutlich weniger als $3 \cdot 10^6$ Basenpaare betreffen, führen nicht zu sichtbaren Veränderungen der Chromosomen und sind nur mit molekularbiologischen Methoden zu analysieren.

4.1.3
Interchromosomale Rearrangements

Translokationen von Genabschnitten zwischen verschiedenen Chromosomen können ebenfalls sehr komplexe Krankheitsbilder erzeugen, da auch hier möglicherweise mehrere Gene betroffen sein können. Auch diese genetischen Aberrationen lassen sich durch zytogenetische Verfahren nachweisen, wenn die ausgetauschten Bereiche eine bestimmte Größe überschreiten. Andernfalls sind molekularbiologische Verfahren notwendig. Das bekannteste Beispiel einer Gentranslokation ist der reziproke Austausch von Abschnitten der Chromosomen 9 und 22 (Philadelphia-Translokation). Von dieser Umlagerung ist das Protoonkogen c-abl betroffen, eine Proteintyrosinkinase, die dadurch zum Onkogen aktiviert wird.

4.1.4
Intrachromosomale Rearrangements

Der Austausch von Abschnitten von benachbarten Regionen auf einem Chromosom (Konversionen und Inversionen) lässt sich durch zytogenetische Verfahren nachweisen, wenn die betroffenen Abschnitte ausreichend groß sind, um am veränderten Bandenmuster (der Metaphase-Chromosomen) im Lichtmikroskop erkennbar zu sein. Andernfalls sind auch hier molekularbiologische Methoden heranzuziehen. Ist die Lokalisation dieser Veränderungen hinreichend bekannt, so finden auch PCR-unterstützte Methoden Anwendung.

4.2
Intragenetische Veränderungen

4.2.1
Intragenetische Deletionen und Insertionen

Häufig sind genetisch bedingte Erkrankungen auf kleinere molekulare Veränderungen wie Punktmutationen, kleinere Deletionen, Insertionen oder Duplikationen zurückzuführen. Diese Veränderungen haben zur Folge, dass entweder Genprodukte teilweise fehlen oder durch eingefügte Bereiche unterbrochen sind. Häufig wird dabei das Leseraster unterbrochen. Dadurch entstehen Stoppcodons, die einen vorzeitigen Abbruch der Proteinkette bei der Translation verursachen.

4.2.2
Punktmutationen

Es sind 4 Arten von Punktmutationen zu unterscheiden, die in den kodierenden Bereichen der Gene, also in den Exons, vorkommen:

- Mutationen, deren Basenaustausch nicht zur Kodierung einer anderen Aminosäure führt, werden als *stumme Mutationen* bezeichnet. Wegen des degenerierten genetischen Codes sind sie für eine ganze Reihe von Aminosäuren möglich (s. Tabelle 1). Sie stellen lediglich Polymorphismen dar, d.h. zwei unterschiedliche Genotypen, aber keinen unterschiedlichen Phänotyp.
- Mutationen, die zur Kodierung einer anderen Aminosäure führen, werden als *Missense-Mutationen* bezeichnet und können die Funktion eines Genprodukts stark beeinträchtigen. Hier führt der veränderte Genotyp häufig zu einer phänotypischen Veränderung. Betrifft die Mutation allerdings einen Bereich des Genprodukts, der für die Funktion nicht sehr wichtig ist, so kann diese auch phänotypisch neutral sein.
- Der *dritte Typ* von Punktmutationen führt zu Stoppcodons und damit zu Genprodukten, die nicht mehr funktionsfähig oder aber sehr stark beeinträchtigt sind.
- Kommt es an den Übergängen von Exons zu Introns zum Basenaustausch, so kann dies dazu führen, dass der Spleißapparat ein oder mehrere Exons überspringt und dabei ein Genprodukt erzeugt, dem ein mehr oder weniger großes Stück fehlt. Die Proteine, die aus dieser *vierten Art* von Mutationen resultieren, sind nicht funktionsfähig. Liegen derartige Mutationen vor, ist die Analyse auf Proteinebene durch protein- oder immunchemische Methoden (Immunblot) möglich, vorausgesetzt, das Protein wird in Zellen exprimiert, die zugänglich sind (z.B. Fibroblasten, Lymphozyten).

Zum Nachweis dieser verschiedenen Arten von Mutationen auf der Ebene der DNA sind molekularbiologische Verfahren notwendig. Voraussetzung dabei ist immer, dass die Struktur des Genabschnitts ausreichend bekannt ist, um entweder durch Hybridisierungstechniken oder Polymerase-Kettenreaktion oder DNA-Sequenzierungstechniken analysiert werden zu können.

4.2.3
Instabile repetitive Sequenzen

Eine weitere Variante genetischer Veränderungen ist in den letzten Jahren immer häufiger gefunden worden; sie betrifft repetitive DNA-Sequenzen, die in vielen Bereichen des Genoms auftreten. Diese Sequenzmotive können unterschiedlich häufig wiederholt werden, ohne dass damit für das Individuum Konsequenzen resultieren. Manche dieser Motive kommen aber auch in Genen in besonders sensiblen Bereichen vor. Die Häufigkeit dieser Repeats wird unter bestimmten Umständen instabil vererbt. Wenn die Anzahl der Wiederholungen in einem bestimmten Bereich bleibt, hat das keine pathologischen Auswirkungen. Expandiert aber die Anzahl der Trinukleotid-Repeats über ein bestimmtes Maß, so tritt ein pathologischer klinischer Phänotyp auf. Dieses Phänomen ist beispielsweise beim Fragiles-X-Syndrom, bei der Chorea-Huntington und bei der Myotonendystrophie die Krankheitsursache.

4.2.4
Veränderungen des mitochondrialen Genoms

Eine Reihe von chronisch-degenerativen Erkrankungen, die z.B. Gehirn, Herz, Muskel, Leber und Niere, aber auch endokrine Drüsen betreffen, lassen sich auf Mutationen im mitochondrialen Genom zurückführen. Das mitochondriale Genom ist 16.569 Basenpaare groß. Es kodiert einige Enzyme des mitochondrialen ATP-generierenden Systems und der oxidativen Phosphorylierung, 12S- und 16S-ribosomale RNA und die 22 tRNA-Moleküle, die für die mitochondriale Proteinbiosynthese benötigt werden. Da jede Zelle mehrere Mitochondrien besitzt (bis zu einigen Hundert) und jedes Mitochondrium mehrere DNA-Moleküle, können bis zu einige Tausend Kopien jedes mitochondrialen Gens pro Zelle vorliegen. In der mitochondrialen DNA kommen ebenso wie in der nukleären DNA Punktmutationen, Insertionen und

Deletionen vor. Da die mitochondriale DNA bei der Befruchtung und der anschließenden Zellteilung fast ausschließlich aus dem Zytoplasma der Eizelle weitergegeben wird, findet man bei mitochondrialen Gendefekten einen maternalen Erbgang. Mitochondrien haben eine höhere Mutationsrate, da sie keinen effektiven Mechanismus zur DNA-Reparatur besitzen. Somatische Mutationen können also mit höherer Wahrscheinlichkeit vorkommen. Treten neue Mutationen in einzelnen Mitochondrien auf, so führt dies zu einer entsprechend heterogenen Mitochondrienpopulation in der Zelle. Diesen Zustand bezeichnet man als Heteroplasmie. Im Verlauf der Zellteilung heteroplasmatischer Zellen findet auch eine Segregation der Mitochondrien statt, wobei man häufig eine Drift in dem Sinne beobachtet, dass Zellen entstehen, die entweder ausschließlich mutierte oder ausschließlich normale Mitochondrien enthalten (Homoplasmie). Unter anderem wird die Akkumulation von Mutationen im mitochondrialen Genom für Alterungsprozesse der Zellen verantwortlich gemacht.

5
Auswirkungen von Fehlern in der genetischen Information

Der Vergleich von Sequenzdaten einer großen Zahl von Individuen hat ergeben, dass ca. alle 1000 Basenpaare im Genom Positionen vorliegen, die variabel sind. Bei diesen polymorphen Sequenzen handelt es sich größtenteils um SNP („single nucleotide polymorphism"). Man findet sie auch in den kodierenden Bereichen der Gene und in ihren Steuersequenzen. Eine noch nicht genau bekannte Anzahl wird sich funktionell auswirken und zu Veränderungen der zellulären RNA-Menge, der Proteinstabilität oder der Proteinfunktion führen. Dies kann z.B. zur Prädisposition für polygene Erkrankungen beitragen. Auch andere physiologische Eigenschaften, z.B. die Verträglichkeit oder Ansprechbarkeit hinsichtlich Medikamenten oder individuelle Reaktionen auf Umwelteinflüsse, können vom Genotyp bestimmter SNP abhängig sein. Jedes Individuum wird aufgrund seines individuellen Profils dieser SNP ein korrespondierendes Risikoprofil aufweisen. Ausgehend von diesen Zusammenhängen hofft man, in Zukunft gezielte Präventionsempfehlungen geben zu können und therapeutische Maßnahmen zu individualisieren (Theranostik).

Schätzungen gehen derzeit von etwa 30 000 Erkrankungen des Menschen aus, die zum großen Teil genetisch bedingt sind. In den meisten Fällen sind an der Erkrankung etwa 5–10 Gene beteiligt (multifaktorielle Erkrankungen). Bei schätzungsweise 4000 Erkrankungen, von denen viele jedoch nur sehr selten vorkommen (Tabellen 2 und 3), ist nur ein einzelnes Gen für die Erkrankung verantwortlich. Für etwa 10% dieser Erkrankungen ist das Gen identifiziert, in dem Defekte vorliegen. Für eine ganze Reihe von genetischen Erkrankungen ist die chromosomale Lokalisation des Defektes bekannt, das der Krankheit zugrunde liegende Gen allerdings noch nicht charakterisiert. Nach den nun vorliegenden Sequenzinformationen aus dem Humangenomprojekt sollte es zukünftig möglich sein, diese Gene schneller aufzuspüren.

Nach älteren Schätzungen haben etwa 3–5% aller Individuen Abweichungen in der genetischen Information, die irgendwann im Laufe des

Tabelle 2. Beispiele für autosomal-rezessiv vererbte Erkrankungen. (Nach Tariverdian u. Paul 1999)

Erkrankung	Häufigkeit
α_1-Antitrypsindefekt	1: 4 000
21-Hydroxylasedefekt (klassisches AGS)	1: 5 000
Adrenogenitales Syndrom (nichtklassisches AGS)	1: 1 000
Albinismus (okuläre Form)	1:30 000
Ataxia teleangiectatica	1:40 000
Friedreich-Ataxie	1:27 000
Galaktosämie	1:50 000
Homozystinurie	1:45.000–1:200.000
Morbus Gaucher	1:25 000[a]
Morbus Krabbe	1:50 000[b]
Morbus Wilson	1:35 000
Meckel-Gruber-Syndrom	1:90 000[c]
Phenylketonurie	1: 5 000–10 000
Spinale Muskelatrophien	1:20 000
Tay-Sachs-Syndrom	1: 3 000[a]
Zystische Fibrose	1: 2 000[d]

[a] Aschkenasim-Juden.
[b] Schweden.
[c] Finnland.
[d] Mitteleuropa.

Tabelle 3. Beispiele für autosomal dominant vererbte Erkrankungen. (Nach Tariverdian u. Paul 1999)

Erkrankung	Häufigkeit
Huntington-Chorea	1:10 000
Neurofibromatose Typ I	1: 3 000
Neurofibromatose Typ II	1:35 000
Tuberöse Hirnsklerose	1:15 000
Familiäre Polyposis coli	1:10 000
Polyzystische Nieren (adulter Typ)	1: 1 000
Retinoblastom	1:20 000
Familiäre Hypercholesterinämie	1: 500
Kartilagene Exostose	1:50 000
Marfan-Syndrom	1:25.000
Achondroplasie	1:10 000–30 000
Myotone Dystrophie	1:10 000[a]
Hippel-Lindau-Syndrom	1:36 000
Crouzon-Syndrom	1: 2 500
Charcot-Marie-Tooth IA, B	1:28 000
Apert-Syndrom	1:10 000
Kongenitale Sphärozytose	1: 5 000
Romano-Ward-Syndrom	1:10 000
Spalthand	1:90 000
Waardenburg-Syndrom	1:45 000
MEN 2	1:35 000

[a] In manchen Populationen höher.

Lebens zu Krankheitssymptomen führen. Heute wissen wir, dass dieser Anteil wesentlich höher einzuschätzen ist, wenn auch polygenetische Ursachen in Betracht gezogen werden. Bei vielen häufigen Erkrankungen kommen mehrere genetische Eigenschaften zusammen, die jede für sich nur eine geringe Relevanz aufweisen, sich in der Kombination aber gegenseitig so beeinflussen, dass es zum Ausbruch von Symptomen kommt. Als Beispiele hierfür sind Bluthochdruck, Diabetes mellitus Typ II und Osteoporose zu nennen.

Es gibt monogene Erbkrankheiten, die sich von Geburt an durch die entsprechenden Symptome manifestieren, während andere Erkrankungen erst später im Leben zum Ausbruch kommen. Die Art und Schwere der Symptome ist bei manchen Erbkrankheiten von der Art der Mutation im Krankheitsgen abhängig, was sich in einer Genotyp-Phänotyp-Korrelation charakterisieren lässt.

Einige Gendefekte führen nicht zwangsläufig zum Ausbruch der Erkrankung, sie haben eine geringe Penetranz. Wovon es abhängig ist, dass die Symptome auftreten, ist in der Regel nicht bekannt.

Neben den genetischen Eigenschaften, die Erkrankungen auslösen, gibt es auch solche, die lediglich zu erhöhten Risiken führen. Es handelt sich dabei meist um Genvarianten, die in der Bevölkerung relativ häufig vorkommen und als Polymorphismen bezeichnet werden. Bei Trägern dieser Genvarianten treten aber bestimmte Symptome überproportional häufig auf, so dass eine Assoziation anzunehmen ist.

6
Molekulare Diagnostik

Vor dem Zeitalter der molekularbiologischen Methoden wurden Verdachtsdiagnosen aufgrund der klinischen Symptome und der Familienanamnese gestellt. Die definitive Bestätigung wurde neben klinischen Kriterien meist durch biochemische Analyseverfahren erreicht. Häufig musste dabei eine Ungewissheit in Kauf genommen werden, da individuelle Schwankungen bei biochemischen Parametern dazu führen können, dass die Ergebnisse nicht eindeutig sind oder eine Unterscheidung verschiedener Ursachen nicht möglich ist. Einige Erbkrankheiten lassen sich prädiktiv durch biochemische Parameter bereits bei der Geburt diagnostizieren. Mit dem in Deutschland flächendeckend eingeführten Neonatalscreening auf bestimmte genetische Erkrankungen wird dies seit langem praktiziert.

Die molekulare Diagnostik setzt nicht bei den biochemischen Auswirkungen einer genetischen Erkrankung an, sondern versucht direkt den Gendefekt zu ermitteln, um eine Verdachtsdiagnose zu überprüfen oder eine prädiktive Aussage bei Mitgliedern betroffener Familien zu treffen.

Bei der molekularen Diagnostik wird i. Allg. eine feste Reihenfolge von Schritten durchlaufen (Abb. 8). Die molekulare Diagnostik beginnt mit einem klinischen Verdacht oder einer Familienanamnese für eine genetische Erkrankung. Sie endet mit der Mitteilung des Befundes, wozu eine qualifizierte Interpretation des Ergebnisses und ggf. therapeutische Empfehlungen gehören. Die molekulare Diagnostik ist damit

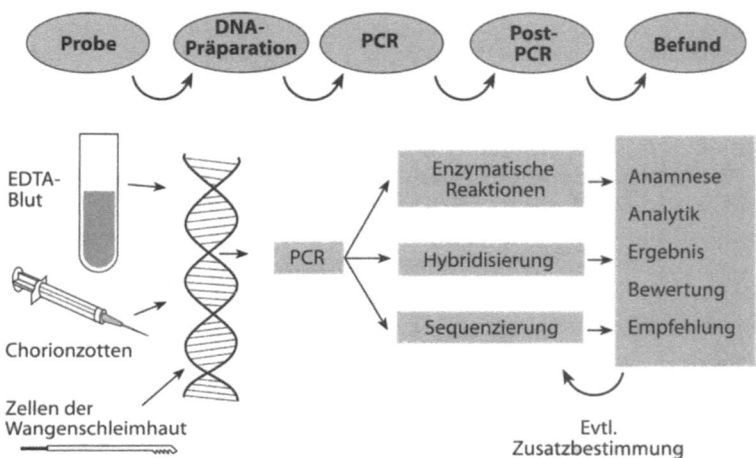

Abb. 8. Typischer Ablauf einer molekulargenetischen Diagnostik. Wichtig ist, dass die Indikationsstellung, die Anamnese und die klinische Interpretation im Befund wichtige Komponenten einer qualifizierten Gendiagnostik sind

in die medizinische Versorgung der Patienten eingebunden und sollte daher alle Kriterien erfüllen, die auch sonst an medizinische Maßnahmen gestellt werden. Dazu gehören Relevanz und Zuverlässigkeit der Aussage, Qualität der Analyse, Vertraulichkeit in Bezug auf das Ergebnis etc.

Wegen der besonderen Bedeutung, die die Ergebnisse prädiktiver und pränataler Diagnostik für die Rat suchenden Patienten haben können, sollte vor der Probennahme und bei der Mitteilung des Ergebnisses eine genetische Beratung angeboten werden.

Das Ausgangsmaterial für die molekulare Diagnostik genetischer Erkrankungen stellt in den meisten Fällen genomische DNA dar, die aus den kernhaltigen Zellen des Blutes oder aus Wangenschleimhautzellen gewonnen wird. Für die Pränataldiagnostik wird DNA aus Amnionzellen oder Chorionzottenbiopsien gewonnen.

Die Durchführung der Laboranalyse kann abhängig von dem betroffenen Gen und der Art der zu erwartenden Mutation recht unterschiedlich sein.

Numerische und segmentale chromosomale Aberrationen werden im Karyogramm analysiert. Feinere chromosomale Veränderungen, z.B. Inversionen oder Deletionen, können auch durch fluoreszenzmarkierte Sonden (Fluoreszenz-in-situ-Hybridisierung: FISH-Technologie) nachgewiesen werden.

In den meisten Fällen basiert die molekulare Diagnostik auf der Polymerase-Kettenreaktion (PCR, vgl. 7.3). Nach der Amplifikation des zu analysierenden Genabschnitts durch die PCR können amplifizierte Fragmente in Folgereaktionen (Post-PCR) auf das Vorliegen von pathologisch relevanten Veränderungen überprüft werden.

Im einfachsten Fall kommt in dem betroffenen Gen nur eine Mutation vor, die bei allen oder fast allen Patienten vorliegt. Beispiele hierfür sind die Mutation in Codon 3500 des Apolipoprotein-B-Gens bei bestimmten Störungen des Fettstoffwechsels oder die Mutation in Codon 282 des HFE-Gens, die zur hereditären Hämochromatose (Eisenspeicherkrankheit) führt. Diese Mutationen werden bei etwa 85–90% aller Patienten mit der entsprechenden Erkrankung gefunden. Der Nachweis dieser Mutationen erfolgt aus der genomischen DNA mithilfe der Polymerase-Kettenreaktion und eines mutationsspezifischen Detektionsverfahrens (Tabelle 4). Komplexer ist die Analytik, wenn eine begrenzte Anzahl von Mutationen vorliegen kann. Dies ist beispielsweise bei der multiplen endokrinen Neoplasie Typ 2 (MEN 2) der Fall. Bei dieser Erkrankung treten erblich bedingte neuroendokrine Tumoren auf. Bei etwa 90% aller Patienten liegen Mutationen in einem von 5 Cysteincodons vor, die in Exon 10 oder 11 des RET-Protoonko-

Tabelle 4. Klassische Methoden zum Nachweis von bekannten Mutationen in PCR-Fragmenten

Methode	Bewertung
Restriktionsverdau von PCR-Fragmenten	Nur wenn Restriktionsschnittstelle verändert wird
Hybridisierung von PCR-Fragmenten an allelspezifische Oligonukleotide	Generell möglich für Punktmutationen
PCR mit allelspezifischen Primern (ARMS)	Generell möglich, Design der Primer schwierig
Oligonukleotid-Ligation-Assay	Generell möglich
DNA-Sequenzierung	Generell möglich, zu aufwendig zum Nachweis für Punktmutationen

Tabelle 5. Häufigkeitsverteilung der wichtigsten Mutationen im RET-Protoonkogen bei Patienten mit multipler endokriner Neoplasie Typ 2

Exon	Codon	Aminosäuren-austausch	Phänotyp	Häufigkeit (in Prozent)
10	609	Cys → x[a]	MEN 2A, FMTC	Für 609–620 insgesamt 23
	610	Cys → x[a]	MEN 2A, FMTC	
	618	Cys → x[a]	MEN 2A, FMTC	
	620	Cys → x[a]	MEN 2A, FMTC	
11	634	Cys → x[a]	MEN 2A	66
13	768	Gln → Asp	FMTC	<1
	790	Leu → Phe	MEN 2A, FMTC	Für 790 und 791 insgesamt 8
	791	Tyr → Phe	MEN 2A, FMTC	
	804	Val → Leu	FMTC	<1
		Val → Met		
14	844	Arg → Leu	FMTC	<1
15	883	Ala → Phe	MEN 2B	5
16	918	Met → Thr	MEN 2B	95

[a] x steht für die Umwandlung von Cystein in eine beliebige andere Aminosäure.

gens lokalisiert sind. Bezieht man in die analytische Prozedur 2 weitere Codons in Exon 13 ein, erfasst man ca. 99% aller Patienten. Die übrigen Exons dieses Gens (insgesamt 21) müssen bei der Verdachtsdiagnose MEN 2 nicht routinemäßig untersucht werden, so dass der methodische Aufwand relativ begrenzt ist. Als Verfahren wären multiplexfähige mutationsspezifische Reaktionen (Tabelle 5) oder die DNA-Sequenzierung nach der Polymerase-Kettenreaktion (direkte Sequenzierung) anzuwenden.

In vielen Fällen können die Mutationen allerdings in jedem beliebigen Exon des Gens vorkommen, so dass das gesamte Gen in die Analytik einbezogen werden muss. Beispiele sind die Gene für die erblichen Formen des Brust- und Ovarialkarzinoms (BRCA1 und BRCA2), das Faktor-VIII-Gen bei der Hämophilie A und das LDL-Rezeptorgen bei der familiären Hypercholesterinämie. Manchmal gibt es sog. Hot Spots für Mutationen, das sind Bereiche, in denen besonders häufig Mutationen gefunden werden. Hier beginnt man die Analyse sinnvollerweise mit diesen Abschnitten. Methodisch sind diese Gene am aufwendigsten zu analysieren. Praktisch ist heute nur die DNA-Sequenzierung in der Lage, nach der Polymerase-Kettenreaktion alle Fragmente auf Mutationen zu überprüfen und die relevante Mutation zu identifizieren. Um die notwendigen Sequenzreaktionen auf ein Minimum zu reduzieren, werden häufig Verfahren zum Mutationsscreening (s. Tabelle 6) vorgeschaltet. Allerdings ist bisher keins der Screeningverfahren so sensitiv, dass mit Sicherheit jede Mutation detektiert wird. Für diagnostische Fragestellungen ist daher meist die komplette Sequenzierung der einzige sichere Weg, für den Patienten ein aussagekräftiges Ergebnis zu erzielen. Und auch mit dieser Methode können wir für die Detektion neuer Mutationen lediglich mit einer Sensitivität von ca. 98% rechnen.

7
Methoden zur Untersuchung von Genen

7.1
Probenentnahme und Stabilisierung

Die Qualität der Ergebnisse hängt sehr stark von der Qualität der einzelnen Teilschritte und deren optimaler Kombination ab. So werden auch die besten Analysemethoden nur unbefriedigende Ergebnisse liefern, wenn z.b. die Probenentnahme schlecht durchgeführt wird oder die Nukleinsäuren während des Transports in das Labor degradieren. Nachfolgend werden die einzelnen Teilschritte beschrieben und technische Lösungsmöglichkeiten dargestellt, die dem derzeitigen Stand der Technik entsprechen. Aufgrund der Fülle an verfügbaren Verfahren können nur einige Methoden kurz beschrieben werden. Am Ende eines jeden Abschnitts wird ein kurzer Ausblick auf kommende Trends gegeben.

Ziel der Probenentnahme ist es, das Ausgangsmaterial für die spätere Nukleinsäureanalyse zu gewinnen. Neben der Wahl des geeigneten Probenmaterials ist hierbei die Wahl des Entnahmesystems entscheidend. In der Routineanalytik verwendet man meistens Blut oder Schleimhautabstriche. Um die Expression von gewebespezifischen Markern zu bestimmen, ist eine Gewebebiopsie notwendig.

Um eine Degradation der Nukleinsäuren, z.B. während des Transports der Proben in das Labor, zu vermeiden, werden vielfach Stabilisierungsreagenzien zugesetzt. Eine weitere Möglichkeit zur Stabilisierung von z.B. Blutproben stellen Filtermembranen dar. Bei diesen Verfahren werden die Proben aufgetropft und können in dieser Form auch über einen längeren Zeitraum hinweg gelagert werden. Beispielsweise sind die Blutstropfen, die für die neonatale Diagnostik von jedem neugeborenen Kind auf die Guthrie-Karten getropft werden, eine geeignete Quelle für die Isolierung von DNA. Um den Arbeitsaufwand bei der Probenentnahme zu minimieren, werden derzeit Systeme zur kombinierten Probenentnahme und Nukleinsäurestabilisierung entwickelt.

7.2
Isolation von Nukleinsäuren

Zum Nachweis von Genmutationen ist zunächst die Isolierung des genetischen Materials erforderlich.

Dies erfolgte ursprünglich durch Cäsiumchloridgradientenzentrifugation und später mithilfe auf Phenol-Chloroform basierender Extraktionsmethoden. Diese sehr zeit- und kostenintensiven Verfahren wurden ab Mitte der 80er Jahre durch wesentlich anwenderfreundlichere säulenchromatographische Verfahren auf Silikabasis abgelöst. Die Zellen oder das Gewebe wird durch Verdauung mit Proteinase K und denaturierenden Reagenzien zunächst aufgeschlossen. Die zur Reinigung verwendeten Trägermaterialien binden unter bestimmten Bedingungen die Nukleinsäuren fest genug, um die Trennung von anderen zellulären Bestandteilen zu ermöglichen. Meist werden diese Materialien in Form von Minisäulen oder als Filtermaterialien verwendet. Die anschließende Ablösung der genomischen DNA erfolgt heute in den meisten Fällen durch Zentrifugation. Es werden aber auch Systeme angeboten, bei denen die Trägermaterialien in Form paramagnetischer Partikel eingesetzt werden.

Die DNA-Präparation mit dem QIAamp Blood Kit (Qiagen) ist ein Beispiel für ein kommerzielles System, das die Gewinnung von DNA mit relativ wenig Zeitaufwand ermöglicht (Abb. 9). Zunächst werden die Blutzellen lysiert und die DNA wird an einer Membran gebunden. Die Salzkonzentration und der pH-Wert des Lysepuffers sorgen dafür, dass keine Proteine oder andere Komponenten an der Membran haften bleiben. Die an der Membran gebundene DNA wird in zwei Schritten gewaschen, um die restlichen Verunreinigungen zu entfernen. Anschließend wird die DNA eluiert und kann für die weitere Analytik eingesetzt werden. Neben Qiagen bieten derzeit viele weitere Firmen vergleichbare Einwegsäulen von sehr guter Qualität an. Durch die Ent-

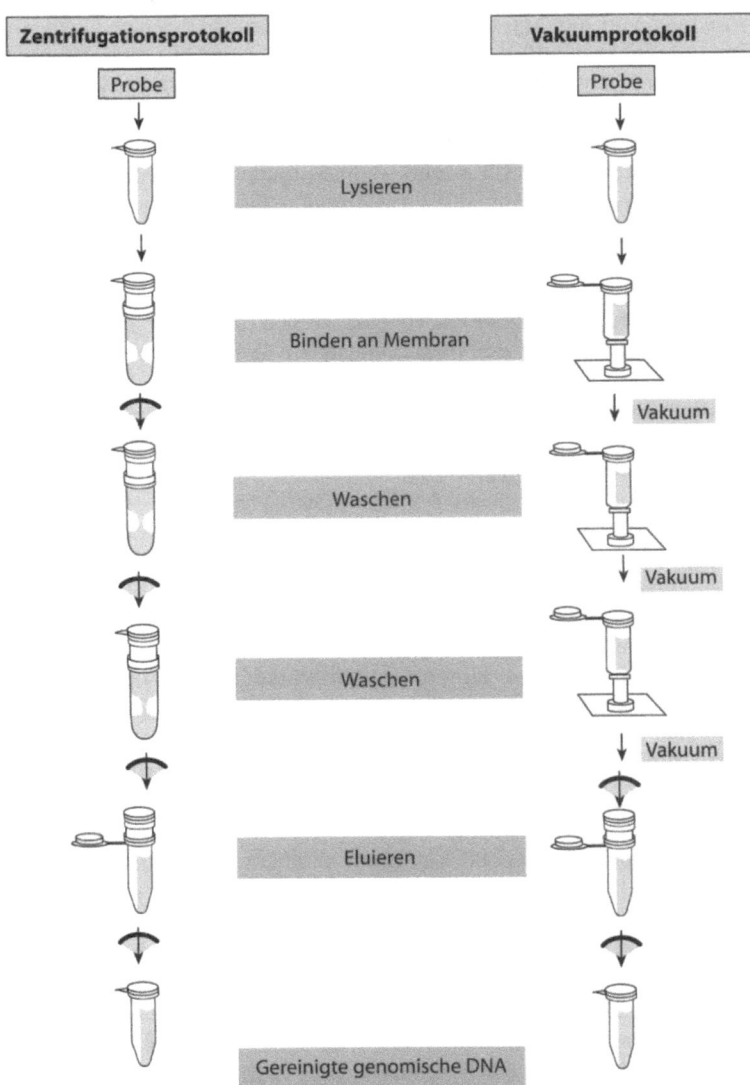

Abb. 9. Isolation von Nukleinsäuren über vorgefertigte Säulen. (Mit freundlicher Genehmigung von Qiagen GmbH, Hilden)

wicklung von auf Stärke basierenden Zusatzstoffen ist es Qiagen in Zusammenarbeit mit der Max-Planck-Gesellschaft kürzlich gelungen, die Silikasäulen auch für die Isolation von Nukleinsäuren aus Stuhlproben zu verwenden. Da Stuhlproben sehr hohe Konzentrationen an PCR-Inhibitoren (z.b. Gallensäuren) aufweisen, ist zu vermuten, dass sich dieses Verfahren auch für andere Problemmaterialien verwenden lässt.

Die Einführung der auf Silika basierenden Einwegsäulen stellt einen wichtigen Meilenstein in der akademischen und kommerziellen Nutzung der Nukleinsäureanalytik dar. Aus patent- und prozesstechnischen Gründen wird derzeit die Entwicklung von Verfahren forciert, die auf Magnetpartikeln basieren. Hierbei werden zwei Entwicklungslinien verfolgt. Partikel, die auf ihrer Oberfläche sequenzspezifische Fang-Oligonukleotiden tragen, erlauben die Isolation von spezifischen Nukleinsäurepopulationen, während durch die Verwendung von Magnetpartikeln auf Silikabasis eine sequenzunabhängige Isolation von Nukleinsäuren möglich ist. Durch die Verwendung von Fang-Oligonukleotiden, die gegen häufig vorkommende Gensequenzen wie Poly-A-Enden der mRNA oder Repeatsequenzen gerichtet sind, lassen sich gezielt Fraktionen von Nukleinsäuren anreichern. Auf Partikeln basierende Verfahren haben den Vorteil, dass sie auch für größere Probenvolumina verwendet werden können, da gleichzeitig eine Anreicherung stattfindet. Dies ist z.B. für den ultrasensitiven Nachweis von Virusnukleinsäuren in Blutbanken entscheidend, wo der Trend zu größeren Probenvolumina geht, um somit eine höhere Sensitivität zu erreichen.

Die derzeit verfügbaren Kits erlauben eine reproduzierbare Isolation von DNA und RNA innerhalb weniger Stunden. Trotz aller Verbesserungen stellt die Nukleinsäureisolation jedoch immer noch einen großen Kostenfaktor bei der Gesamtanalyse dar. Ursachen hierfür sind die hohen Reagenzienkosten (1,50–3,50 DM pro Analyse) und die hohen Personalkosten, da dieser Arbeitsschritt vielfach noch manuell durchgeführt wird. Hersteller von Laborrobotern wie Beckman Coulter oder Tecan haben diese Marktnische erkannt und entwickeln, gemeinsam mit den Herstellern von Isolationskits, immer anwenderfreundlichere automatisierte Systeme. Um Nukleinsäureisolationsroboter zu Massenprodukten zu machen, bieten sich folgende Ansatzpunkte an: Reduktion der Betriebskosten durch die Verwendung von z.B. Nadeln anstelle von Graphitspitzen, Verbesserung der Bedieneroberfläche, so dass die Geräte auch von nicht spezialisierten Labormitarbeitern bedient werden können, flexiblere Gerätenutzung, Reduktion der Bearbeitungszeit oder Steigerung des Probendurchsatzes.

7.3
Vervielfältigung der Nukleinsäuren

Bei Amplifikationsverfahren wird zwischen Signalverstärkung und Nukleinsäurevervielfältigung sowie zwischen linearen und exponentiellen Verfahren unterschieden. Ein weiteres Unterteilungskriterium stellt der Multiplexinggrad dar, d.h. die Zahl der Teilanalysen, die pro Reaktionsansatz parallel aus einer Probe durchgeführt werden können.

Das kommerziell erfolgreichste und verbreitetste Verfahren zur Nukleinsäureamplifikation ist die Polymerase-Kettenreaktion (PCR). Dieses 1983 von Mullis und Faloona entwickelte Verfahren hat die Molekularbiologie revolutioniert und eine kommerzielle Nutzung der Nukleinsäureanalytik erst ermöglicht.

Das Verfahren basiert auf dem natürlichen Vervielfältigungsprinzip der DNA. Dabei liegt wiederum das Prinzip der komplementären Basenpaarung zugrunde. Die Reaktion wird durch DNA-Polymerasen katalysiert, die entweder in ihrer natürlichen Form verwendet werden oder gentechnisch für bestimmte Anwendungen modifiziert wurden. Mittels dieser DNA-Polymerasen wird ein definiertes DNA Segment (Targetsequenz) vervielfältigt (amplifiziert) (Abb. 10). Das Segment wird durch ein Paar Oligonukleotide (Primer) definiert, von denen eines komplementär zum Sensestrang und das andere komplementär zum Antisensestrang ist. Die Oligonukleotide, die etwa 20 Nukleotide groß sind, stellen nach Hybridisierung an die vorgelegte DNA (Annealing) das Startsignal für die DNA-Polymerasen dar, die den DNA-Strang in diesem Bereich kopieren. Um den Oligonukleotiden die Hybridisierung zu ermöglichen, wird zunächst eine Denaturierung bei 95 °C durchgeführt (Aufschmelzen des DNA-Doppelstrangs) und anschließend auf ca. 50–65 °C abgekühlt, wobei wegen der geringen Größe der Oligonukleotidprimer diese schneller an die DNA hybridisieren, als diese zu reassoziieren vermag. Bei einer Temperatur von 72 °C findet nun durch die DNA-Polymerase, beginnend an den Primerbindungsstellen, eine Duplikation der Sequenzen des Sense- und Antisensestrangs gleichzeitig statt. Der entscheidende Trick dabei ist die Verwendung einer thermostabilen DNA-Polymerase, die bereits bei den ersten

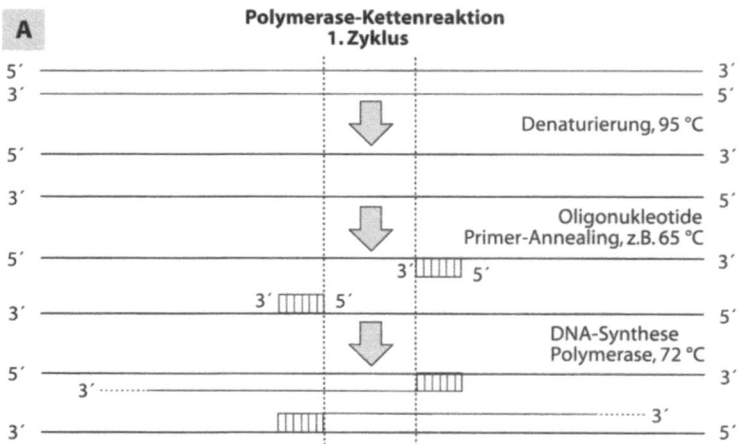

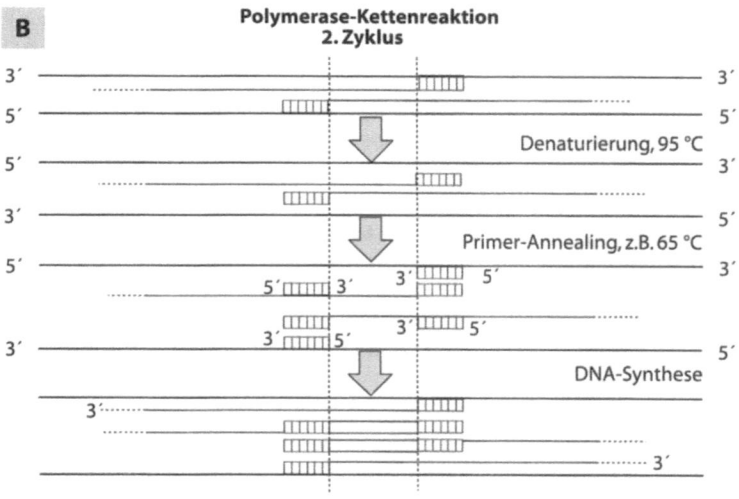

Abb. 10. Durch die Polymerase-Kettenreaktion (PCR) werden genau definierte Abschnitte des Genoms zur weiteren Diagnostik vervielfältigt (amplifiziert). Im 1. Zyklus der PCR werden DNA-Fragmente mit definiertem Anfang, aber variablen Enden gebildet. Im 2. Zyklus werden diese Fragmente ebenfalls als Template genutzt und es entstehen Produkte genau definierter Größe. Nach dem 3. Zyklus liegen praktisch nur Fragmente vor, die den durch die Primer definierten Bereichen entsprechen

Molekulare Diagnostik – Fortschritte in der molekularen Medizin

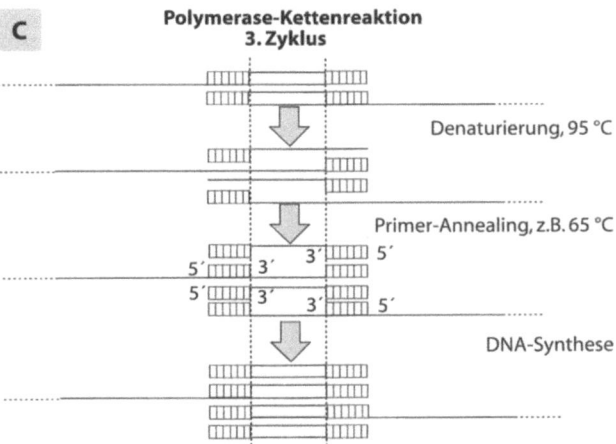

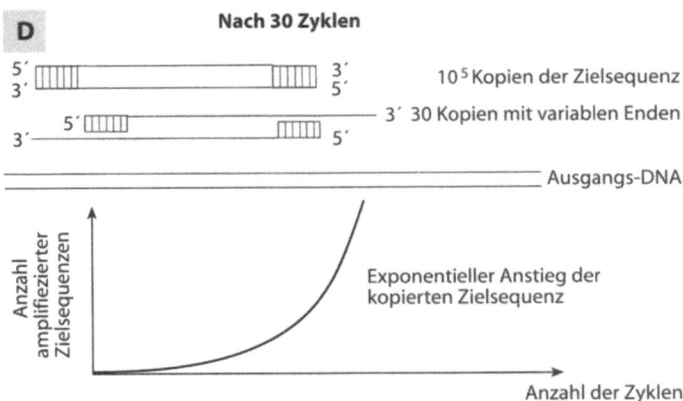

Abb. 10

beiden Schritten im Reaktionsansatz vorliegen kann und nun ohne Unterbrechung des Ablaufs bei 72 °C ihre Wirkung entfaltet und die Targetsequenz kopiert. Der zweite wichtige und entscheidende Vorteil, der aus der Thermostabilität des Enzyms resultiert, ist die Möglichkeit, dass die Schritte Denaturierung, Annealing der Primer und Kopie der Targetsequenz durch die Polymerase mehrfach zyklisch durchlaufen werden können. Bei jedem Zyklus verdoppelt sich theoretisch die Anzahl der Kopien des zu untersuchenden Genabschnitts. Nach 30 Zyklen liegt, ausgehend von einem einzigen DNA-Molekül, unter idealen Bedingungen eine Menge von 2^{30} Molekülen (ca. $1 \cdot 10^9$) vor. Diesen Vorgang bezeichnet man auch als Amplifikation und die in der Polymerase-Kettenreaktion synthetisierten Fragmente als DNA-Amplifikate (auch Amplikons oder Amplimere). Die gewählte Sequenz vermehrt sich jedoch nicht beliebig lange exponentiell. Nach 25–30 Zyklen, in denen die DNA millionenfach vervielfältigt wird, begrenzt bei einem molaren Überschuss der Ziel-DNA die Enzymmenge die Reaktion. Auch der Verbrauch der Desoxy-Nukleotid-Triphosphate im Reaktionsansatz führt zum Abbruch der Reaktion. Zudem nimmt die Aktivität der Polymerase ab, da die Hitze das Enzym im Laufe der PCR-Zyklen doch teilweise denaturiert. Mit zunehmender Konzentration der amplifizierten Sequenzen vermindert auch deren Hybridisierung untereinander die Effektivität der Vervielfältigung, da diese Reaktion mit der Anlagerung der Primer in Konkurrenz steht. Aufgrund der exponentiellen Amplifikation lassen sich mithilfe der PCR auch einzelne Nukleinsäuremoleküle detektieren. Diese hohe Empfindlichkeit führt leider auch dazu, dass geringste Spuren von Nukleinsäuren, wie z.B. Hautschuppen, zu einer Verfälschung des Analyseergebnisses führen können. Ein weiteres Problem ist, dass die DNA-Polymerase durch Fremdsubstanzen (z.B. Blütenpollen) gehemmt werden kann, was zu „falschnegativen Ergebnissen" führt.

Neben der PCR wurde in den 90er Jahren eine Vielzahl weiterer exponentieller Amplifikationsverfahren entwickelt. Zu erwähnen sind hier die Ligase-Chain-Reaktion (LCR) der Firma Abbott, das NASBA-Verfahren der Firma Organon Teknika, die SDA der Firma BD und die Rolling-Circle-Amplifikation der Firma Molecular Staging. Im Gegensatz zur PCR werden diese Verfahren nur für Nischenapplikationen verwendet. Wegen ihrer teilweise komplexeren Handhabung und ihrer in der Regel geringeren Sensitivität sind diese Alternativverfahren weniger verbreitet.

Neben den oben beschriebenen exponentiellen Amplifikationsverfahren wurden in den letzten Jahren verschiedene isothermale sowie lineare Amplifikationsverfahren entwickelt.

7.4
Signalamplifikationsverfahren

Bei der Signalamplifikation bleibt die Menge an Nukleinsäure konstant, jedoch wird das Messsignal durch physikalische und enzymatische Verfahren vervielfältigt (amplifiziert). Das kommerziell erfolgreichste Verfahren dieser Klasse ist das von Chiron entwickelte bDNA-System („b" für engl. „branched"). Hierbei wird die zu quantifizierende Nukleinsäure mittels Fang-Oligonukleotiden auf dem Boden von z.B. Mikrotiterplatten immobilisiert und anschließend durch die Hybridisierung von 10–30 sequenzspezifischen Fang-Oligonukleotiden nachgewiesen. An jedes Fang-Oligonukleotid wird wiederum eine Vielzahl weiterer Verstärker-Oligonukleotide gebunden, an die anschließend spezifische Enzymmoleküle wie alkalische Phosphatase oder Peroxidase gekoppelt werden. Durch eine abschließende enzymatische Reaktion wird ein Chemolumineszenz- oder Fluoreszenzsignal generiert und dadurch eine zusätzliche Signalverstärkung erreicht. Signalamplifikationsverfahren weisen einen linearen Quantifizierungsbereich von etwa 4 log-Stufen auf, erlauben eine präzise Quantifizierung auch hoher Nukleinsäurekonzentrationen und sind kaum anfällig gegenüber Inhibitoren oder DNA-Kontamination. bDNA-Assays erfordern jedoch viele Waschschritte, haben eine geringere Sensitivität und die Entwicklung neuer Assays gestaltet sich äußerst zeitaufwendig.

7.5
Analyse von Amplifikationsreaktionen

Die Analyse der Produkte von Amplifikationsreaktionen erfolgt in klassischer Weise mittels Elektrophorese. Verschiedene Post-PCR-Techniken wie z.B. ELISA-gekoppelte Detektion, fluoreszenzanalytische oder massenspektroskopische Verfahren werden verwendet, um die Identität des amplifizierten DNA-Abschnittes zu überprüfen. Weitere Verfahren wie HPLC, radioaktive Detektion oder elektrochemische Sensoren spielen in der Routineanalytik derzeit nur eine untergeordnete Rolle.

7.5.1
Gelelektrophoretische Analyse von DNA-Fragmenten

Zur Auftrennung von DNA-Fragmenten einer Größe zwischen 50 und 20 000 bp sind Agarose-Gele ein einfaches und effektives Hilfsmittel. Die Elektrophorese wird in Flachbettgelapparaturen durchgeführt, in denen sich ein auf eine Trägerplatte gegossenes Agarose-Gel befindet. Beim Gießvorgang werden durch einen entsprechenden Kunststoffkamm Taschen zum Probenauftrag erzeugt. Die Wanderungsgeschwindigkeit von linearen DNA-Molekülen ist umgekehrt proportional zum Logarithmus der Anzahl der Basenpaare (bzw. zum Molekulargewicht).

DNA-Fragmente werden durch Ethidiumbromid, einen Farbstoff, der mit den Basenpaaren der DNA interkaliert und dadurch im UV-Licht zur Fluoreszenz angeregt wird, sichtbar gemacht.

DNA-Moleküle geringer Größe (bis etwa 3500 bp) lassen sich auch sehr gut in Polyacrylamid-Gelen auftrennen. Zur Auftrennung von doppelsträngiger DNA werden Gele mit relativ niedrigem Acrylamidgehalt (4–7%) verwendet. Zur Auftrennung von einzelsträngiger denaturierter DNA werden Polyacrylamid-Gele höherer Konzentration verwendet. Die Anfärbung kann ebenfalls durch interkalierende Farbstoffe oder durch Silberfärbung erfolgen. Elektrophoretische Detektionsverfahren mit Agarose-Gel werden in den meisten akademischen Forschungslabors eingesetzt, da sie eine einfache Analyse sowie einen moderaten Multiplexinggrad erlauben, aber keine kostenintensiven Spezialinstrumente erfordern. Der Nachteil dieser Verfahren ist, dass sie mit einem sehr hohen manuellen Arbeitsaufwand und daher mit hohen Betriebskosten verbunden sind, nur kleine Serienlängen erlauben, zeitaufwendig sind und eine Quantifizierung nur eingeschränkt möglich ist.

Für eine ganze Reihe von Erbkrankheiten ist eine hohe Neumutationsrate und eine extreme Variabilität der Mutationen in Bezug auf Art (Deletion, Insertion, Punktmutation usw.) und Lage der Mutation im Gen beschrieben. Beispiele für derartige Erbkrankheiten sind die zystische Fibrose (CFTR-Gen) oder auch die Hämophilie A (Faktor-VIII-Gen). Bei Patienten, die unter einer solchen Erbkrankheit leiden, muss das gesamte Gen auf Mutationen hin untersucht werden.

Die Sequenzierung – die sicherste Methode zur Auffindung von Mutationen – ist bei sehr großen Genen mit zahlreichen Exons zu zeit- und kostenaufwendig. Aus diesem Grunde wurden, auf der Methode

der PCR basierend, mehrere Screeningmethoden entwickelt. Mit diesen Techniken lassen sich DNA-Fragmente von etwa 200 bis hin zu 1000 Basenpaaren auf unbekannte Mutationen untersuchen.
In Tabelle 6 sind die z.Z. erfolgversprechendsten Screeningmethoden aufgelistet.

Tabelle 6. Screeningtechniken zur Entdeckung von Mutationen

Technik	Beschreibung
Heteroduplex-Analyse (HET)	Befinden sich in einer Lösung zwei Arten von DNA-Molekülen, die sich um eine Base unterscheiden, z.B. Wildtypsequenz und mutierte Sequenz, so kommt es nach Hitzedenaturierung und anschließender Renaturierung zu verschiedenen Zusammenlagerungen von doppelsträngigen DNA-Molekülen: Beide Moleküle enthalten die gleiche Sequenz (Wildtyp oder mutierte Sequenz): *Homoduplex* Strang und Gegenstrang unterscheiden sich in der Sequenz Wildtyp und mutierte Sequenz: *Heteroduplex* Die elektrophoretische Mobilität von Heteroduplex-Molekülen unterscheidet sich von Homoduplex-Molekülen, so dass sie in der Polyacrylamid-Gelelektrophorese unterschieden werden können
Temperaturgradienten-Gelelektrophorese (TGGE)	Die TGGE-Methode wird wie die SSCP-Analyse eingesetzt, um Punktmutationen nachzuweisen. Bei dieser Technik wird der Einfluss eines Basenaustauschs auf das Schmelzverhalten eines doppelsträngigen DNA-Fragments genutzt. Im Laufe der elektrophoretischen Auftrennung in einem Polyacrylamid-Gel, in dem ein Temperaturgradient vorliegt, „schmelzen" doppelsträngige DNA-Moleküle mit abweichender Sequenz zu unterschiedlichen Zeitpunkten. Da die „geschmolzene" DNA wesentlich langsamer läuft, gibt die Lage der anfärbbaren DNA-Banden Auskunft darüber, ob Sequenzabweichungen vorliegen. Die Methode wird sensitiver, wenn an die amplifizierten PCR-Fragmente eine GC-reiche Sequenz (GC-Clamp) angehängt wird

Tabelle 6. (Fortsetzung)

Technik	Beschreibung
Single-Strand-Conformation-Polymorphism-Analyse (SSCP)	Bei der SSCP handelt es sich um eine Methode, durch die man mit einer Sicherheit von ca. 75–95% das Vorliegen von Basenveränderungen in einem nicht zu großen (100–250 bp) PCR-Fragment nachweisen kann. Das Verfahren beruht auf der Tatsache, dass DNA-Moleküle, die durch Hitze denaturiert und dann sehr schnell abgekühlt werden, sich nicht wieder zu doppelsträngiger DNA zusammenlagern. Die nun vorliegenden einzelsträngigen DNA-Moleküle falten sich zu einer charakteristischen Struktur (Konformation), die von der Basensequenz und von den physikalischen Umgebungsbedingungen wie Temperatur und Salzgehalt abhängt. In vielen Fällen führt unter geeigneten Bedingungen der Austausch einer einzigen Base zu einer Veränderung der Konformation, die wiederum zu verändertem Laufverhalten in der Elektrophorese führt. Allerdings lässt sich nicht erkennen, welche Base ausgetauscht ist, so dass sich eine DNA-Sequenzierung anschließen muss
Denaturierungsgradienten-Gelelektrophorese (DGGE)	Die Methode ähnelt sehr stark der TGGE. Statt eines Temperaturgradienten wird im Gel ein Gradient eines denaturierenden Reagenzes erzeugt
Chemical-Cleavage-Mismatch-Analyse (CCM)	Doppelsträngige DNA-Stränge, die an einer Stelle eine nicht passende Basenpaarung infolge einer Mutation aufweisen (heteroduplex), sind durch bestimmte chemische Reagenzien spaltbar. Wenn an die DNA-Stränge eine Markierung angebracht wird (Radioaktivität oder Fluoreszenzfarbstoff), kann nach anschließender Trennung in einem Polyacrylamid-Gel die Größe der Spaltprodukte und damit die Position der Mutation ermittelt werden

7.5.2
Single-Strand-Conformation-Polymorphism-Analyse

Als Beispiel einer Screeningmethode für Punktmutationen soll die Single-Strand-Conformation-Polymorphism-(SSCP-)Technik hier genauer beschrieben werden. Sie beruht darauf, dass jede Nukleinsäure,

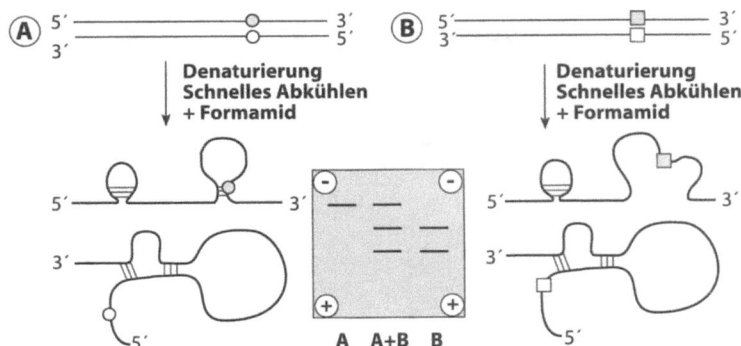

Abb. 11. Bei der Single-Strand-Conformation-Polymorphism-Analyse kann ein einzelner Basenaustausch (Punktmutation) die Konformation eines einzelsträngigen DNA-Fragments so verändern, dass in der Polyacrylamid-Elektrophorese ein unterschiedliches Laufverhalten resultiert

die einzelsträngig vorliegt, eine charakteristische Konformation annimmt. Diese wird wesentlich mitbestimmt durch Basenpaarungen innerhalb der Kette. Die Stabilität der Konformationen der Abschnitte, die durch Basenpaarung gebildet werden, hängt von der Sequenz ab und kann sich bereits durch Austausch einer Base signifikant verändern. So können sich Abschnitte des einzelsträngigen Nukleinsäuremoleküls durch Vorliegen einer Punktmutation so umlagern, dass sie in einem Polyacrylamid-Gel ein deutlich verändertes Laufverhalten zeigen (Abb. 11). Dabei sind die experimentellen Bedingungen so zu wählen, dass im System auch tatsächlich zwischen der mutierten und der Wildtypsequenz unterschieden werden kann. In der Regel kann dies durch die Wahl der geeigneten Temperatur während des Elektrophoreselaufs und durch die Zusammensetzung des Gelpuffers, z.B. durch Zusatz von Glyzerin, erreicht werden. Es ist aber nie auszuschließen, dass nicht auch Mutationen an Stellen des Moleküls auftreten, die zu keinem signifikanten Unterschied in den Konformationen führen. Es können also Mutationen mit dieser Technik „übersehen" werden. Ähnliches gilt für die anderen Screeningmethoden. Eine höhere Sicherheit kann nur durch die Sequenzierung des zu untersuchenden Genabschnitts gewährleistet werden, obwohl auch diese Methode bei heterozygoten Mutationen versagen kann.

7.5.3
DNA-Sequenzierung von PCR-Amplifikaten

Als „golden standard" für die Detektion von Punktmutationen gilt heute immer noch die Sequenzanalyse. Es wird heute fast ausschließlich die Technik nach Sanger angewendet, die ähnlich wie die Polymerase-Kettenreaktion auf dem natürlichen Prinzip der DNA-Vervielfältigung basiert (Abb. 12). Mittels einer DNA-Polymerase wird von einem zu analysierenden DNA-Fragment ein komplementärer DNA-Strang synthetisiert. Das DNA-Fragment wird entweder durch die Polymerase-Kettenreaktion oder durch Klonierungsverfahren hergestellt. Neben den Desoxy-Trinukleotidphosphat-Molekülen, die als Bausteine für den zu synthetisierenden DNA-Strang dienen, befinden sich im Reaktionsansatz Didesoxy-Trinukleotidphosphate. Diese können zwar von der DNA-Polymerase sequenzspezifisch eingebaut werden, die Kette kann dann aber nicht mehr weiter verlängert werden. Es erfolgt ein sequenzspezifischer Kettenabbruch. Die durch diese Kettenabbrüche erhaltenen unterschiedlich großen Fragmente werden in einem Polyacrylamid-Gel aufgetrennt und entweder durch Radioaktivität oder durch Fluoreszenzfarbstoffe dargestellt.

Für das humane Genomprojekt wurde die Sequenzanalyse weitgehend automatisiert. Die automatische Sequenzierung läuft entweder ebenfalls über eine vertikale Polyacrylamid-Elektrophorese oder in moderneren Geräten in feinen Glaskapillaren, die mit Polyacrylamid oder vergleichbaren Polymeren gefüllt werden. Die Temperatur des Trennmediums wird während der Elektrophorese konstant auf ca. 40–50 °C gehalten. Während der Elektrophorese wandern die fluoreszierenden DNA-Fragmente je nach ihrer Länge unterschiedlich schnell durch das Gel. Am Ende der Trennstrecke durchlaufen die aufgetrennten Fragmente einen Laserstrahl und werden zur Fluoreszenz angeregt. Das emittierte Licht wird durch Photozellen oder eine CCD-Kamera registriert und die Signale werden in einem angeschlossenen Computer gespeichert und verarbeitet. Die so erhaltene Basensequenz des zu anlysierenden Genabschnitts kann durch Computerprogramme direkt mit der Sollsequenz verglichen werden und alle auffälligen Abweichungen werden angezeigt.

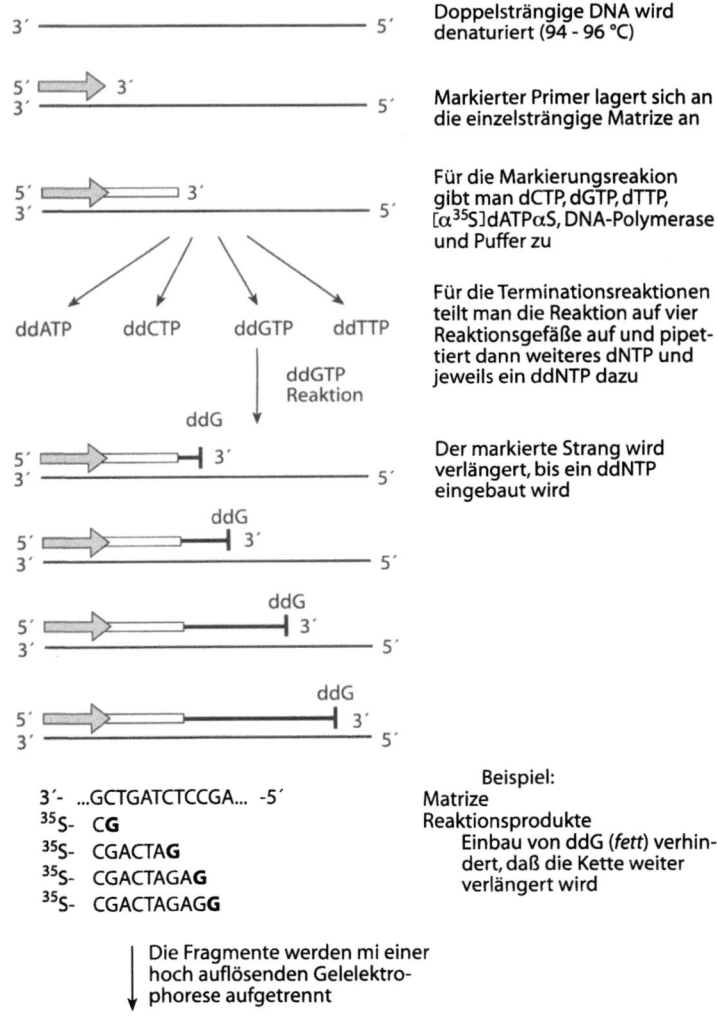

Abb. 12. Die Sequenzierung mit der Didesoxymethode nach Sanger ermöglicht die komplette Ermittlung der Basenreihenfolge eines DNA-Fragments, das durch die PCR oder durch Vermehrung in Bakterien gewonnen wurde. Dargestellt ist die radioaktive Sequenzierung, die in der Praxis heute durch die Verwendung Fluoreszenz-markierter Didesoxy-Nukleotide abgelöst ist

7.6
Technologieentwicklungen in der molekularen Diagnostik

7.6.1
Chromatographische Auftrennung mittels Mikrokanalsystemen – Lab-on-Chip

Bei den chromatischen Detektionsverfahren geht der Trend in Richtung Mikrokanalsysteme und dielektrophoretische Auftrennung. Einer der ersten kommerziell verfügbaren Mikrokanalchips wurde von Caliper entwickelt und wird von Agilent vertrieben. Bei diesem System erfolgt die chromatographische Auftrennung in nur wenige Mikrometer breiten Kanälen, wobei auf Polyacrylamid basierende Trennmedien verwendet werden. Hierdurch konnte eine Beschleunigung der Trennung/Detektion auf wenige Minuten erreicht werden. Ein weiterer Vorteil ist der geringe Probenbedarf.

7.6.2
Fluoreszenzanalytische Detektionsverfahren

Flurimetrische Verfahren stellen die derzeit gängigste Detektionsmethode dar. Aufgrund der Vielzahl an Verfahren möchten wir das von Evotec entwickelte Galios-System und das von Roche entwickelte TaqMan-System kurz darstellen.

Bei Galios handelt es sich um eine „semi-nested" PCR, die, nach Abschluss der Amplifikation, mittels Fluoreszenzkorrelationsspektroskopie (FCS) ausgelesen wird (Abb. 13). Galios erlaubt die Analyse von genetischen Varianten in genomischer DNA (SNP, Deletionen, Insertionen) und eine Quantifizierung von DNA und RNA. In einem Galios-Reaktionsansatz werden zwei genspezifische Amplifikationsprimer und zwei allelspezifische Labelprimer verwendet. Die Labelprimer liegen in einer etwa 20fach geringeren Konzentration vor als die Amplifikationsprimer und sind 5'-terminal mit Fluoreszenzfarbstoffen (Tamra bzw. Evoblue 50) markiert. Die 3'-terminalen Enden der Labelprimer werden so positioniert, dass sie spezifisch mit der zu analysierenden Base hybridisieren. Aufgrund ihrer hohen Konzentration dominieren die Amplifikationsprimer die frühen PCR-Zyklen und amplifizieren spezifisch die Zielsequenz unabhängig vom jeweiligen Allel. Die niedrig kon-

a   Konfokale Einzelmolekülspektroskopie

1. Diffusion fluoreszenzmarkierter Labelprimer und Amplimere durch einen konfokalen Laserstrahl

2. Zeitaufgelöste Photonendetektion

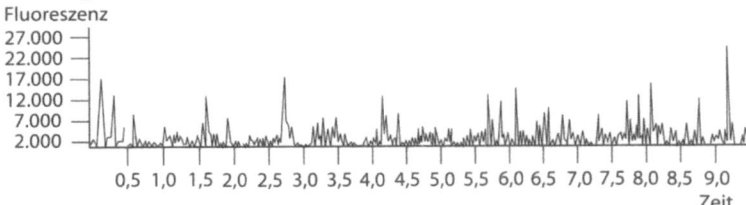

3. Multiparameter-Datenanalyse

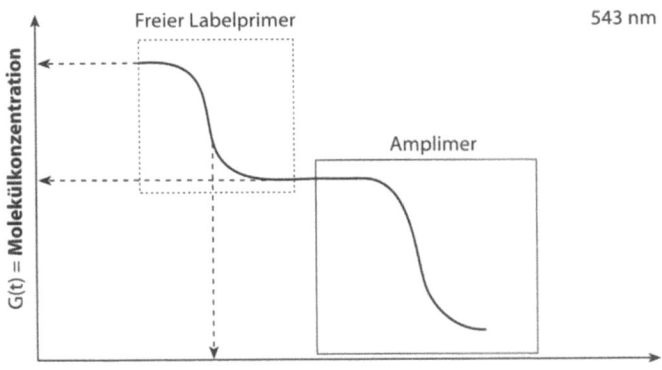

Abb. 13. a Bei der Fluoreszenzkorrelationsspektroskopie (FCS) werden zeitaufgelöst Photonen detektiert, die von den zur Markierung verwendeten Fluorophoren ausgesendet werden. Wird ein markierter Primer in der Amplifikationsreaktion eingebaut, erkennt das FCS-Gerät das veränderte Diffusionsverhalten im Fokus des Laserstrahls

b

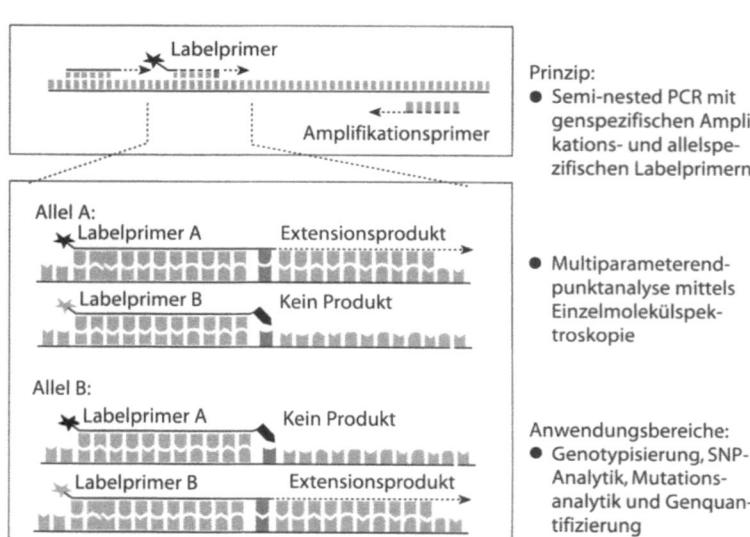

Abb. 13b. Das Prinzip der „semi-nested" PCR und der Einsatz von verschiedenen Fluorophoren für die beiden zu detektierenden Allele garantiert eine hohe Spezifität und ermöglicht die komplette Auswertung in einem homogenen System

Abb. 13c. Für die Leiden-Mutation im Faktor-V-Gen, eine Variante dieses Gerinnungsfaktors, die zur Thromboseneigung führt, hat der Vergleich des Ergebnisses der Galios®-Kits mit dem klassischen Verdau durch Restriktionsendonukleasen (MnlI) die Zuverlässigkeit bestätigt. (Mit freundlicher Genehmigung von Evotec OAI, Hamburg)

---

zentrierten Labelprimer werden erst in deutlich späteren Amplifikationszyklen durch die Polymerase verlängert. Hierbei ist zu berücksichtigen, dass die Labelprimer nur dann verlängert werden können, wenn ihr 3'-Ende spezifisch mit der Targetsequenz hybridisiert. So wird z.B. der für das A-Allel spezifische Labelprimer auf dem B-Allel nicht oder nur mit einer deutlich verringerten Effizienz verlängert. Nach Abschluss der Amplifikation wird der Reaktionsansatz ohne weitere

c Allelspezifische Restriktionsanalyse

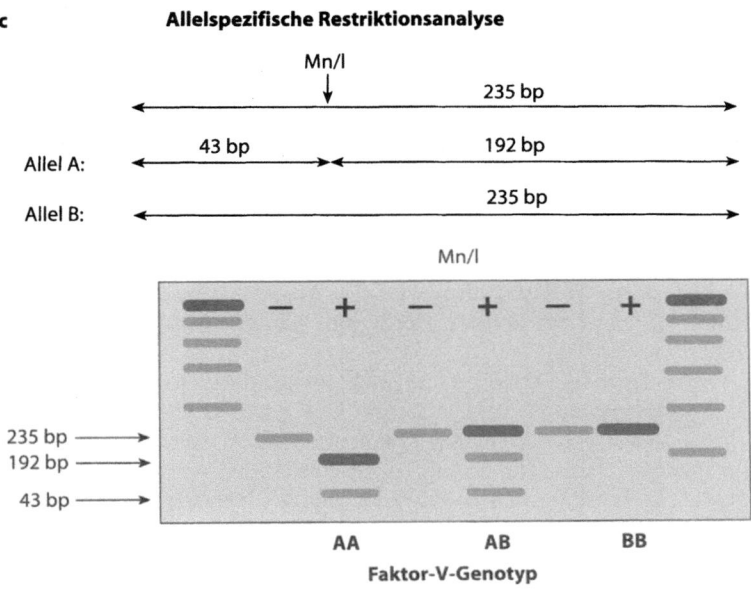

Faktor-V-Genotyp

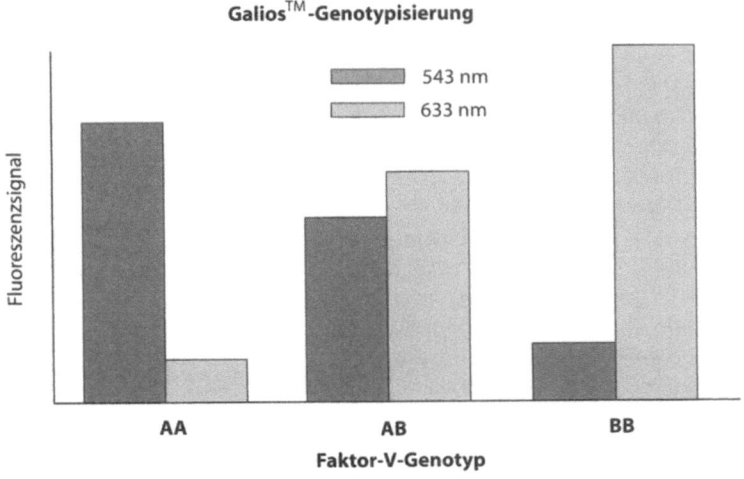

Faktor-V-Genotyp

Abb. 13c

Reinigungs- oder Trennschritte mithilfe der Fluoreszenzkorrelationsspektroskopie analysiert. Bei dieser Einzelmolekülspektroskopie werden die Menge an fluoreszenzmarkierten Amplifikationsprodukten, deren molekulare Größe (Diffusionszeit) sowie deren optische Eigenschaften bestimmt (s. oben). Zur Bestimmung des jeweiligen Genotyps wird das Verhältnis der Tamra- zu den Evoblue-50-markierten Amplifikationsprodukten berechnet. Die Vorteile von Galios sind das kostengünstige homogene Analyseformat, d.h. nach Abschluss der PCR ist kein Umfüllen oder Aufreinigen notwendig, die hohe Spezifität von 99,99%, der hohe Probendurchsatz, das Miniaturisierungspotential der Assays auf 1 ml sowie die einfache und schnelle Assayentwicklung (3 Tage).

Beim TaqMan-Verfahren handelt es sich, ähnlich wie bei Galios, um eine „semi-nested" PCR. Die Primer sind an ihren Enden jeweils mit einem Reporter- und einem Quencherfarbstoff markiert. Aufgrund ihrer räumlichen Nähe kommt es zu einem Energietransfer zwischen beiden Farbstoffen, was zu einer Löschung (Quenchen) der Emission führt. Dieses Prinzip wird FRET („fluorescence resonance energy transfer") genannt. Während der Amplifikationsreaktion werden die doppelmarkierten Primer durch die 5'-3'-Exonukleaseaktivität der Polymerase abgebaut, wodurch der FRET-Effekt verhindert wird.

Das TaqMan-Prinzip wird heute vielfach in Kombination mit der Real-Time-Detektion verwendet (Abb. 14). Bei diesem Detektionsverfahren wird die Zunahme der Fluoreszenzintensität während der PCR gemessen. Das erste Gerät dieser Art wurde Anfang der 90er Jahre von der Firma Pe Applied Biosystems unter dem Namen Abi Prism 7700 auf den Markt gebracht. Derartige Systeme werden derzeit auch von anderen Anbietern vermarktet. Um eine schnellere Durchführung der Real-Time-Detektion zu realisieren, wurde von der Firma Idaho Technologies ein Gerät auf der Basis von Glaskapillaren und Lufttemperierung entwickelt. Dieses System wird derzeit von Roche unter dem Namen Light Cycler vertrieben und erlaubt die Analyse von 32 Proben innerhalb von 15–30 min. Das Volumen der PCR-Assays konnte in diesem System auf 5–20 ml reduziert werden.

Vorteile der TaqMan-Real-Time-Detektion sind der dynamische Quantifizierungsbereich von bis zu 10 log-Stufen, die hohe Präzision der Konzentrationsbestimmung und die hohe Sensitivität. Nachteile des Verfahrens sind der geringe Probendurchsatz, der hohe Zeitaufwand für die Entwicklung neuer Assays und die hohen Betriebskosten.

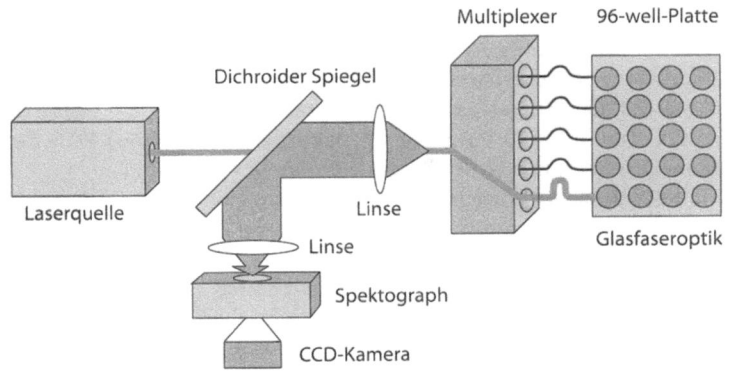

Abb. 14. Zur Analyse der PCR-Produkte mit der TaqMan-Chemie wird ein Laserstrahl über eine Multiplexglasfaseroptik direkt in die Reaktionsgefäße (Einzelröhrchen, 96er oder 384er Mikrotiterplatten) geleitet. Werden Amplifikate gebildet, entsteht durch Aktivierung des Fluoreszenzfarbstoffs aus der TaqMan-Sonde ein Fluoreszenzsignal, das mit einer CCD-Kamera detektiert und im Computer ausgewertet wird. Qualitative und quantitative Auswertungen sind mit dieser Real-Time-PCR-Technik möglich

7.6.3
Chip-Array-Verfahren

DNA-Arrays werden in der modernen Laboranalytik verwendet, um gleichzeitig bis zu 60 000 unterschiedliche Nukleinsäuren zu untersuchen. Dies ist z.b. bei der Bestimmung von Virusresistenzen oder bei der Charakterisierung von Zellen im Rahmen der Entwicklung neuer Arzneimittel von Bedeutung. Arrays bestehen aus Glas- oder Membranoberflächen, auf die, in definierten Bereichen, einzelsträngige Nukleinsäuren aufgebracht werden. Die Nukleinsäuresequenzen eines Bereichs sind identisch, aber die Nukleinsäuresequenzen der verschiedenen Bereiche eines Arrays sind jeweils unterschiedlich. Je nach Anzahl der zur Verfügung stehenden Nukleinsäurebereiche wird zwischen Low-Density-Arrays (etwa 10–100 unterschiedliche Bereiche), Medium-Density-Arrays (100–1000) und High-Density-Arrays (bis zu 30–60 Mio.) unterschieden. Weitere Unterscheidungskriterien sind die Art des Trägermaterials und die Art der aufgebrachten einzelsträngigen Nukleinsäuren. Bei den Chip-Arrays werden in der Regel Glasobjektträger verwendet. Bei den in der Regel wesentlich größeren Membran-Arrays werden häufig Nylonmembranen als Träger verwendet. Bei den Oligo-Arrays werden synthetische, d.h. etwa 15–30 bp große DNA-Fragmente auf das Trägermaterial aufgebracht, während bei den cDNA-Arrays etwa 100–300 bp große, in Bakterien oder mittels PCR hergestellte DNA-Fragmente verwendet werden.

Vom Funktionsprinzip her ähneln Arrays den seit Mitte der 70er Jahre verwendeten Southern- bzw. Northern-Blot-Verfahren. Hierbei wird die Messenger-RNA (mRNA) der zu analysierenden Zellen isoliert und anschließend mithilfe des Enzyms reverse Transkriptase in eine komplementäre DNA, die cDNA, umgeschrieben. Durch die Verwendung markierter Nukleotide oder Primer kann die cDNA gleichzeitig mit Fluoreszenzfarbstoffen oder mit radioaktiven Substanzen markiert werden. Die markierten einzelsträngigen cDNAs werden anschließend in einem Hybridisierungspuffer aufgenommen, auf die Arrays gegeben und haben nun die Möglichkeit, sich an ihre jeweils komplementären einzelsträngigen DNA-Fragmente des Arrays anzulagern. Durch Veränderung der Inkubationstemperatur (etwa 50–65 °C), durch Veränderung der Salzkonzentration oder durch Veränderung der Reaktionszeit (in der Regel mehrere Stunden) können die Anlagerungsbedingungen hierbei so stringent eingestellt werden, dass (nahezu) jede cDNA an ihren spezifischen Bindungspartner anlagert (Hybridisierung). Nach Abschluss der Hybridisierung werden nicht gebundene Nukleinsäuren mit einem Waschpuffer entfernt und die Menge der gebundenen cDNA, auf den verschiedenen Bereichen des Arrays, wird gemessen. Nukleinsäuren, die nur sehr selten vorkommen, lagern sich hierbei nur selten an ihren Bindungspartner an, wohingegen Nukleinsäuren, die häufig vorkommen, sich auch häufig an ihren Bindungspartner anlagern. Die Menge an gebundener Nukleinsäure ist demnach proportional zu ihrer Konzentration. Hierdurch lässt sich die Menge von bis zu 5000 verschiedenen mRNA-Spezies in einem Experiment bestimmen (Abb. 15).

Neben den hier beschriebenen Expressionsanalysen werden Arrays auch für qualitative Fragestellungen wie die Muationsanalytik eingesetzt.

Trotz ihrer offensichtlichen Vorteile weist diese Technologie gravierende Nachteile auf. Sie ist äußerst kostenintensiv, störanfällig und zeitaufwendig. Im Vergleich zu Amplifikationsverfahren weisen Arrays zudem nur einen sehr begrenzten dynamischen Quantifizierungsbereich von 2,5 log-Stufen auf und benötigen große Mengen an mRNA.

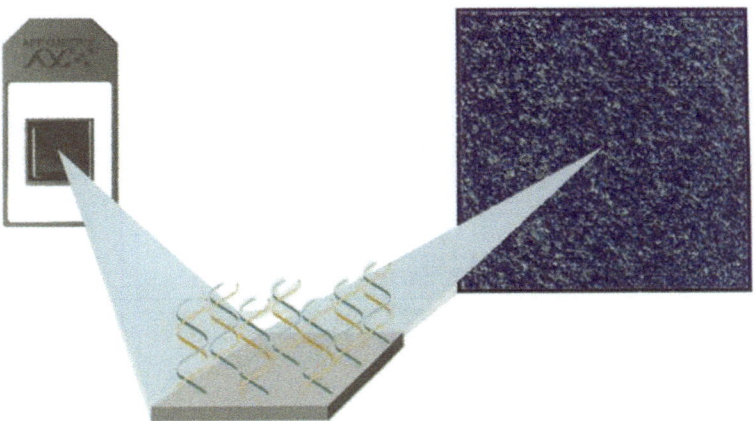

Abb. 15. Die Chiptechnologie ermöglicht die simultane Detektion und (semi-)quantitative Auswertung einer großen Zahl von mRNA-Spezies bzw. der durch reverse Transkription gewonnenen komplementären DNA-Moleküle. Spezifische Oligonukleotide werden auf die Chipoberfläche synthetisiert und binden durch Hybridisierung die in der Lösung befindlichen Nukleinsäuren. Die Detektion erfolgt in der Regel durch Fluoreszenzsignale, die über ein entsprechend gekoppeltes enzymatisches Reaktionssystem generiert und in speziellen Lesegeräten ausgewertet werden. (Mit freundlicher Genehmigung von Affymetrix, Inc., Santa Clara, Kalifornien, USA)

7.7
Massenspektroskopische Detektionsverfahren und Trends

Massenspektroskopische Verfahren werden derzeit besonders bei der pharmakogenetischen SNP-Analyse, aber auch bei anderen qualitativen Fragestellungen eingesetzt. Als Pionier bei der Entwicklung und Nutzung dieser Technologie in der Nukleinsäureanalytik ist die Firma Sequenom zu nennen.

Bei diesem Verfahren wird zuerst eine PCR-Amplifikation durchgeführt, anschließend werden die doppelsträngigen DNA-Fragmente denaturiert. Hieran schließen sich eine Primer-Extension-Reaktion, eine Entsalzungsreaktion und ein Nanodispensing auf Spectrochips an. Die exakte Masse der Primer-Extension-Produkte wird anschließend massenspektroskopisch bestimmt (Abb. 16). Modifikationen erlauben den

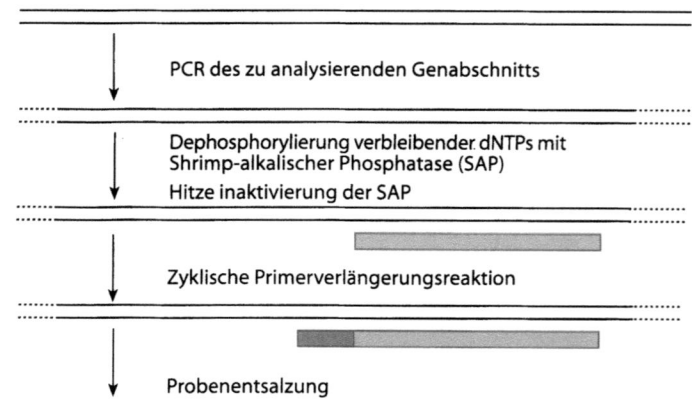

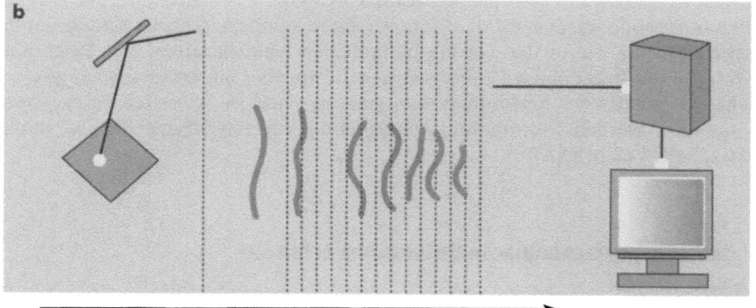

Abb. 16a–c. Die Massenspektroskopie liefert zur Detektion und Identifikation von Produkten aus der PCR und verwandten Reaktionen mit der Molekülmasse den präzisesten physikalischen Parameter. **a** Um von der zu amplifizierenden Nukleinsäure zu dem in der Massenspektroskopie auswertbaren Produkt zu gelangen, sind mehrere Schritte notwendig, die jedoch komplett automatisierbar sind. **b** Die Auftrennung und Detektion der DNA-Moleküle erfolgt durch das MALDI/TOF-MS-Verfahren in einem elektrischen Feld im Hochvakuum innerhalb von wenigen Mikrosekunden. **c** Scharfe Peaks im Massenspektrum ermöglichen eine eindeutige Identifikation der Produkte sowie die Detektion von Mutationen. (Mit freundlicher Genehmigung von Sequenom, Hamburg)

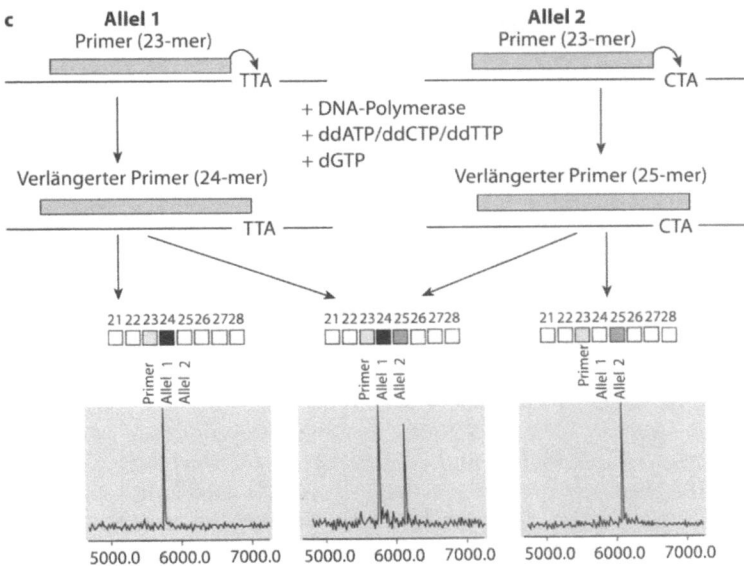

Abb. 16c

Ablauf dieser Schritte komplett in einem homogenen System, ohne dass Trennschritte notwendig sind. Dies stellt auch die Voraussetzung für eine komplette Automatisierung dar.

Die massenspektroskopische Analyse von Amplifikationsreaktionen eignet sich besonders für Hochdurchsatzanalysen, so dass bis zu ca. 100 Parameter/Analyse und bis zu 1000 Analysen/h duchgeführt werden können. Weitere Vorteile sind die schnelle, computerunterstützte Assayentwicklung und, aufgrund der präzisen Massenbestimmung, eine Spezifität von 99,99%.

Neben den allgemeinen Entwicklungstrends wie Steigerung des Probendurchsatzes, Vereinfachung der Gerätehandhabung und Miniaturisierung des Gerätes steht derzeit die Reduktion der Analysekosten im Vordergrund. Hierzu wird an der Entwicklung markierungsfreier Detektionssysteme (Xanthon), an Multiplexdetektionsverfahren (Luminex) und an der Miniaturisierung des Assayformats (Evotec, Caliper) gearbeitet.

8
Klinisch relevante Beispiele molekularer Diagnostik

Die Fortschritte in der Molekularbiologie und in der Zytogenetik haben die diagnostischen Möglichkeiten in der Medizin in vielen Fachgebieten erheblich erweitert. Die molekulare Diagnostik wird eingesetzt zur Feststellung von genetisch bedingten Erkrankungen oder zur Feststellung von genetischen Risikobedingungen. Dazu gehören u.a. erblich bedingte hormonelle Erkrankungen und Stoffwechselerkrankungen, erbliche Risiken für Krebsleiden, aber auch genetische Risiken für Thromboembolien, Osteoporose oder Diabetes mellitus.

Beispielsweise werden im Rahmen einer modernen Mutterschaftsvorsorge Informationen über Gesundheitszustand und Risiken des Fetus ermittelt. Bessere Kenntnisse über Risiken durch Infektionskrankheiten der Mutter und spezifischere und sensitivere Methoden für den Nachweis der Erreger, die auch mittels molekularbiologischer Verfahren möglich sind, machen eine validere Beurteilung möglich. Moderne, hochauflösende Verfahren der Ultraschalldiagnostik eröffnen die Möglichkeit, bereits sehr früh im Verlauf der Schwangerschaft Missbildungen und Entwicklungsstörungen des Embryos festzustellen und liefern damit die Indikation für eine weiterführende pränatale Diagnostik, u.a. mit molekular- oder zytogenetischen Methoden. Indikationen für eine vorgeburtliche Diagnostik müssen mit großer Sorgfalt gestellt werden, da für die Gewinnung von embryonalem Probenmaterial invasive Eingriffe erforderlich sind. Das Wissen über genetische Erkrankungen und Möglichkeiten der Risikoermittlung wird zunehmend durch die Medien verbreitet und führt dazu, dass viele Schwangere mit dem Wunsch nach einer möglichst umfassenden diagnostischen Abklärung in die Sprechstunde kommen. Es gehört zu den Aufgaben des Arztes, unter Berücksichtigung der Interessen der Ratsuchenden den Nutzen einer invasiven Diagnostik gegenüber den damit verbundenen Risiken und Kosten abzuwägen. Dies erfordert zum einen ein möglichst aktuelles Wissen über genetische Ursachen von Erkrankungen und über die Möglichkeiten ihrer Diagnostik und Therapie. Zum anderen müssen aber auch die Grenzen der Nachweisverfahren und der therapeutischen Maßnahmen in Betracht gezogen werden. Eine umfassende, kompetente Beurteilung ist häufig nur durch interdisziplinäre Zusammenarbeit möglich. Dem praktizierenden Arzt wird es nicht erspart bleiben, sich mit den Grundlagen und Methoden der Molekulargenetik bis zu einem gewissen Grad vertraut zu machen.

8.1
Molekularbiologische Diagnostik des Steroid-21-Hydroxylasemangels

8.1.1
Klinik des Steroid-21-Hydroxylasemangels

Mit dem Begriff „kongenitale adrenale Hyperplasie" wird ein Syndrom (adrenogenitales Syndrom, AGS) bezeichnet, das auf vererbten Defekten in Enzymen der Kortisolbiosynthese beruht. Jedes der an der Biosynthese beteiligte Enzym kann betroffen sein. In jedem Fall führt die beeinträchtigte Kortisolsynthese zu einem Ausbleiben der Feedbackregulation auf die ACTH-Freisetzung in der Hypophyse und damit zu einer Erhöhung des ACTH und einer ständigen Stimulation der Nebennierenrinde. Die auftretenden Symptome erklären sich durch die verminderte Synthese von Kortisol und die vermehrte Sekretion der Steroidhormonvorstufen. Am häufigsten ist die Steroid-21-Hydroxylase von genetischen Defekten betroffen.

Je nach der Schwere des genetischen Defektes manifestiert sich die Erkrankung in einer allgemeinen Virilisierung, einem Salzverlustsyndrom oder in Missbildungen der Sexualorgane (Pseudohermaphrodismus). Der Androgenüberschuss resultiert aus der ACTH-Erhöhung, da die Androgensynthese durch den enzymatischen Defekt nicht beeinträchtigt ist. Bereits in utero kann eine Virilisierung der Sexualorgane des weiblichen Fetus erfolgen, von einer Vergrößerung der Klitoris und einer Verschmelzung der Labien bis hin zu einem phänotypisch männlichen Genital. Durch rechtzeitige Gabe eines plazentagängigen Kortisolderivats (Dexamethason), das die ACTH-Produktion des Fetus und der Mutter blockiert, kann die Erkrankung schon während der Schwangerschaft behandelt werden. Nach der Geburt kann zusätzlich zu den Virilisierungserscheinungen vorübergehend ein Salzverlustsyndrom beobachtet werden, das auf den ebenfalls vorhandenen relativen Mangel an Aldosteron zurückzuführen ist.

Die Erkrankung kommt auch als Late-Onset- oder nichtklassische Form vor. Diese Verlaufsformen sind deutlich milder. Symptome, die auf einen Androgenexzess hindeuten, zeigen sich klinisch erst im Kindesalter oder in der Pubertät. Jungen und Männer sind meist asymptomatisch. Beobachtet werden prämature Pubarche, Akne, Seborrhö, Hirsutismus, Großwuchs, akzeleriertes Knochenalter und Klitorishypertrophie. Trotz des bestehenden biochemischen Defektes können die klinischen Symptome bisweilen vollständig verschwinden.

8.1.2
Molekularbiologie des Steroid-21-Hydroxylasemangels

Der Steroid-21-Hydroxylasemangel wird autosomal-rezessiv vererbt und kommt in der westlichen weißen Bevölkerung in einer Häufigkeit von etwa 1:5000–15 000 Geburten vor. Das Gen ist auf dem kurzen Arm von Chromosom 6 lokalisiert und seine Struktur ist vollständig aufgeklärt (Abb. 17), wodurch eine direkte Genanalyse möglich ist.

Allerdings ist die molekularbiologische Diagnostik erheblich erschwert durch die Existenz eines Pseudogens (nicht funktionelle zweite Kopie des Gens, die durch zahlreiche Mutationen inaktiv geworden ist) in unmittelbarer Nachbarschaft des aktiven Gens und durch die Tatsache, dass zahlreiche verschiedene Arten von Gendefekten (Dele-

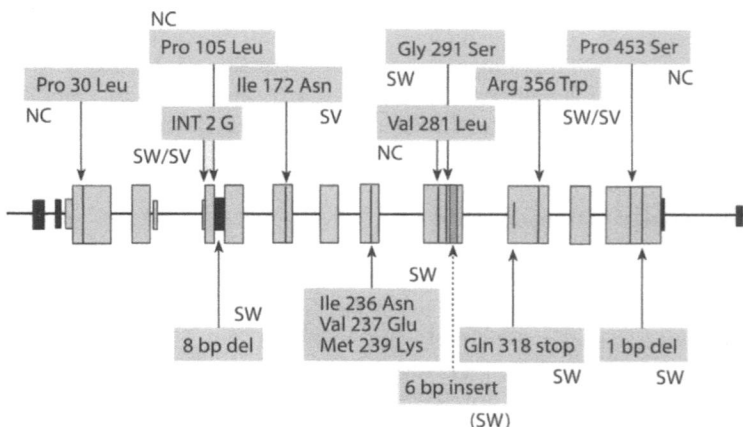

Abb. 17. Beim 21-Hydroxylasemangel liegen in ca. 60% der Fälle im aktiven Gen Mutationen vor, die durch Genkonversion aus dem Pseudogen stammen

tionen, Genkonversionen mit dem Pseudogen, Mutationen in verschiedenen Exons) vorkommen können.

Die verschiedenen Mutationen führen in homozygoter Form je nach ihrer Auswirkung zur schweren Form des AGS mit Salzverlust (SW: „salt wasting"), zu nur virilisierenden Formen (SV: „simple virilizing") oder zur Late-Onset-Form (NC: „non-classical AGS") (s. Abb. 17).

Die Late-Onset-Form des AGS beruht auf dem Vorliegen einer schwerwiegenden Mutation in einem Allel des Steroid-21-Hydroxylase-Gens und in einem gesunden Allel (heterozygoter Genotyp). Eine andere Möglichkeit besteht darin, dass eine milde Mutation auf dem zweiten Allel vorkommt (komplexe Heterozygote). Auch das gleichzeitige heterozygote Auftreten von Defekten in zwei verschiedenen Enzymen der Steroidbiosynthese wird als Ursache für Late-Onset-Formen des AGS diskutiert. Bei der nichtklassischen Form treten milde Mutationen homozygot oder gemischt heterozygot auf.

8.1.3
Molekularbiologische Diagnostik des Steroid-21-Hydroxylasemangels

Die verschiedenen Arten von möglichen Mutationen und die Anwesenheit des Pseudogens (CYP21A) mit hoher Sequenzhomologie zum aktiven Gen (CYP21B) machen die molekulare Diagnostik des 21-Hydroxylasemangels sehr kompliziert.

Um komplette oder partielle Deletionen oder Duplikationen zu erfassen, ist eine quantitative PCR notwendig. Dabei müssen die verwendeten Oligonukleotidprimer sowohl im Pseudo- als auch im aktiven Gen binden. Die Amplifikate müssen aber unterscheidbar sein, um ihre Herkunft zuordnen zu können.

Zum Nachweis von Punktmutationen oder kleineren Genkonversionen müssen die Primer spezifisch im aktiven Gen binden. Aus den CYP21B-Gen-spezifischen Amplifikaten kann dann die direkte Sequenzierung erfolgen.

Die molekulare Diagnostik ist indiziert, wenn klinisch und/oder biochemisch der Verdacht auf einen 21-Hydroxylasemangel besteht. Wegen der relativ hohen Frequenz von heterozygoten Genträgern in unserer Bevölkerung sollte bei einem nachgewiesenen Defekt im CYP21B-Gen immer auch der Heterozygotenstatus bei der Partnerin oder dem Partner überprüft werden, insbesondere wenn Kinderwunsch besteht. Auch geradlinig Verwandte 1. und 2. Grades sollten nach humangenetischer Beratung dem Test unterzogen werden.

Eine Pränataldiagnostik ist möglich und indiziert, wenn der begründete Verdacht besteht, dass ein weiblicher Fetus homozygoter Träger eines Gendefektes sein könnte. Als therapeutische Maßnahme wäre dann eine termingerechte pränatale Kortisolsubstitutionstherapie mit einem plazentagängigen Derivat durchzuführen (Abb. 18).

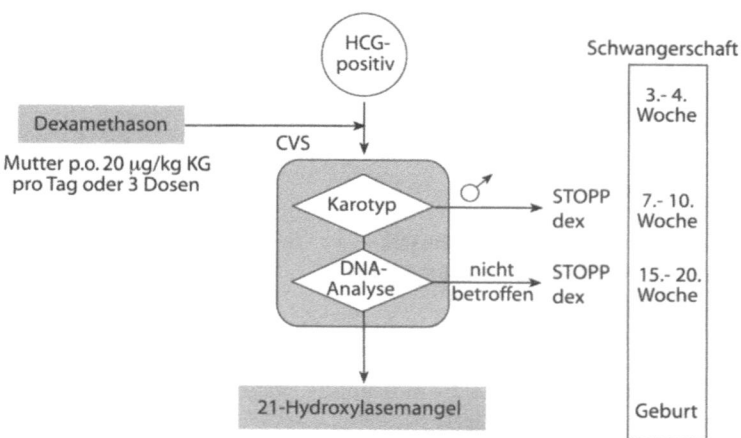

Abb. 18. Im Zentrum der Verhinderung der pränatalen Virilisierungserscheinungen steht die DNA-Analyse aus Chorionzotten, die eine Geschlechtsbestimmung und die Genotypanalyse des 21-Hydroxylase-Gens ermöglicht. Wenn aufgrund des Genotyps der Eltern die Gefahr für ein AGS besteht, wird ab Feststellung der Schwangerschaft Dexamethason als plazentagängiges Glukokortikoid verabreicht. Um die Patientin nicht während der gesamten Schwangerschaft dem Risiko der Nebenwirkungen des Medikaments auszusetzen, sollte, sobald feststeht, dass es sich um ein männliches Kind oder um ein genetisch nicht gefährdetes Mädchen handelt, die Medikation abgebrochen werden. Liegt ein Risikogenotyp bei einem weiblichen Fetus vor, ist das Dexamethason bis zur Geburt weiter zu geben. Die Virilisierung des weiblichen Genitales wird dadurch sicher verhindert

8.2
Molekularbiologische Diagnostik der multiplen endokrinen Neoplasie Typ 1

8.2.1
Krebsentstehung und Onkogene

Die Entstehung von Krebszellen beruht auf der Transformation ursprünglich intakter Zellen. Dabei verändern sich Differenzierungszustand, Wachstumsverhalten und Lokalisation der Zellen. Das Ergebnis sind undifferenzierte Zellen mit einer erhöhten Proliferation. Durch eine Verminderung der intrazellulären Bindungskräfte kann es zur Aussiedlung der Zellen aus dem Gewebeverband und zur Ansiedlung in fremden Geweben kommen. Dort entstehen erhebliche Schädigungen durch die proliferierenden Zellen. Die molekulare Ursache dieser neu erworbenen Eigenschaften ist die Akkumulation von molekulargenetischen Veränderungen in den Genen verschiedener Regulatorproteine, wodurch die Kontrolle der zelltypischen Funktionen verloren geht. Diese Veränderungen werden bei der Zellteilung an die Tochterzellen weitergegeben. Genprodukte, deren genetischer Defekt dominant ist, die also, wenn nur ein Allel betroffen ist, zur Tumorentstehung führen, werden als Protoonkogene bezeichnet. Gene, bei denen erst die Funktion beider Allele zum Verlust der Kontrollfunktion führt, werden als Tumorsuppressorgene bezeichnet. Auslöser der molekulargenetischen Veränderungen in diesen wichtigen Kontrollgenen können neben Fehlern bei der Replikation der DNA v.a. Umwelteinflüsse wie ionisierende Strahlen oder mutagene Substanzen sein. Tumorauslösende Viren exprimieren in den infizierten Zellen virale Proteine, die den zellulären Proteinen stark ähneln, aber ihre Funktion so verändert haben, dass sie zugunsten der Integration oder Vermehrung des Virus aktiv sind. Durch Untersuchungen an Retroviren wurden die Onkogene bekannt. Sie integrieren Teile des Wirtgenoms, u.a. Protoonkogene, in ihr eigenes Genom und ersetzen dort Bereiche der retroviralen Sequenzen. Die Expression der Protoonkogene, die mit der Vermehrung der Viren einhergeht, führt zur Transformation der Zellen.

8.2.2
Klinik der multiplen endokrinen Neoplasie Typ 1

Die multiple endokrine Neoplasie Typ 1 (MEN 1) ist eine autosomal-dominant vererbte Erkrankung, die durch isolierte oder kombinierte Neoplasien der Nebenschilddrüse, der neuroendokrinen Zellen von Pankreas und Duodenum sowie der Hypophyse charakterisiert wird (Abb. 19). Häufig treten auch Karzinoide und eine hormonell inaktive Hyperplasie der Nebennierenrinde auf.

Die Klinik der Erkrankung wird einerseits bestimmt durch Tumorbildung der betroffenen Organe, andererseits durch Hypersekretion oder Ausfall der entsprechenden Hormone. Hyperkalzämie als Folge der übermäßigen Parathormonsekretion ist eine der häufigsten biochemischen Anomalien bei MEN 1. Die Hypersekretion von pankreatischen Peptidhormonen wie z.B. Gastrin oder Insulin führt zu definier-

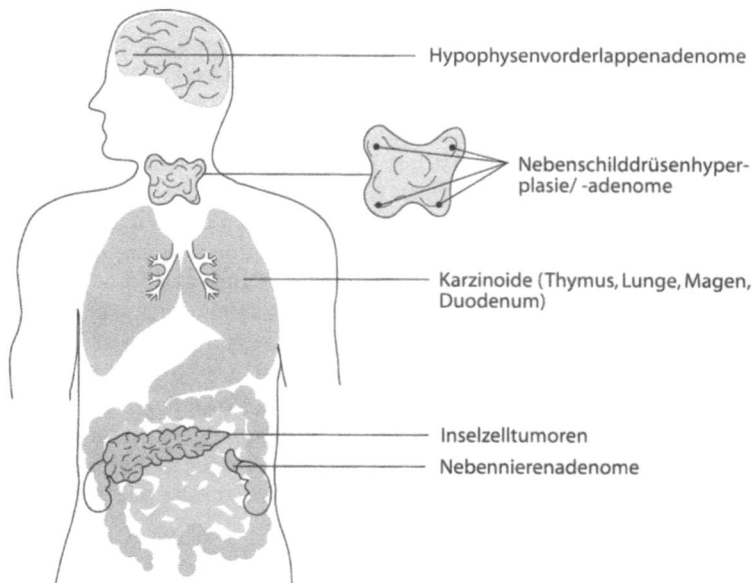

Abb. 19. Bei der multiplen endokrinen Neoplasie Typ 1 können Tumoren an verschiedenen neuroendokrinen Geweben auftreten

ten Syndromen (Zollinger-Ellison mit Gastrinhypersekretion; Hypoglykämie mit Insulinhypersekretion). Die Hypophysenüberfunktion manifestiert sich am häufigsten als Hyperprolaktinämie mit spezifischen klinischen Symptomen. Seltener kommt Akromegalie (Wachstumshormonhypersekretion), Hyperthyreose (TSH-Hypersekretion) oder Cushing-Syndrom (ACTH-Hypersekretion) vor.

Die Inzidenz der MEN 1 wird auf 1:65 000–100 000 geschätzt. Es gibt keine Präferenz hinsichtlich Geschlecht, ethnischen Gruppen oder geographischen Regionen.

8.2.3
Molekularbiologie der MEN 1

Der prädisponierende genetische Defekt, der für die Erkrankung verantwortlich ist, wurde 1988 auf dem langen Arm von Chromosom 11 (11q13) lokalisiert und das identifizierte Gen wurde als Menin-Gen bezeichnet. Es hat eine Größe von 9181 Basenpaaren und enthält 10 Exons (Abb. 20). Die mRNA, die von dem Gen gebildet wird, besteht aus 2772 Basen und kodiert ein Protein mit 619 Aminosäuren.

Das Gen weist keine Homologien zu bisher bekannten Sequenzen auf. Das von ihm kodierte Protein konnte noch nicht vollständig charakterisiert werden. Bekannt ist, dass es sich um ein Zellkernprotein

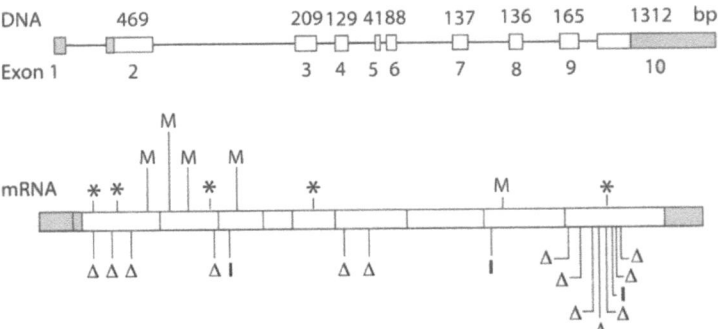

Abb. 20. Das MEN-1-Gen besteht aus 10 Exons, wobei die Exons 2–10 die kodierende Information für das Menin genannte Genprodukt enthalten

handelt und dass dieses eine Tumorsuppressorfunktion besitzt. Vermutlich spielt es eine Rolle bei der Regulation des Zellzyklus und ein Ausfall dieser Funktion führt zur unkontrollierten Proliferation der betroffenen Zellen. Das Menin-Gen gehört somit zu den Tumorsuppressorgenen. Dafür spricht, dass in MEN-1-assoziierten Tumoren häufig zusätzlich zur vererbten Keimbahnmutation im Bereich des MEN-1-Lokus größere somatische Deletionen („loss of heterozygosity", LOH) vorhanden sind. Diese Deletionen betreffen MEN-1-Loci von Chromosom 11, die nicht vom erkrankten Elternteil stammen. Die Zellen, in denen ein solcher LOH vorkommt, verfügen dann nur noch über die defekte Kopie des MEN-1-Gens, was einen kompletten Funktionsverlust zur Folge hat.

8.2.4
Molekularbiologische Diagnostik der MEN 1

Bei Verdacht auf MEN 1 kann man mithilfe von biochemischen Untersuchungen die Diagnose mehrere Jahre vor der ersten klinischen Manifestation stellen. Das z.T. umfangreiche biochemische Screening hat erheblich an Bedeutung verloren, da durch den Nachweis der Mutationen im Menin-Gen die Genträgerschaft früh zu ermitteln ist. Nichtgenträger können aus der weiteren klinischen Überwachung entlassen werden, während bei den genetisch betroffenen Familienmitgliedern eine intensive biochemisch-klinische Überwachung erfolgen muss.

Für MEN-1-Familien wurden in der Literatur bereits ca. 250 verschiedene heterozygote Mutationen in den Exons 2–10 des Gens beschrieben, die den kodierenden Abschnitt des Gens darstellen. Dabei sind Missense-Mutationen (Aminosäureaustausch), Frameshift-Mutationen (Verschiebung des Leserasters), Nonsense-Mutationen (Stoppcodons, die zum Abbruch der Proteinsynthese führen), Insertionen und Deletionen vertreten (s. Abb. 20). Aber auch Übergänge zwischen den Introns und den Exons sind betroffen, bei denen Mutationen zur fehlerhaften Synthese der mRNA führen.

Der Nachweis der Mutationen im Menin-Gen erfolgt aus genomischer DNA, die aus Leukozyten gewonnen werden kann. Die Exons sowie die flankierenden Sequenzen der Introns werden durch die Polymerase-Kettenreaktion selektiv amplifiziert, durch direkte Sequenzierung wird die Basensequenz ermittelt und mit der publizierten

Sequenz verglichen. Da die Mutationen in allen Bereichen der kodierenden Region des Gens auftreten können, ist die komplette Sequenzierung notwendig. In der Regel wird in jeder MEN-1-Familie eine unterschiedliche Mutation nachgewiesen. Sog. Hot Spots für Mutationen, wie sie z.B. im RET-Protoonkogen bei MEN-2-Patienten vorliegen, gibt es nicht. Der Nachweis einer Mutation bei einem Indexpatienten einer MEN-1-Familie ermöglicht eine effiziente Untersuchung der übrigen Familienmitglieder, da diese nur noch auf das Vorliegen dieser Mutation überprüft werden müssen.

8.3
Molekularbiologische Diagnostik des RET-Protoonkogens bei Patienten mit multipler endokriner Neoplasie Typ 2

8.3.1
Klinik der multiplen endokrinen Neoplasie Typ 2

Etwa 25% der medullären Schilddrüsenkarzinome treten familiär gehäuft auf. Diese hereditäre Form des medullären Schilddrüsenkarzinoms findet sich häufig in Kombination mit anderen neuroendokrinen Tumoren und neuroektodermalen Missbildungen. Charakteristisch für die MEN 2A ist die Kombination von medullären Schilddrüsenkarzinomen (in nahezu 100% aller Fälle), Phäochromozytomen (ca. 50%) und primärem Hyperparathyreoidismus (ca. 20%) (Abb. 21). Eine Subform der MEN 2 ist das familiäre medulläre Schilddrüsenkarzinom (FMTC), bei dem weder Phäochromozytome noch primärer Hyperparathyreoidismus auftreten. Die Variante MEN 2B zeigt zusätzlich neuroektodermale Missbildungen. Das C-Zellkarzinom dieses MEN-2-Subtyps stellt die aggressivste Form mit schlechter Prognose dar. Es entwickelt sich oft schon in früher Kindheit.

Die MEN 2A wird autosomal-dominant vererbt. Genträger entwickeln mit hoher Wahrscheinlichkeit (70% bis zum 60. Lebensjahr) ein klinisch manifestes medulläres Schilddrüsenkarzinom. Die Erkrankung bricht in den meisten Fällen zwischen dem 30. und 40. Lebensjahr aus, kann aber in Einzelfällen bereits im frühen Kindesalter auftreten. Für die erkrankten Patienten ist v.a. die Metastasierung der medullären Schilddrüsenkarzinomzellen lebensbedrohend.

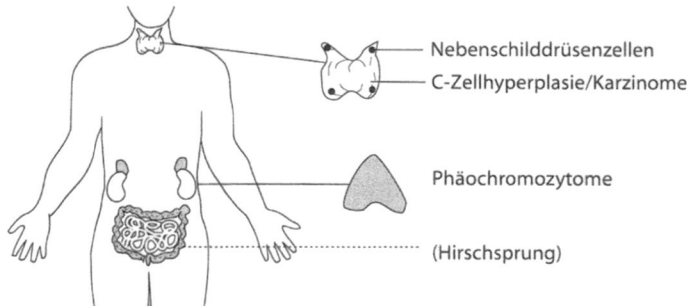

Abb. 21. Bei der multiplen endokrinen Neoplasie Typ 2A treten neuroendokrine Tumoren der C-Zellen der Schilddrüse (>85%) sowie der Zellen des Nebennierenmarks (ca. 40%) und der Nebenschilddrüse (ca. 15%) auf. Die bösartigen C-Zellkarzinome stellen die lebensbedrohende Komponente der Erkrankung dar. In seltenen Fällen tritt eine Missbildung des Darms auf, die als Hirschsprung-Erkrankung bezeichnet wird und auf die Fehlbildung von Ganglien bei der Innervierung des Darms zurückzuführen ist

8.3.2
Molekularbiologie der MEN 2

Das RET-Protoonkogen ist auf Chromosom 10q11.2 lokalisiert und enthält 21 Exons (Abb. 22).

Es kodiert für einen Tyrosinkinaserezeptor, der nach Bindung eines Liganden eine intrazelluläre Signalkette auslöst. Für das RET-Gen sind einige Mutationen beschrieben, die mit der Entwicklung der MEN 2 assoziiert sind. Alle 3 Subtypen der MEN 2 entstehen durch aktivierende Keimbahnmutationen im RET-Protoonkogen (s. Tabelle 5). Die klassischen MEN-2A-auslösenden Mutationen werden in einem von 5 Cysteinresten in der extrazellulären, cysteinreichen Domäne des Rezeptors nachgewiesen. Die Umwandlung des Cysteincodons 634 (Exon 11) in eine beliebige andere Aminosäure führt in aller Regel zum Vollbild der MEN 2A. Mutationen in den Cysteincodons 609, 611, 618 oder 620 (Exon 10) lassen eher den FMTC-Phänotyp erwarten. Mutationen, die kein Cysteincodon betreffen, werden meist in im intrazellulären Teil des RET-Proteins gefunden und sind eher mit dem FMTC-Phänotyp verknüpft. Nichtcysteinmutationen betreffen am häufigsten die Codons

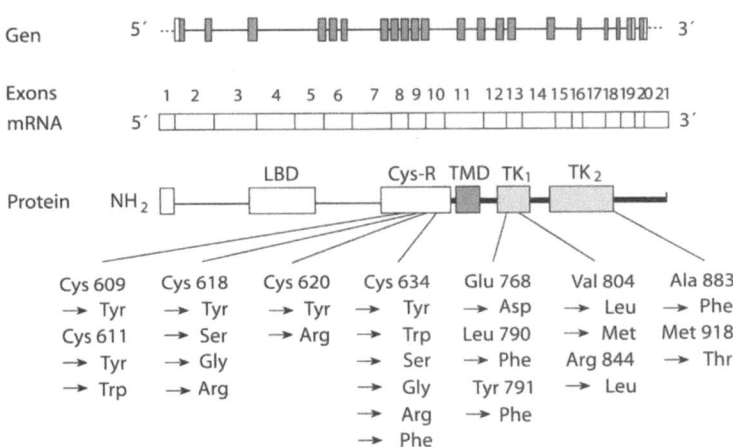

Abb. 22. Für die MEN-2-Erkrankung sind aktivierende Mutationen im RET-Protoonkogen verantwortlich. Das Gen besteht aus 21 Exons, aus denen durch alternatives Spleißen 3 verschiedene mRNAs gebildet werden können. Das Genprodukt ist ein Membranprotein, das als Rezeptor für neurotrophe Wachstumsfaktoren fungiert. Der Rezeptor besteht in seinem extrazellulären Teil aus der Ligandenbindungsdomäne und einem cysteinreichen Abschnitt. Mit der Transmembrandomäne (TMD) ist er in der Zellmembran verankert. Intrazellulär findet man die für die Signalübertragung wichtige Tyrosinkinasedomäne

790 und 791 (Exon 13). Die MEN-2B-Erkrankung ist in 95% der Fälle auf die Mutation Methionin nach Threonin in Codon 918 zurückzuführen, 5% der Fälle weisen eine Mutation in Codon 883 auf.

8.3.3
Molekularbiologische Diagnostik der MEN 2

Die molekulare Diagnostik ist bei der Versorgung der MEN-2-Familien bereits heute ein unverzichtbares Kriterium für das therapeutische Vorgehen (Abb. 23). Es hat sich aber auch gezeigt, dass Patienten mit Tumoren, wie sie bei MEN 2 vorkommen (insbesondere medulläre Schilddrüsenkarzinome und Phäochromozytome), aber ohne offensichtliche familiäre Häufung, ebenfalls in die molekulare Diagnostik einzubezie-

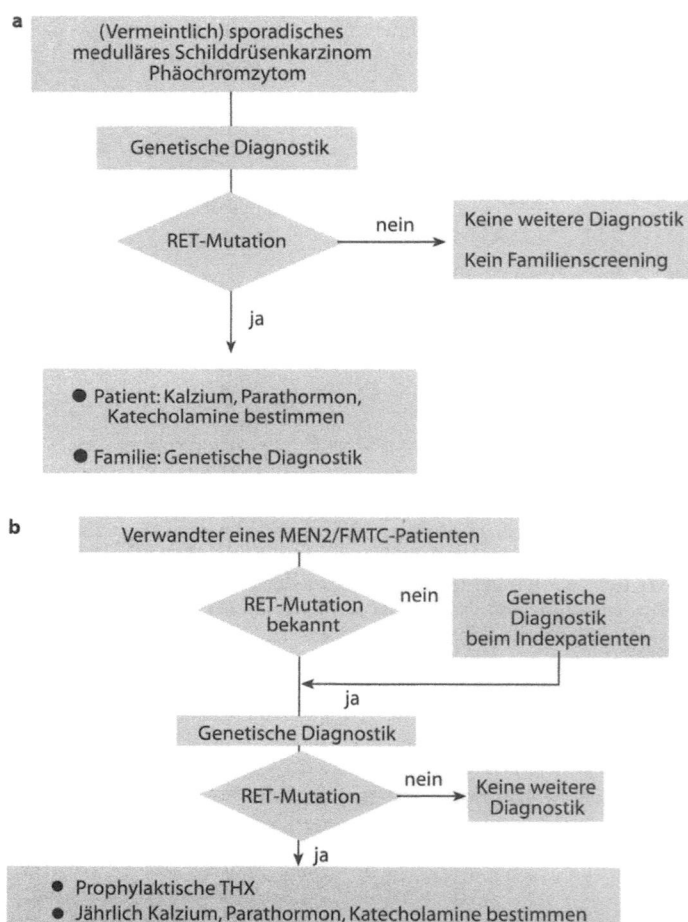

Abb. 23a,b. Beim diagnostischen Vorgehen spielt sowohl bei sporadischen Tumoren als auch bei familiären Erkrankungen die Molekulargenetik eine zentrale Rolle

hen sind. In einigen Fällen ist die Familienanamnese nicht ausreichend und es handelt sich tatsächlich um eine hereditäre Form. Die Untersuchung von anscheinend sporadischen Patienten mit neuroendokrinen Tumoren, die mit der MEN-2-Erkrankung assoziiert sind, hat ergeben, dass in über 10% der Fälle eine Keimbahnmutation vorliegt und diese somit als familiär einzustufen sind. Dies ermöglicht wiederum die Untersuchung von potenziell betroffenen Familienangehörigen. Außerdem ist eine signifikante Neumutationsrate beobachtet worden (bei MEN 2B bis zu 40%).

Für das möglichst frühzeitige Erkennen des Krankheitsausbruchs steht ein biochemisches Screeningverfahren zur Verfügung. Es basiert auf der erhöhten durch Pentagastrin induzierten Stimulation von Kalzitonin beim Vorliegen von C-Zellhyperplasien und/oder medullären Schilddrüsenkarzinomen. Diesem Test müssen sich alle Mitglieder von MEN-2A-Familien in etwa 6- bis 12-monatigem Abstand unterziehen.

In den letzten 6 Jahren hat der Nachweis von pathogenen Mutationen im RET-Protoonkogen in der Betreuung von betroffenen Familien eine außerordentlich wichtige Bedeutung erlangt. In jeder betroffenen Familie wird heute zunächst bei einem Indexpatienten die Mutation ermittelt (s. Abb. 22). Danach wird bei allen Verwandten ein mögliches Vorliegen der Mutation überprüft. Der Nachweis erfolgt aus genomischer DNA, die aus Leukozyten gewonnen wird. Durch die Polymerase-Kettenreaktion werden zunächst die zu untersuchenden Exons vervielfältigt und durch ein Mutationsscreening (z.B. SSCP, s. 7.2.2) wird das Vorliegen einer Mutation überprüft. Da es sich überwiegend um bekannte Mutationen handelt, für die die Detektion über SSCP validiert werden konnte, führt bei dieser Fragestellung der Einsatz des Screeningverfahrens zu einer deutlichen Reduzierung des Aufwands.

Zeigt das Screeningverfahren eine Mutation an, wird entweder durch eine sequenzspezifische Enzymverdauung (Restriktionsendonuklease) oder eine direkte DNA-Sequenzierung die Mutation identifiziert. Bei der Laboranalytik zum Nachweis aller relevanten Mutationen für MEN 2 wird stufenweise vorgegangen. Da die Mutationen in Exon 11, Codon 634 am häufigsten vorkommen, wird zunächst dieser Abschnitt des Gens untersucht. Findet man hier keine Mutation, dehnt man die Mutationssuche auf Exon 10 und anschließend auf Exon 13 aus. Ist in einer Familie bei einem oder mehreren Mitgliedern bereits die Mutation im RET-Protoonkogen bekannt, reicht es aus, nur das Vorliegen dieser Mutation zu überprüfen. Wenn die Indikation für die molekulargenetische Untersuchung im Verdacht auf MEN 2B besteht, werden nur die Exons 15 und 16 auf die Mutation in Codon 883 und 918 routinemäßig untersucht.

Die Genträger erkranken mit hoher Wahrscheinlichkeit an den Symptomen der MEN 2. Die präsymptomatische Ermittlung des Genträgerstatus ermöglicht als präventative Maßnahme eine prophylaktische Thyreoidektomie, die im Alter von 5–6 Jahren empfohlen wird, bei MEN 2B im Säuglingsalter.

Zum kompletten molekularen Diagnostikprogramm der MEN-2-Familien gehört auch die Möglichkeit, verwandte hereditäre Tumorerkrankungen mit überlappender Symptomatik (z.B. Hippel-Lindau-Syndrom, Neurofibromatose 1, familiäre Phäochromozytome) analysieren zu können, deren Gene bekannt sind.

8.4
Genetische Disposition für Thromboembolien

Thromboembolische Ereignisse sind ein lebensbedrohendes Gesundheitsproblem. Sie betreffen ca. 0,1% der Bevölkerung.

Als häufigste genetische Risikofaktoren sind bei diesen Patientengruppen Mutationen im Faktor-V-Gen, im Prothrombin-Gen und im Methylen-Tetrahydrofolat-Reduktase-Gen (MTHFR) zu finden.

Im Faktor V ist die Aminosäure Arginin an Position 506 zu Glutamin mutiert. Dies löst eine Resistenz des aktivierten Faktors V gegenüber aktiviertem Protein C aus (APC-Resistenz). Der Faktor kann nicht mehr inaktiviert werden. Durch diesen Mechanismus wird eine erhöhte Thromboseneigung verursacht.

Prothrombin (Faktor II) ist die inaktive Vorstufe von Thrombin. Eine erhöhte Plasmakonzentration von Prothrombin stellt einen unabhängigen Risikofaktor für venöse Thrombosen dar. Eine Variante des Prothrombin-Gens, die eine Punktmutation (G→A) in Position 20210 aufweist, führt zu erhöhten Thrombosespiegeln und damit zu einem erhöhten Thromboserisiko bei heterozygoten Genträgern.

Mit einer Häufigkeit von >4% der Bevölkerung wird heterozygot eine Genvariante des MTHFR-Gens gefunden, die durch den Austausch der Aminosäure Alanin in Position 677 gegen Valin zu einem temperaturlabilen Enzym führt und dadurch die Hyperhomozysteinämie auslöst. In zwei großen Studien wurde gezeigt, dass Hyperhomozysteinämie einen Risikofaktor für venöse Thrombosen darstellt.

Bei Patienten mit einer Eigenanamnese oder mit einer positiven Familienanamnese für Thromboembolien werden gehäuft diese Risikogenotypen nachgewiesen. Dabei verstärkt sich das Risiko mehr als additiv, wenn die Kombination von 2 oder mehr Risikoallelen bei einem Patienten auftritt. In einigen Fällen treten spontan Thrombosen auf. Wenn zu dem genetischen Grundrisiko erworbene Risiken hinzukommen, kommt es vermehrt zu thromboembolischen Ereignissen. Zu den erworbenen Risiken zählen das fortschreitende Lebensalter, Übergewicht, Bewegungsmangel, Flüssigkeitsmangel, thrombosefördernde Medikamente wie z.B. Östrogen, chirurgische Eingriffe, Verletzungen, aber auch eine Schwangerschaft. Bei Ratsuchenden, bei denen aufgrund der Anamnese ein genetisches Thromboserisiko wahrscheinlich ist, sollte vor dem Einsatz von östrogenhaltigen Medikamenten, aber auch vor oder zu Beginn einer Schwangerschaft durch eine molekulargenetische Untersuchung der Genträgerstatus für diese Risikofaktoren ermittelt werden.

8.5
Ausblick

Für mehr als 5000 genetische Erkrankungen sind heute bereits die molekulargenetischen Grundlagen bekannt. Viele dieser Erkrankungen sind so selten, dass sie in der normalen klinischen Routine kaum eine Rolle spielen, aber auch für immer mehr verbreitete Krankheiten und Risiken werden die molekulargenetischen Grundlagen bekannt. Die technologisch-methodischen Fortschritte werden die molekulare Diagnostik vereinfachen und verbilligen, so dass sie in die Routinediagnostik immer mehr Einzug halten wird. Die verbesserten diagnostischen Möglichkeiten werden auch deutliche Verbesserungen der Therapie nach sich ziehen.

Literatur

Löffler G, Petrides PE (1999) Biochemie und Pathobiochemie. Springer, Berlin Heidelberg New York Tokyo

Tariverdian G, Paul M (1999) Genetische Diagnostik in Geburtshilfe und Gynäkologie – Leitfaden für Klinik und Praxis. Springer, Berlin Heidelberg New York Tokyo

Gene und Zellkerne in Diagnose und Therapie

Hans Günter Gassen, Sabine Perl

Inhalt

1 Wissenschaft in der Werbegesellschaft 88
2 Informationsspeicherung und -verarbeitung in der Biologie   90
3 Molekulardiagnostik und Prävention 93
4 Gentechnische Produktion von Humanproteinen 95
5 Gentherapie versus Zelltherapie 100
6 Adulter Zellkern – die Neuauflage einer alten Methode . . . 102
7 Erstes erfolgreiches Experiment 106

7.1 Nervenzellen 108
7.2 Endothelzellen 110
7.3 Kardiomyozyten 110
7.4 Fibroblasten und Keratinozyten 110
7.5 Chondrozyten 111

8 Medizinischer Nutzen der Kerntransplantation 111
9 Zukunft der molekularen Medizin 112

  Literatur 113

„Die dem Menschenglück zugedachte Unterwerfung der Natur hat im Übermaß ihres Erfolges zur größten Herausforderung geführt, die je dem menschlichen Sein aus eigenem Tun erwachsen ist." (Hans Jonas)

1
Wissenschaft in der Werbegesellschaft

Lassen Sie uns die Einführung zur Gentechnik in der Medizin mit einer verbalen Punktmutation beginnen, die da lautet: von der Wertegesellschaft zur Werbegesellschaft. Wer heute als Wissenschaftler nicht ein Trompeter seiner eigenen Vortrefflichkeit ist, der muss im Rennen um Forschungsgelder, ehrenvolle Vortragseinladungen oder Stiftungsprofessuren unterliegen. Schon in Anträgen an öffentliche Geldgeber gilt es zu betonen, dass die projektierten Vorhaben den Charakter des Einzigartigen haben, dass sie voller gesellschaftspolitischer Relevanz stecken, die Lösung des bisher Unlösbaren ermöglichen, global wettbewerbsfähig sind und ohne Risiken für die Allgemeinheit durchgeführt werden. Außerdem ist zu versichern, dass man im Sinne des prädiktiven Handelns bereits ab initio zur Stimulierung der ethischen Debatte beiträgt.

Die ungeliebte Realität sowohl in der Grundlagenforschung als auch in der nachfolgenden medizinischen Anwendung stellt sich leider anders dar: massive Enttäuschungen, kleine Fortschritte und mühsam erkämpfte Erfolge, begleitet von Geduld, Missionsbereitschaft und persönlicher Aufopferung der Forschenden. Auch jenen Irrglauben, dass Heilsversprechen, wie z. B. man könne den Krebs heilen, öffentliche Anerkennung einbringen, sollte man möglichst schnell in der untersten Schublade verschwinden lassen. „Wo Segen angekündigt wird, gibt es in der Realität viel Fluch", scheint das neue Dogma einer in der Medizin teilgebildeten Öffentlichkeit zu sein oder: „Nur effiziente öffentliche Kontrolle vermeidet langfristige Schäden". Fast analog zum hohen Mittelalter oder dem Spätbarock werden die Wissenschaftler wieder in die Rolle des „Pferdefüßigen" gedrängt.

Jener Gegensatz zwischen Gesellschaftsethik – in Deutschland die Summe aller Gutmenschen – und der gelebten individuellen Moral zeigt sich in aller Schärfe in der Diskussion um die Anwendung der Gentechnik in der Humanmedizin. Gentechnisch humanisierte

Gene und Zellkerne in Diagnose und Therapie

Schweine als Nierenspender sind in der Gesellschaft tabu, für den Dialysepatienten im finalen Stadium stellt die Schweineniere als Übergangslösung die segensreiche Rettung dar. Das therapeutische Klonen mit dem Ziel, den Morbus Parkinson oder die multiple Sklerose kausal zu therapieren, vereinigt Bischöfe beider Konfessionen in ihrer Philippika gegen das Töten im Reagenzglas und ruft weiterhin jene Politiker auf den Plan, die bisher die hinteren Reihen der Parlamente bevölkerten. Nicht mehr das individuelle Leid steht im Mittelpunkt der Rechtsfindung, sondern die Würde der befruchteten Eizelle, des Embryos als übergeordnetes moralisches Prinzip.

Vielleicht ist es das fehlende Geschichtsbewusstsein der Deutschen, das verhindert, dass uns Forscher wie Andreas Vesalius, der geniale Anatom der Renaissance, oder Konrad Wilhelm Röntgen, Begründer der bildgebenden Verfahren, in der Medizin als Leitfiguren dienen können. Der „Knochenmensch" des Andreas Vesalius in den ersten Anatomieatlanten war für Menschen der Renaissance nicht weniger aufregend als die Entschlüsselung des Humangenoms heute. Auch in wirtschaftlicher Hinsicht war die Entdeckung der X-Strahlen durch Röntgen der Startschuss für bildgebende Verfahren in der Medizintechnik und damit erfolgreicher als heute der DNA-Sequenator oder die PCR-Maschine. Bevor wir uns aber an der Kirchen- oder Politikerschelte abarbeiten, gilt es die eigene Klientel kritisch unter die Lupe zu nehmen, von Krebsärzten bis hin zu Biotechfirmen.

Fehler und Betrug begleiten die wissenschaftliche Erkenntnis, es ist nur die Frage, ob sie von Zeitgenossen entdeckt werden oder ob sich der Fehler durch weitergehende Erkenntnisse selbst eliminiert. Da die sog. Wissenschaftlergemeinde allerdings eine Ellenbogengesellschaft ist, führt jedoch auch oft Missgunst zu einer Betrugsanzeige, die sich später als haltlos herausstellt.

Aktuelle Gebiete der Molekularmedizin, die hohen finanziellen Zugewinn versprechen, sind fest in der Hand der Biotechnologiefirmen. Da diese über „venture capital" finanziert werden und in Form von Aktiengesellschaften organisiert sind, kommt es immer wieder zu voreiligen Pressemeldungen, die die Aktionäre über noch fehlende Dividenden hinwegtrösten sollen. So verkündete ein bekannter Angiogeneseforscher mit seiner Firma Entremed, dass man zwei Proteine isoliert habe, die in Mäusen Tumoren austrocknen ließen, d. h. zur völligen Tumorremission führten. Die Aktienkurse der Firma Entremed schossen hoch, viele Krebspatienten schöpften neue Hoffnung, die wissenschaftliche Bestätigung jedoch steht noch aus und der Betrugsverdacht ist nicht ausgeräumt.

Trotz aller Einschränkungen, verursacht durch das kulturelle Umfeld und den kommerziellen Wettbewerb, sind die Autoren von den wissenschaftlichen Fortschritten, die die Molekularbiologie in den letzten 50 Jahren erarbeitet hat, begeistert: von der Entschlüsselung des genetischen Codes über das entzifferte Humangenom bis hin zu dem Schaf Dolly.

So wird nachfolgend versucht, die Begeisterung für die Ergebnisse der Grundlagenforschung in eine nüchterne Bewertung ihrer medizinischen Anwendung umzusetzen, denn, um mit den Worten des Tumorforschers und Krebsarztes O'Reilly zu sprechen: „The only proof is if the method works in the patient."

2
Informationsspeicherung und -verarbeitung in der Biologie

Vermutlich haben Eltern seit alters überlegt, warum ihre Kinder ihnen zwar ähnlich, aber nicht gleich sind. Sie kannten zwar bereits aus der Naturbeobachtung den Unterschied zwischen geschlechtlicher und ungeschlechtlicher Vermehrung, aber die molekularen Grundlagen der Vermehrungslehre klärten erst Gregor Mendel und schließlich James Watson und Francis Crick auf. Die Postulierung der Doppelspirale der DNA löste den Begriff Erbprinzip („transforming principle") ab und substituierte ihn durch eine chemische Formel – die Entzauberung des Lebens durch die Genetiker hatte begonnen. Die nächsten Erkenntnisse kamen Schlag auf Schlag: das Dogma „DNA macht RNA und RNA macht Protein", die Entschlüsselung des genetischen Codes, die Neuprogrammierung von Bakterien, die DNA-Kopiermaschine Polymerase-Kettenreaktion, die Sequenzierung und chemische Synthese von DNA sowie der krönende Abschluss einer Epoche, die Geburt des Schafs Dolly.

Obwohl man die Speicherung von Information in Form von Schriften kennt, von der Keilschrift bis zum Morsealphabet, überstieg es die menschliche Vorstellungskraft, dass das Wunderwerk Mensch niedergelegt sein soll in einem Schriftsatz von nur 3 Mrd. genetischer Buchstaben. Ähnliches gilt für die geniale Arbeitsteilung im Biogeschehen:

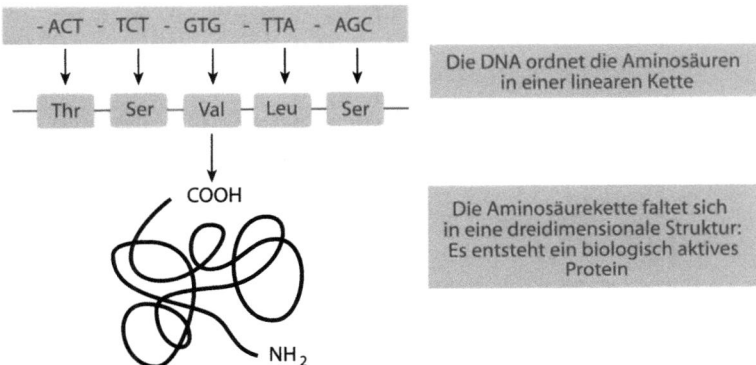

Abb. 1. Umsetzung der DNA-Information in eine Proteinsequenz. Aus den 4 möglichen Bausteinen der DNA werden 3 Nukleotide zu jeweils einer Informationseinheit, dem Codon, zusammengefasst. Ein solches Codon ist zuständig für den Einbau einer Aminosäure in die Proteinkette. Diese faltet sich dann in eine komplexe Raumstruktur. Die NH_2-Gruppe bildet den Proteinanfang, die COOH-Gruppe das Proteinende

Die DNA dient als Informationsspeicher und die Proteine führen alle Reaktionen aus; im Speicher regiert die Einfalt der 4 genetischen Buchstaben, im Executorprotein die unendliche Vielfalt der Kombination von 20 Variablen, eben der 20 Aminosäuren. Schon bei einem kleinen Protein mit 70 Aminosäuren hat man mehr Variationsmöglichkeiten, als es Atome im Weltall gibt.

Während die DNA als eindimensionales Molekül agiert, ist die biologische Aktivität eines Proteins an seine dreidimensionale Struktur gebunden (Abb. 1). Die Reihenfolge der Aminosäuren in einem Protein kann mithilfe der genetischen Codetabelle aus der Basensequenz der DNA abgelesen werden. Die Ableitung der Raumstruktur aus der linearen Kette ist dagegen z.Z. kaum möglich. Gäbe es einen solchen Algorithmus, so wäre das Geschehen zumindest in einer Bakterienzelle zu errechnen.

Die letzten 30 Jahre biologischer Forschung waren von einem reduktionistischen Ansatz bestimmt. So konzentrierte man sich auf die Untersuchung des einzelnen Gens, oft auch nur einer Punktmutation innerhalb des Gens, und versuchte die Auswirkung auf das Gesamtsystem Zelle zu deuten (Abb. 2).

Genomics	Proteomics	Metanomics
gatgatgaagatgtcttaca attatcgaatgtcggcttacc ggatcaagcatagtttcttta cgaggagagctattaatga cgcgagccattaatagctct ttttgtgaactgaaatagaaa aagctaatagcgaaggga agattttactatggcagtaac gttgcagcaaactttaattga cattgatgaagaacaacttg tctttcacctgcataacgatc aaatctcgtatattctaggtg tggagacaggcaacgtgtt ggcccacttgtactttggcc cacgggttcggggttatcat ggcgagcgtcagtatcccc ggattgatcggggtttacc	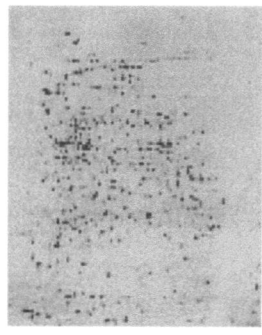	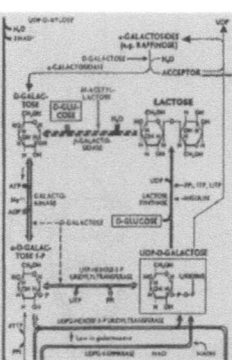

Abb. 2. Prinzipielle Techniken der Molekularbiologie. Die Entzifferung der Genome von Lebewesen (Genomics) ist mittlerweile eine Routinetätigkeit. Die zweidimensionale Auftrennung der Proteine mit anschließender Identifizierung durch Massenspektrometrie (Proteomics) ist z.Z. in vollem Gange. Metanomics, die Umsetzung in das tatsächliche Geschehen innerhalb von Zellen, ist eine Aufgabe für die nächsten Jahrzehnte

In der Pharmakologie bewährte sich diese Vereinfachung. Es gelang z.B., Humaninsulin in Bakterien zu produzieren, die man mit chemisch synthetisierter DNA neu programmiert hatte. Diesem Meilenstein folgten ca. 40 therapeutisch nutzbare Humanproteine wie Erythropoetin, die Interferone, die Interleukine und v.a. die Wachstumsfaktoren wie der „nerve growth factor" (NGF).

Der Begeisterung für nebenwirkungsfreie Proteinmedikamente folgte bald eine Ernüchterung, da viele Proteine beim Menschen unterschiedliche Reaktionen beeinflussen, d.h. pleiotrop wirken, und Proteinfragmente oder falsche Konformere als Antigene eine für das Individuum „negative" Immunantwort hervorrufen können.

Es zeigt sich, dass die Fokussierung auf das einzelne Gen für die Deutung biologischer oder medizinischer Probleme oft zu reduktionistisch ist. In dem Gegensatz zwischen einer holoistischen Gesamtkörperbewertung und dem einzelnen Erbträger bietet die Konzentration auf die Zelle jedoch den idealen Kompromiss. Vom Mittelpunkt der Zelle aus kann man in beide Richtungen gehen, zum vielzelligen Organismus wie zu den einzelnen Bausteinen, aus denen sich das Zellgeschehen zusammensetzt. So kam auch das Dolly-Experiment gerade zur rechten Zeit: Ein Zellkern aus einer Hautzelle, verpflanzt in eine Donoreizelle, implantiert in den Uterus eines Ammentieres, führt zur Geburt eines gesunden und reproduktionsfähigen Schafs. Somit kann ein Zellkern, aus einer somatischen Zelle in eine stimulierende Umgebung verbracht, noch genetisch totipotent sein. Ohne Zweifel wird die Gentechnologie in Zukunft zur biologischen Kerntechnologie.

3
Molekulardiagnostik und Prävention

Die Sichelzellenanämie stellt auch in Zeiten eines entschlüsselten Humangenoms immer noch das beste Beispiel für die pathophysiologischen Konsequenzen einer Punktmutation dar. Eine Transversion, d.h. eine Umkehrung in den Strangpositionen, in einem Adenin-Thymin-Basenpaar des Globin-Gens führt zum Austausch der Aminosäure Glutaminsäure gegen Valin in Position 6 der b-Kette des Globins. Als Konsequenz polymerisiert das Protein unter Sauerstoffmangel und die gebildeten Fasern verformen die Erythrozyten sichelförmig, was zum Verschluss der Mikrogefäße führt. Die meisten monogenetischen Erbkrankheiten beruhen jedoch nicht auf Punktmutationen, sondern auf Insertionen, Deletionen und Chromosomentranslokationen. So wird es in der Molekulardiagnostik ein Nebeneinander von konventioneller Karyotyp-Typisierung und Sequenzierung geben.

Mit der bekannten Genomsequenz des Menschen wird die Variabilitätsanalyse mit Bezug auf Risikogene schnell Alltag in der medizinischen Praxis werden. Dabei wird die Erbfehleranalyse bei auffälligem Phänotyp nur einen kleinen Teil ausmachen, gefolgt von den Vaterschaftsanalysen und dem Nachweis von Onkogenen. Eine größere Bedeutung dagegen haben die SNP („single nucleotide polymorphism"). Den in der Bevölkerung vorkommenden Punktmutationen, die entweder nur Individualität bedeuten oder aber Indikatoren für Anfälligkeiten oder Medikamentenunverträglichkeit sind, kommt in der Zukunft die größte Bedeutung zu. Das Stichwort heißt „Individualisierung der Medizin". Durch Robotik, Miniaturisierung und Automation der DNA-Chiptechnologie wird es möglich, große Bevölkerungsgruppen zu durchmustern oder, wie es in der Fachsprache heißt, zu screenen. Diese Praxis wurde zuerst bei Mormonenfamilien – wegen des Kinderreichtums und der oft über 4 Generationen hinweg intakten Familienbeziehungen – ausprobiert und konzentriert sich jetzt aufgrund der verbesserten Technik auf isolierte Populationen wie z.B. die Isländer. Die Hoffnung dabei ist, genetisch begründete Krankheitsbilder zu finden – z.B. für Asthma oder rheumatoide Athritis –, um die Populationsgenetik mit den Krankenregistern vergleichen zu können (Abb. 3).

Die neue DNA-Diagnostik steht natürlich im Wettbewerb mit traditionellen Methoden wie der Immundiagnostik oder der Typisierung und mengenmäßigen Bestimmung von Metaboliten und Toxinen.

Während die DNA-Diagnostik Programme bestimmt, also prädiktive Medizin betreibt, haben die konservativen Methoden den unschätzbaren Vorteil, dass sie toxisch wirkende Produkte analysieren und damit näher am aktuellen medizinischen Geschehen sind. Allerdings wird die DNA-Diagnostik zumindest für die nächsten 20 Jahre

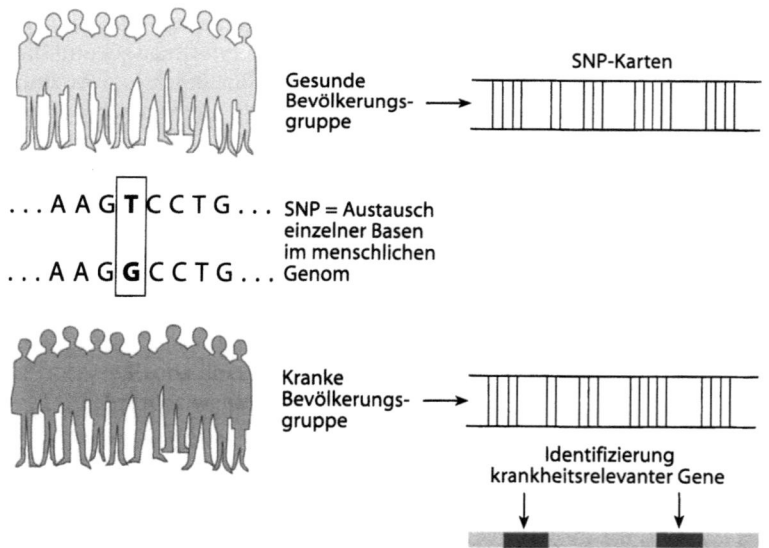

Abb. 3. Identifizierung von Krankheitsgenen durch Vergleich zwischen „Gesund und Krank". Schnelle Sequenzierungsmethoden und Datenverarbeitung haben es möglich gemacht, die genetischen Daten von Bevölkerungsgruppen zu vergleichen. SNP „single nucleotide polymorphism". (Mod. nach Roses 2000)

alles überwuchern; nicht weil sie dem Arzt eine bessere Aussage über den Krankheitszustand seines Patienten erlaubt, sondern weil DNA-Spuren mithilfe der PCR beliebig vermehrbar sind und weil DNA-Daten perfekt computerfähig sind. In 10 Jahren wird es für den Arzt Routine sein, dem Patienten auf dem Bildschirm eine DNA-Abweichung zu zeigen, ähnlich wie heute ein Knochenbruch anhand eines Röntgenbildes demonstriert wird. Die physiologische Konsequenz der Abweichung dürfte, außer bei Einzelfällen, nicht abzusehen sein, in den meisten Fällen gehen Punktmutationen und Einzelgendefekte in der Anpassungsfähigkeit und Plastizität eines Organismus verloren.

Die Chancen der prädiktiven DNA-Diagnostik liegen eher in der Vorwarnung bei Tumorveranlagung oder bei verbesserungsbedürftigen Essgewohnheiten.

4
Gentechnische Produktion von Humanproteinen

Die chemische Synthese eines Humaninsulin-Gens, das in dem Bakterium E. coli die Produktion des Peptidhormons Insulin bewirkte, war 1978 eine Sensation; 20 Jahre später werden 80% des weltweiten Insulinbedarfs mit dem fermentativ hergestellten Pharmakon gedeckt. Es folgte die Produktion der Interferone, der Interleukine und v.a. der Wachstumsfaktoren, z.B. des Erythrozytenbildungsstoffs Erythropoetin (in Bakterien oder Zellkulturen). Sollte das therapeutische Klonen Realität werden, so wird die kommerzielle Bedeutung der Differenzierungs- bzw. Wachstumsfaktoren, z.B. des granulozytenstimulierenden Faktors, enorm anwachsen. Zur Zeit sind ca. 50 gentechnische Medikamente von der europäischen Zulassungsbehörde, der ENEA, genehmigt. Die Experten erwarten, dass in Zukunft ca. 25% aller Medikamente mit gentechnischen Methoden hergestellt werden (Tabelle 1). Diese Prognose scheint gewagt, da auch Humanproteine im Verdauungstrakt abgebaut und bei ihrem Einsatz als Dauermedikamente in der Blutbahn Antikörper gegen sie gebildet werden. Aufgrund der technischen Entwicklungen, v.a. der kombinatorischen Chemie wie der automatisierten Testmethoden, sollten niedermolekulare Substanzen wieder Terrain als Pharmazeutika gewinnen.

Tabelle 1. Zulassungen für gentechnisch hergestellte Arzneimittel in Deutschland. In Deutschland sind z.Z. 73 gentechnisch hergestellte Medikamente auf der Basis von 54 verschiedenen Wirkstoffen auf dem Markt. (Persönliche Mitteilung vom Verband forschender Arzneimittelhersteller (VfA); Stand 15. 01. 01)

Wirkstoff	Hauptindikation	Firma	Arzneimittel	Zulassung in D bzw. EU	Produktionsort
Abciximab	Antithrombotikum	Lilly	ReoPro®	Mai 95	
Aldesleukin	Krebs	Chiron	Proleukin®	Dezember 89	
Alteplase (tPA)	Thrombolytikum	Boehringer Ingelheim	Actilyse®	Januar 87	D
Basiliximab	Immunsuppressivum	Novartis	Simulect®	Oktober 98	CH
Becaplermin	Wundheilungsstörung	Janssen-Cilag	Regranex®	März 99	USA
Daclizumab	Immunsuppressivum	Röche	Zenapax®	Februar 99	USA
Desirudin	Antithrombotikum	Aventis	Revasc®	Juli 97	D
Dornase alpha	Mukoviszidose	Roche	Pulmozym®	September 94	
Etanercept	Rheumatoide Arthritis	Wyeth-Lederle	Enbrel®	Februar 00	D
Epoetin alpha	Blutarmut	Janssen-Cilag	Erypo®	November 88	
Epoetin beta	Blutarmut	Roche	Recormon®	April 90	D
Epoetin beta	Blutarmut	Roche	Neorecormon®	Juli 97	D
Faktor VIII	Bluterkrankheit	Centeon	Bioclate®	Juli 93	
		Bayer Vital	Kogenate®	April 94	
		Baxter Hyland-lmmuno	Recombinate®	Juli 93	
Filgastrim (G-CSF)	Krebsbegleitbehandlung	Amgen	Neupogen®	Juli 91	
Follitropin alpha	Fertilitätsstörung	Serono	Gonal F®	Oktober 95	CH
Follitropin beta	Fertilitätsstörung	Organon	Puregon®	Mai 96	NL, IRL
Glukagon	Diabetes	Novo Nordisk	GlucaGen®	März 92	

Tabelle 1. (Fortsetzung)

Wirkstoff	Haupt-indikation	Firma	Arzneimittel	Zulassung in D bzw. EU	Produktionsort
Humaninsulin	Diabetes	Hoechst	Insuman®	Februar 97	D
Humaninsulin	Diabetes	Lilly	Huminsulin®	Dezember 87	
Imiglukerase	Morbus Gaucher	Genzyme	Cerezyme®	November 97	USA
Impfstoff	Hepatitis B/DPPa	SB	Infanrix® HepB	Juli 97	Belgien
Impfstoff	Diphtherie, Tetanus, Pertussis, Polio, Hepatitis B	SB	Infanrix® penta	Oktober 00	Belgien
Impfstoff	Hepatitis B/DPT	SB	Tritanrix® HepB	Juli 96	Belgien
Impfstoff	Hepatitis A/B	SB	Twinrix® Erw.	September 96	Belgien
			Twinrix® Kinder	Februar 97	
Impfstoff	Diphtherie, Tetanus, Pertussis, Polio, Hepatitis B, Hib	SB	Infanrix® hexa	Oktober 00	Belgien
Impfstoff	Hepatitis B, Diphtherie, Tetanus	Pasteur Merieux	Primavax®	Februar 98	USA
Impfstoff	Diphtherie, Tetanus, Pertussis, Polio, Hepatitis B, Hib	Pasteur Merieux/ MSD	Hexavac®	Oktober 00	USA
Impfstoff	Diphtherie, Tetanus, Pertussis	Chiron	Triacelluvax®	Januar 99	I
Impfstoff	Hepatitis B/Hib	Pasteur Merieux	Procomvax®	Mai 99	USA

Tabelle 1. (Fortsetzung)

Wirkstoff	Hauptindikation	Firma	Arzneimittel	Zulassung in D bzw. EU	Produktionsort
Impfstoff	Hepatitis B	Pasteur Merieux/ Chiron	Gen-H-B-Vax®	August 86	
Impfstoff	Hepatitis C	Medeva	Hepacare®	August 00	UK
Infliximab	Morbus Crohn	Centocor	Remicade®	August 99	NL
Insulin aspart. Komb.	Diabetes	Novo Nordisk	NovoMix 30®	August 00	DK
Insulin lispro	Diabetes	Lilly	Humalog®	April 96	USA
Insulin aspartat	Diabetes	Novo Nordisk	NovoRapid®	September 99	DK
Insulin lispro	Diabetes	Lilly	Liprolog®	Mai 97	USA
Insulin glargin	Diabetes	HMR Deutschland	Lantus®, Optisulin®	Juni 00	D
Interferon alfacon-1	Hepatitis C	Yamanouchi	Infergen®	Februar 99	USA
Interferon alpha-2a	Krebs	Roche	Roferon A®	April 87	
Interferon alpha-2b	Hepatitis B, C, Krebs	SP Europe	Aflatronol®, Intron A®	März 00	IRL
Interferon alpha-2b	Krebs, Hepatitis C	Essex	Intron A®	Juni 93	IRL
Interferon alpha-2b	Hepatitis B, C	SP Europe	Viraferon®	März 00	IRL
Interferon beta-1a	Multiple Sklerose	Biogen	Avonex®	März 97	USA
Interferon beta-1b	Multiple Sklerose	Schering	Betaferon®	November 95	A + USA
Interferon beta-1a	Multiple Sklerose	Ares Serono	Rebif®	Mai 98	ISR
Interferon gamma-1b	Immunstimulans	Boehringer Ingelheim	Imukin®	Dezember 92	
Lachskalzitonin	Morbus Paget, maligne Hyperkalzämie	Unigene	Forcaltonin®	Januar 99	USA
Lepirudin	Antithrombotikum	HMR Deutschland	Refludan®	März 97	F
Lenograstim	Krebsbegleitbehandlung	Rhône Poulenc R.	Granocyte®	Oktober 93	

Tabelle 1. (Fortsetzung)

Wirkstoff	Hauptindikation	Firma	Arzneimittel	Zulassung in D bzw. EU	Produktionsort
Lutropin alpha	Fertilitätsstörungen	Ares Serono	Luveris®	November 00	CH
Molgramostim	Krebsbegleitbehandlung	Novartis/Essex	Leukomax®	April 93	
Moroctocog alpha	Bluterkrankheit	Genetics Institute	ReFacto®	April 99	Schweden
Nonacog alpha	Bluterkrankheit	Genetic Institute	Benefix®	August 97	USA
Palivizumab	Atemwegsinfektion	Abbott	Synagis®	Aug 99	D
Peginterferon alpha-2b	Hepatitis B, C	SP Europe	Virtron®	März 00	IRL
Peginterferon alpha-2b	Hepatitis C	SP Europe	Peg-Intron®	Mai 00	IRL
Peginterferon alpha-2b	Hepatitis C	SP Europe	ViraferonPeg®	Mai 00	IRL
eptacog alpha (rekombinanter Faktor VII)	Bluterkrankheit	Novo-Nordisk	Novoseven®	Februar 96	DK
Rek. Faktor VIII	Bluterkrankheit	Bayer	Kogenate Bayer®, Helixate N exgen®	August 00	USA
Rituximab	Krebs	Roche	Mabthera®	Juni 98	USA
Reteplase	Thrombolytikum	Roche	Rapilysin®	August 96	D
Somatotropin	Kleinwuchs	Pharmacia Upjohn	Genotropin®	Februar 91	
		Lilly	Humatrope®	Juni 88	
		Novo-Nordisk	Norditropin®	Januar 89	
		Serono	Salzen®	Februar 89	
		Ferring	Zomacton®	März 92	
Tasonermin	Krebs	Boehringer Ingelheim	Beromun®	April 99	A
Trastuzumab	Krebs	Roche	Herceptin®	August 00	USA
Thyrotropin alpha	Krebsdiagnostikum	Genzyme	Thyrogen®	März 00	USA
Votumumab	Krebsdiagnostikum	Organon	Humaspect®	September 98	USA

5
Gentherapie versus Zelltherapie

Als Frischzellentherapie vom Lamm zum Menschen ist die zelluläre Therapie in Verruf geraten. Die enormen Fortschritte in der Zellzüchtung wie in der Gewebetransplantation sollten der Zelltherapie künftig jedoch eine hervorragende Marktposition einräumen. Bereits jetzt vorliegende Beispiele sind der Hautersatz bei Verbrennungen sowie die Ergänzung von Knorpelgewebe im Kniebereich. Probleme entstehen jedoch bei Menge und Qualität des Biopsiematerials, bei der Zellvermehrung ohne Entdifferenzierung sowie beim Typ der Zellunterlagen, z.B. Periost, Polysaccharide oder Kunststoffe.

Die Weiterentwicklung der Zelltherapie zur Gewebe- und Organtransplantation erfordert die Kombination von mehreren Methoden aus dem Bereich der Molekularbiologie – etwa den Gentransfer und v. a. den Kerntransfer adulter Zellen in Eizellen (Abb. 4). Falls diese Kombinationstherapie gelingt, wird die Behandlung mit abstoßungsfreiem Gewebe jede Form von Gentherapie (Tabelle 2) überflügeln.

Tabelle 2. Kategorien der somatischen Gentherapie

Ex vivo	Bei der Ex-vivo-Behandlung werden Zielzellen aus dem menschlichen Körper isoliert. Diese werden dann mittels Vektoren mit dem gewünschten Gen ausgestattet, im Labor vermehrt und schließlich wieder dem Patienten zurückgegeben. Für diese Behandlung eignen sich v.a. leicht zugängliche Zellen, z.B. aus Blut, Knochenmark, Haut, Bindegewebe oder Leber
In vivo	Bei der In-vivo-Behandlung wird das therapeutische Gen mittels Genfähren direkt zum Zielort im Körper transportiert. Diese Genfähren können die Zellen zwar infizieren und das therapeutische Gen einschleusen, sich aber selber nicht mehr vermehren oder ausbreiten. Auch Liposomen, die leicht mit Zellmembranen verschmelzen, dienen als Genfähren. Anwendung findet die In-vivo-Gentherapie beispielsweise bei Patienten mit zystischer Fibrose, Muskel-

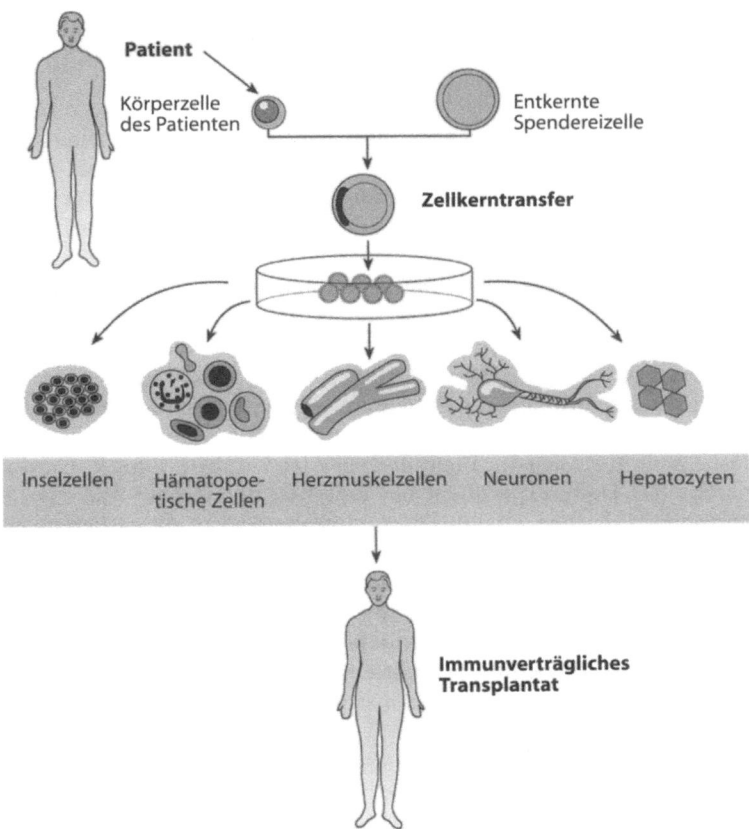

Abb. 4. Das sog. therapeutische Klonen führt zu abstoßungsfreiem Gewebe. Eine Körperzelle des Patienten wird mit einer entkernten Eizelle fusioniert. Aus der inneren Zellmasse werden humane ES-Zellen gewonnen, in vitro zu dem gewünschten Zelltyp differenziert und dem Patienten implantiert. Beispielsweise könnten histokompatible Kardiomyozyten zur Behandlung von Herzerkrankten, dopaminerge Neuronen zur Behandlung von Parkinson-Patienten, pankreatische Inselzellen für Diabetiker oder Hepatozyten zur Behandlung von Lebererkrankten genutzt werden. (Mod. nach Lanza et al. 1999)

6
**Adulter Zellkern –
die Neuauflage einer alten Methode**

Als Ian Wilmut 1997 berichtete, dass nach einer Kerntransplantation von einer Hautzelle in eine entkernte Eizelle ein gesundes Schaf – eben Dolly – geboren wurde, begann ohne Zweifel eine neue Ära der Molekularbiologie und auch der reproduktiven und therapeutischen Medizin.

So sensationell diese Ergebnisse sind, gehen sie doch zurück auf fast 100 Jahre Zellphysiologie. So konnte der deutsche Zoologe Hans Spemann zeigen, dass man aus einem Amphibienembryo durch Abschnüren mit einem Haar zwei Embryonen erzeugen kann. Dies war somit das erste Klonierexperiment an einem höheren Lebewesen. Für seine Arbeiten erhielt Hans Spemann als erster Zoologe 1935 den Nobelpreis für Medizin. Ende der 60er Jahre führte John B. Gurdon bereits das Dolly-Experiment bei Fröschen durch. Sein Bild von 30 geklonten Fröschen erlangte Weltruhm, besonders da es bereits im Zusammenhang mit Huxleys „Brave New World" diskutiert wurde. Über 40 Jahre hinweg wurde dann versucht, die Amphibienexperimente auf Säugetiere, z.B. auf Mäuse, zu übertragen. 1979 publizierte Karl Ilmensee Kerntransferexperimente bei der Maus, die aber keine wissenschaftliche Anerkennung fanden. Somit kam das Dolly-Experiment nicht ganz überraschend, sondern es widerlegte nur die Schwarzseher in der Wissenschaft.

Da innerhalb eines Jahres bereits gezeigt werden konnte, dass die Dolly-Methode auch bei Mäusen, Ziegen, Schweinen und Rindern funktioniert, war es klar, dass nur das Embryonenschutzgesetz und ethische Schranken die Anwendung des Kerntransfers beim Menschen vorerst verhinderten. Um die Heilungschancen, die der Kerntransfer ermöglicht, dennoch nutzen zu können, wird versucht, das Klonierverfahren in 2 Teilbereiche zu zerlegen: das reproduktive Klonen und das therapeutische Klonen. Die erste Methode, d.h. das direkte Umsetzen der Dolly-Methode auf den Menschen, ist in Deutschland aufgrund des Embryonenschutzgesetzes verboten. Dies gilt auch für alle weiteren Kultur- bzw. Industriestaaten (Tabelle 3). Nach Auffassung der Autoren sollte dieses Verbot mit Strafbewährung auch beibehalten werden.

Das therapeutische Klonen jedoch ist trotz Embryonenschutzgesetz besonders in Deutschland voll in die Diskussion geraten.

Die projektierten medizinischen Vorteile liegen bei dem therapeutischen Klonen auf der Hand. Der somatische Kerntransfer muss im Zusammenhang gesehen werden mit der Verwendung totipotenter Embryonalzellen. Solche Zellen erhält man aus einem 8- bis 16-zelligen Embryo. Nach weiteren Zellteilungen, die zum Stadium der Blastozyste führen, kann man nur noch von einer Omnipotenz sprechen, da eine vereinzelte Zelle, implantiert in den Uterus einer Frau, nicht mehr zur Fetal- bzw. Embryonalentwicklung führen würde. Dies sollte jedoch bei einer Zelle aus einem 8-Zellstadium noch möglich sein – der Beweis steht natürlich noch aus, da das Embryonenschutzgesetzt solche Experimente verbietet (Abb. 5).

Embryonale Stammzellen sind unsterblich, unbegrenzt vermehrungsfähig und können sich theoretisch in jeden Zelltyp des menschlichen Körpers entwickeln. Falls man diese Zellen mit dem Zellkern aus einer somatischen Zelle eines Patienten programmiert, kann ein Gewebe oder sogar ein Organ entstehen, das abstoßungsfrei transplantiert werden kann (s. Abb. 4). Auf diese künftige Heilungsmethode darf nach Auffassung der Autoren nicht verzichtet werden, obwohl im Zusammenhang mit der Nutzung der Technik immense ethische und legale Probleme entstehen.

Tabelle 3. Rechtliche Situation der Reproduktionsmedizin im Vergleich zwischen 3 Industriestaaten

Reproduktionsmedizinische Verfahren	Erlaubt in Deutschland	Erlaubt in Grossbritannien	USA
Samenspende: Spermien aus Samenbanken werden in die Gebärmutter injiziert	✓	✓	✓
Samenspende von Toten: Injektion mit den Spermien Verstorbener			✓
Sexing: Durch Separieren der Samenzellen wird das Geschlecht des geplanten Kindes gewählt			✓
Eizellenspende: Entnahme und Weitergabe von Eizellen	Bei geschlechtsgebundenen Erbkrankheiten	✓	✓
In-Vitro-Fertilisation (IVF): Eizellen werden in der Petri-Schale mit den Samen verschmolzen und wieder in die Gebärmutter eingesetzt	3 Embryonen/Zyklus	Maximal 12 Embryonen/Zyklus	✓
IVF mit Präimplantationstechnik: Dem 8-zelligen Embryo wird eine Zelle entnommen und diese auf bestimmte Erbkrankheiten untersucht; je nach Testergebnis wird der Embryo in die Gebärmutter implantiert oder vernichtet	Beantragt	✓	✓
Leihmutterschaft: In vitro erzeugter Embryo wird von einer Leihmutter ausgetragen		✓	✓
Einfrieren von Embryonen: Konservieren von befruchteten Eizellen		✓	✓
Laborversuche mit Embryonen: Experimente mit befruchteten Eizellen		Maximal 10 Tage	✓
Klonen: Herstellung von genetisch identischen Menschen		Maximal 14 Tage	✓ Embryonenklonung '93 durchgeführt
Keimbahntherapie: Fremde Gene werden gezielt ins Erbgut der Keimzelle eingebaut, es entsteht ein veränderter Embryo	Bisher nur bei Tieren: Transgene Tiere werden als Versuchstiere oder zur Medikamentenherstellung verwendet		

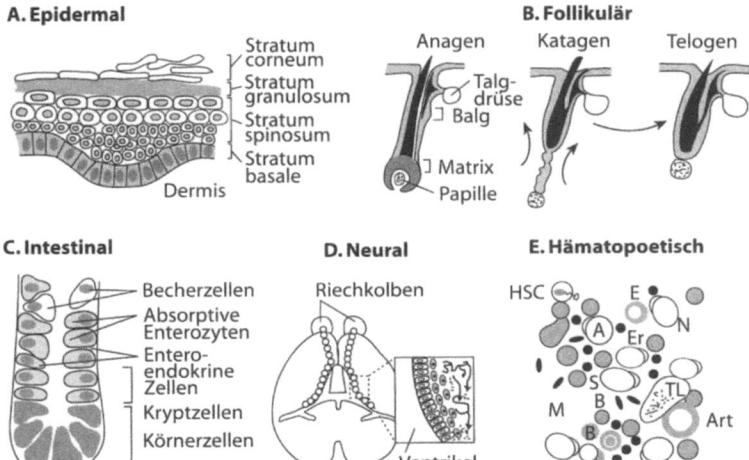

Abb. 5. Herkunft adulter Stammzellen. Während die Herstellung embryonaler Stammzellen durch das Embryonenschutzgesetz verboten ist, kann mit adulten Stammzellen unbeschränkt gearbeitet werden. Sie lassen sich allerdings nur unter großen Mühen aus schnell wachsenden Geweben isolieren, z.B. aus den Follikelzellen des Haarbalgs

7
Erstes erfolgreiches Experiment

Die Arbeitsgruppe von James A. Thomson am Primate Research Center der Universität von Wisconsin konnte erstmals humane embryonale Stammzellen (ES-Zellen) aus Blastozysten, die durch In-vitro-Befruchtung erhalten wurden, isolieren und über Monate hinweg in Kultur halten. Die Wissenschaftler kultivierten die menschlichen Embryonen bis zum Blastozystenstadium (etwa 4 Tage nach der Befruchtung) und isolierten insgesamt 14 innere Zellmassen. Die Proben aus 5 verschiedenen Embryonen wurden über einen Zeitraum von 5–6 Monaten im undifferenzierten Zustand kultiviert. Auch nach Einfrieren und Auftauen waren sie noch imstande, ungehemmt zu proliferieren. Eine der erstellten ES-Zelllinien proliferiert mehr als 8 Monate (über 32 Passagen, Thomson et al. 1998). Die Zellen besitzen weiterhin Stammzellcharakter, was dadurch belegt ist, dass sie eine sehr hohe Telomeraseaktivität besitzen und typische Oberflächenantigene von Stammzellen exprimieren, darunter mehrere SSEA-Typen („stage-specific embryonal antigens") und alkalische Phosphatase. Weiterhin sind die kultivierten menschlichen ES-Zellen imstande, in Zelltypen aller 3 Fötalschichten zu differenzieren. Nach Injektion der ES-Zellen in immundefiziente Mäuse entstanden Teratome. In ihnen konnten Zelltypen aller 3 Keimblätter des Ektoderms, des Mesoderms und des Entoderms identifiziert werden. Diese und weitere Experimente belegen, dass die isolierten Zelllinien ihren Stammzellcharakter behalten haben.

Derartige Experimente sind in Deutschland aufgrund des Embryonenschutzgesetzes verboten, in den USA oder England aber erlaubt.

Jedoch ist es auch in Deutschland möglich, an primordialen Keimzellen zu experimentieren, die aus frühzeitig abgegangenen oder abgetriebenen Feten isoliert werden können. Hier wird der Umgang über das Transplantationsgesetz geregelt. Primordiale Keimzellen, auch Urgeschlechtszellen genannt, sind die Vorläufer von Ei- bzw. Samenzellen. Sie befinden sich in Gonaden (Keimdrüsen) des Embryos, die sich später zu den Hoden oder Ovarien entwickeln, je nachdem, ob die Keimzellen männliche oder weibliche Geschlechtschromosomen enthalten. Die primordialen Keimzellen werden nach induziertem oder spontanem Abort aus Feten isoliert und zu pluripotenten Stammzellen weiterentwickelt. Pluripotente Stammzellen, die im Labor aus primordialen Keimzellen eines toten Fetus erhalten werden, bezeichnet man als EG-Zellen („embryonic germ cells").

Die Arbeitsgruppe von John Gearhart an der Johns Hopkins Universität in Baltimore konnte erstmals menschliche EG-Zelllinien aus primordialen Keimzellen gewinnen. Die Wissenschaftler kultivierten Gonaden auf einer Bodenschicht von Fibroblasten der Maus durch Zusatz von humanen rekombinanten Wachstumsfaktoren. Das Zellmaterial erhielten sie aus frühzeitig abgegangenen Feten 5–9 Wochen nach der Befruchtung. Nach 7–21 Tagen Kultivierungsdauer bildeten die primordialen Keimzellen multizelluläre Kolonien. Während der Kultivierungsdauer waren die meisten Zellen innerhalb der Kolonien alkalische-Phosphatase-positiv und wurden gegen 5 immunologische SSEA-Marker positiv getestet. Die kultivierten Zellen wurden regelmäßig passagiert und waren karyotypisch normal und stabil. Auch sie differenzierten zu verschiedenen Zelltypen aller 3 Keimblätter. Aufgrund ihres Ursprungs und der nachgewiesenen Eigenschaften zeigten die kultivierten primordialen Keimzellen alle Kriterien für humane pluripotente Stammzellen.

Stammzellen, d.h. Zellen, die noch nicht ausgereift sind und sich noch z.B. zu Blut- oder Muskelzellen entwickeln können, finden sich auch beim erwachsenen Menschen z.B. in Knochenmark, Verdauungstrakt, Haut oder Zentralnervensystem. Sie sind in ihrem Differenzierungspotenzial erheblich eingeschränkt, da sie bereits die Determination für einen bestimmten Zelltypus erreicht haben. Sie erfüllen wesentliche Funktionen bei der ständigen Regeneration von Geweben und Organen. Auch adulte Stammzellen sind wichtige Materialien zur Entwicklung von spezialisierten Geweben. Da sie sich aber nicht mehr oder besser noch nicht mit adulten Zellkernen programmieren lassen, spielen sie in der Molekularbiologie nur die zweite Geige.

Eine, wenn nicht sogar die größte medizinische Anwendung humaner pluripotenter ES-Zellen ist die Gewinnung und Züchtung universeller menschlicher Spenderzellen für den Zell- und Gewebeersatz, die sog. Zelltransplantationstherapie. Viele Krankheiten und Fehlfunktionen beruhen auf der Unterbrechung zellulärer Funktionen oder der Zerstörung von Geweben. Heutzutage werden Spendergewebe oder -organe für den Ersatz benötigt. Unglücklicherweise ist die Zahl der Patienten höher als die der verfügbaren Organe und oft kommt es zu immunologisch bedingten Abstoßungsreaktionen. Des Weiteren besteht bei Organtransplantationen die Gefahr, Krankheitserreger zu übertragen.

Humane pluripotente ES-Zellen, die in Kultur zu bestimmten Zelltypen differenziert werden, könnten zur Erneuerung von defekten Zellen bei einer Vielzahl von Krankheiten eingesetzt werden, z.b. bei Parkinson- oder Alzheimer-Krankheit, Diabetes, Osteoarthritis, rheumatischer Arthritis, Hautverletzungen, Herz-Kreislauf-Erkrankungen, Krebs und Schädigungen des Rückenmarks. Zusätzlich ergibt sich die Möglichkeit, sie genetisch so zu verändern, dass Immunreaktionen des Empfängers verhindert werden.

Folgende medizinisch relevante Zelltypen wurden bereits generiert und in Transplantationsexperimenten getestet.

7.1
Nervenzellen

Nervenzellenerkrankungen und Verletzungen des Gehirns stellen auch heute ein großes medizinisches Problem dar, denn im Gegensatz zu anderen Gewebezellen regenerieren sich Nervenzellen nur begrenzt. Die Folgen dieser Schädigung manifestieren sich als Schlaganfall, multiple Sklerose, Alzheimer-Krankheit, Parkinson-Krankheit etc. Nervenzellen gezielt in die erkrankte Hirnregion zu verpflanzen, wirft Mengenprobleme auf, denn hierfür werden Spenderzellen von Feten in großer Zahl benötigt.

Erschwerend bei der Behandlung neurologischer Erkrankungen ist, dass je nach Krankheitsbild unterschiedliche Zellen des Nervensystems betroffen sein können. Die Nervenzellen sind in viele Untergruppen gegliedert, die in ihren Funktionen und Aufgaben voneinander abweichen und verschiedene Botenstoffe benutzen. Im Krankheitsfall, der eine Transplantation erforderlich macht, muss der passende Zelltyp ersetzt werden. Die gezielte Herstellung verschiedener Typen von Nervenzellen steht im Zentrum der Zellkulturexperimente an ES-Zellen (Abb. 6).

Wissenschaftler am Institut für Neuropathologie der Universität Bonn (Stand 1999) waren die Ersten, denen es gelang, Nervenzellen aus ES-Zellen der Maus in Kultur zu gewinnen und mithilfe dieser myelindefiziente Nervenfasern der Ratte zu reparieren.

Ausgangsmaterial waren embryonale Stammzellen aus 3 Tage alten Mäuseembryonen. Die Wissenschaftler steuerten die Ausreifung der kultivierten ES-Zellen so, dass gezielt Vorläuferzellen von Oligodendro-

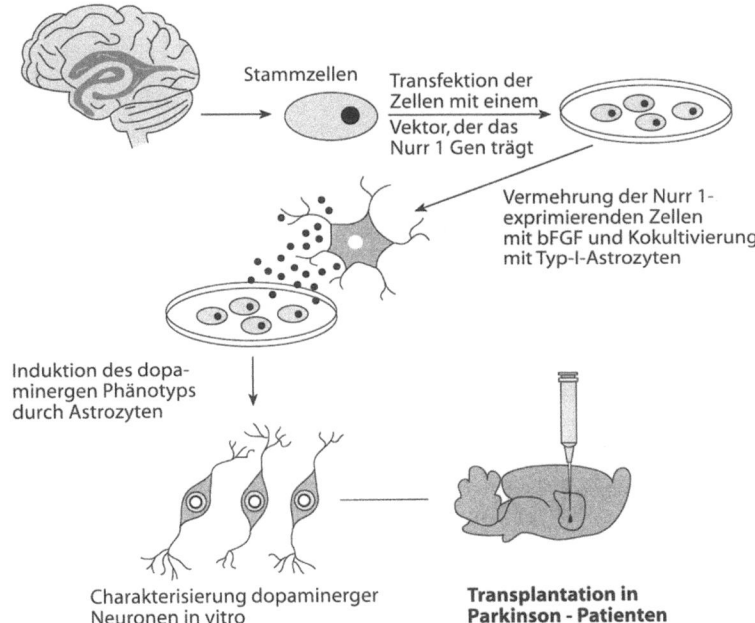

Abb. 6. Schematische Darstellung der Gewinnung dopaminerger Neuronen für den Zellersatz bei Parkinson-Patienten. Stammzellen des Kleinhirns von Mäusen wurden mit dem Transkriptionsfaktor Nurr1 transfiziert. Nach der Überexpression von Nurr1 werden die Zellen mit dem Wachstumsfaktor bFGF kultiviert. Durch Kokultivierung mit Typ-1-Astrozyten des ventralen Mesencephalons differenzieren sich die Zellen zu dopaminergen Neuronen. Nach Implantation in das Corpus striatum von Parkinson-Patienten können sie die neurochemischen Defizite korrigieren. (Mod. nach Lindvall 1999)

zyten entstanden und pflanzten sie in das Gehirn und Rückenmark von Ratten mit einem genetischen Defekt: Ihren Nervenfasern fehlte die schützende Myelinschicht. Wie erhofft entstanden sowohl im Gehirn als auch im Rückenmark der Tiere Gliazellen, die die Nervenzellen der Ratte mit Myelin beschichteten.

Diesen Therapieansatz könnte man auf Patienten, die an der Pelizaeus-Merzbacher-Krankheit (PMD) leiden, anwenden. PMD-Patienten tragen eine Mutation in einem Gen des X-Chromosoms, das für das Myelinproteolipidprotein (PLP) kodiert.

7.2
Endothelzellen

Endothelzellen wurden sowohl aus ES-Zellen der Maus gewonnen als auch in Teratomen menschlicher embryonaler Stammzellen beobachtet. Diese blutgefäßbildenden Zellen könnten zur Erneuerung von Blutgefäßen bei Arteriosklerose, ischämischen Bereichen des Herzens und des Gehirns, zur Behandlung von Schlaganfallpatienten und bei arterieller Insuffizienz eingesetzt werden.

7.3
Kardiomyozyten

Herzmuskelzellen teilen sich im adulten Herzen nicht mehr. Kommt es zu einer Schädigung des Herzmuskels durch Verletzungen oder Ischämie, wird das verletzte Gewebe durch funktionsloses Narbengewebe ersetzt.

Kardiomyozyten wurden bereits 1996 aus embryonalen Stammzellen der Maus gewonnen. Injizierte man die Kardiomyozyten in die Herzen adulter Mäuse, ersetzten sie die geschädigten Herzmuskelzellen, indem sie sich stabil in das umliegende Gewebe integrierten und mit den vorliegenden Zellen zusammenarbeiteten.

Die Transplantation von gesunden Herzmuskelzellen könnte Herzinfarktpatienten oder Patienten mit chronischem Herzleiden neue Hoffnung geben.

7.4
Fibroblasten und Keratinozyten

Hautzellen konnten 1996 aus ES-Zellen der Maus differenziert werden. Hautzellen aus humanen embryonalen Stammzellen könnten zur Behandlung von Wundkrankheiten und Hautverbrennungen verwendet werden.

7.5
Chondrozyten

Chondrozyten wurden ebenfalls in Teratomen menschlicher embryonaler Stammzellen beobachtet. Sie könnten als Knorpelersatz bei Osteoarthritis oder rheumatischer Arthritis Verwendung finden.

8
Medizinischer Nutzen der Kerntransplantation

Bevor diese Zellen für die Transplantation genutzt werden können, muss jedoch sichergestellt sein, dass es nicht zu Abstoßungs- und Immunreaktionen beim Empfänger kommt. Da humane pluripotente Stammzellen aus Embryonen oder fetalem Gewebe gewonnen werden, unterscheiden sie sich genetisch von dem Empfänger und körperfremde Zellen werden gewöhnlich abgestoßen. Dieses Problem ließe sich zum einen dadurch lösen, dass Banken von ES-Zelllinien erstellt werden, die ein Spektrum von MHC-Allelen darstellen, zum anderen könnte man die ES-Zellen genetisch so modifizieren, dass die Inkompatibilität reduziert wird. Zwar würden solche Zellen genetisch nicht völlig zu einem Patienten passen, doch die resultierende Abwehrreaktion wäre wahrscheinlich beherrschbar. Eine weitere Möglichkeit wäre die Verwendung von individualspezifischen Stammzellen. In diesem Fall wären die verwendeten Zellen für die Transplantation genetisch identisch mit denen des Patienten und eine Abstoßungsreaktion bliebe aus (s. Abb. 4). Um diese Zelltransplantationstechnik von dem reproduktiven Klonen zu unterscheiden, bezeichnet man dieses Verfahren als therapeutisches Klonen.

Ein langfristiges Ziel besteht in der Generierung komplexer Geweberverbände oder ganzer Organe, die die derzeitigen Engpässe und immunologisch bedingten Probleme sowie die Risiken einer Krankheitsübertragung bei der Organtransplantation umgehen können.

Untersuchungen an humanen pluripotenten ES-Zellen könnten die Wege, die in der Arzneimittelforschung und in der Sicherheitsbewertung von Medikamenten oder Chemikalien beschritten werden, dramatisch verändern. Anstatt ein zukünftiges Medikament an Tiermodellen oder Krebszellen zu testen, könnte dieses an verschiedenen menschlichen Zelltypen erprobt werden. Das würde zwar die Untersuchungen an Zelllinien, Tieren und Menschen nicht vollständig ersetzen, aber die Entwicklung von Arzneimitteln ließe sich besser kanalisieren und nur der sicherste Kandidat würde dann für Untersuchungen an Tier und Mensch zugelassen werden.

Es wäre evtl. auch möglich, die Kosten für die Entwicklung von sicheren und wirksamen Arzneimitteln und Chemikalien zu senken.

Humane differenzierte embryonale Zellen könnten für das Arzneimittelscreening, für Arzneimitteltoxikologiestudien sowie zur Identifizierung und zum gezielten Transport von neuen Arzneimittelzielmolekülen eingesetzt werden.

Solche an humanen Zellkulturen erzielten Daten werden weit zuverlässiger auf den Menschen übertragbar sein als die bislang in Tierversuchen gewonnenen Ergebnisse.

9
Zukunft der molekularen Medizin

Die Fortschritte in der Linderung und Heilung von Krankheiten sind durch soziale Faktoren und die Erkenntnisfortschritte in den Naturwissenschaften bestimmt. Die Menschen werden älter. Wir sprechen bereits vom 4. Lebensabschnitt, der das Alter zwischen 75 und 90 Jahren betrifft, und auch diese Personengruppe möchte im hohen Lebensalter an der Gesellschaft teilhaben. Oft wird dies behindert durch Erkrankungen im Bereich des Bewegungs- und Stützapparates oder durch Altersdemenzen wie z.B. Alzheimer. Zu den sozialen Komponenten gehören dagegen die Behandlungskosten, besonders für ältere Patienten, die von der Allgemeinheit in Zukunft nur partiell getragen werden können. Somit ist abzusehen, dass es eine Zweiteilung der Gesellschaft geben könnte, eben in die Medizin für Reiche und die für Arme. Deshalb muss die Frage gestellt werden, ob die Erkenntnisfortschritte in den Naturwissenschaften, nachfolgend in Diagnose und Therapie umgesetzt, diese Entwicklung fördern oder sie reduzieren.

Patente für Pharmaka haben eine Laufzeit von 20 Jahren. Danach können die Produkte lizenzfrei von Generikaherstellern produziert werden. So läuft z.B. der Patentschutz für die Interferone im Jahr 2004, der Schutz für das Erythropoetin im Jahr 2005 aus. Die entsprechenden Arzneimittel werden dann bei gleicher Qualität um 30% preiswerter angeboten.

Generell ist eine medizinische Behandlung bei Neueinführung einer Technik besonders teuer. Dies gilt für bildgebende Verfahren wie die Tomographie oder die mikroinvasive, automatengesteuerte Chirurgie. Mit der breiteren Anwendung, d.h. der Perfektionierung der Apparate, der einsetzenden Konkurrenz sowie der kürzeren Operationszeiten, können sich die Kosten reduzieren.

Allerdings ist damit zu rechnen, dass besonders ältere Patienten, falls die Technisierung der Medizin weiter fortschreitet, ca. 30% ihres Einkommens für die Gesundheit ausgeben müssen. Falls z.B. der Organersatz oder die Gensubstitution zum Regelfall wird, und dies vielleicht bei einem 80-jährigen Patienten, sind die Kosten für die Behandlung wie für die Nachsorge hoch.

Jedes einzelne Problem steht uns klar vor Augen, allgemein akzeptierbare Lösungen dagegen gibt es nicht. Weder wird sich die Forschung entschleunigen lassen noch wird es gelingen, Forschungsergebnisse von der kommerziellen Anwendung fern zu halten.

Da wir einer allumfassenden Regulierung des Gesundheitssystems durch den Staat nicht zustimmen können, bleibt uns nur die Hoffnung auf die Selbstregulierungskräfte des Marktes. Ein Blick in die Medizingeschichte mag uns trösten: Die Gesundheitsfürsorge hat sich hinsichtlich der sozialen und technischen Qualität immer weiter verbessert und so wird es auch weitergehen.

Literatur

Lanza RP, Cibelli JB, West MD (1999) Human therapeutic cloning. Nat Med 5:975–977

Lindvall O (1999) Engineering neurons for Parkinson's disease. Nat Biotechnol 17:635–636

Roses AD (2000) Pharmacogenetics and the practice of medicine. Nature 405:857–865

Thomson JA, Itskovitz-Eldor J, Shapiro SS, Waknitz MA, Schwiergiel JJ, Marshall VS, Jones MJ (1998) Embryonic stem cell lines derived from human blastocyts. Science 282:1145

Wilmut I, Schnieke AE, McWhir J, Kind AJ, Campbell KHS (1997) Viable offspring derived from fetal and adult mammalian cells. Nature 385:810–813

Functional Proteomics in der medizinischen Forschung

André Schrattenholz

Inhalt

1 Herausforderungen des Postgenomzeitalters 116
1.1 Wettrennen um die Sequenzierung des humanen Genoms . 116
1.2 Ernüchterung der „postgenomischen" Forschung 117
1.3 Functional Genomics – Functional Proteomics 118

2 **Stand der Proteomforschung – Functional Proteomics** . . . 121
2.1 Herkömmliche Proteomics 121
2.2 Kernprobleme herkömmlicher Proteomics 123
2.2.1 Qualität von Detektion und Quantifizierung 123
2.2.2 Mangelnde Korrelation von Proteinexpressionsprofilen zur Dynamik relevanter biologischer Prozesse 124
2.2.3 Bioinformatik 124

3 **Innovative Proteomics** 126
3.1 Detektion von Low-Abundance-Proteinen 126
3.1.1 Radioaktive Methoden: MPD 126
3.1.2 Vorfraktionierungen 127
3.1.3 Markierungen mit stabilen Isotopen 127
3.1.4 Innovative Massenspektrometrie: FTICR-MS 128
3.1.5 Proteinchiptechnologien 129
3.2 Molekulare Systemanalyse 129

4 **Anwendungsbeispiel: molekulares Modell für Gedächtnisentstehung mit Bezug zur Alzheimer-Krankheit** 130

5 **Zusammenfassung** 133

Literatur 133

1
Herausforderungen des Postgenomzeitalters

1.1
Wettrennen um die Sequenzierung des humanen Genoms

Das weltweite Projekt der vollständigen Sequenzierung des humanen Genoms ist im Sommer des Jahres 2000 mit einem spannenden Wettlauf zwischen öffentlich geförderten akademischen und privat finanzierten Initiativen unter großem allgemeinem Interesse zu Ende gegangen. Nie zuvor wurde ein wissenschaftliches Projekt mit derart globalen Ausmaßen in vielen Ländern gleichzeitig unter Mitwirkung von Tausenden von Forschern durchgeführt, nie zuvor ergab sich ein so starkes, fast leidenschaftliches Interesse der Öffentlichkeit. Die ethisch-moralische, politische und wirtschaftliche Tragweite des Vorhabens führte zu einer emotional gefärbten Aufmerksamkeit, die Politiker wie Journalisten gleichermaßen anziehend fanden.

Was sind die Hoffnungen und was sind die Ängste, die mit der eigentlich nüchternen analytischen Aufgabe einhergingen und noch gehen? Auf der Seite der Hoffnungen steht an erster Stelle der Traum, dass die genaue Kenntnis des DNA-Bauplans des Menschen das Verständnis aller seiner körperlichen Funktionen zur Folge haben würde. Alle Risikofaktoren für genetisch determinierte Krankheiten manifestieren sich als Mutationen in veränderten DNA-Bausteinen. Aber auch alle physiologischen und pathosphysiologischen Phänomene sind in den 30.000 Genen, dem Archiv, kodiert (Bowtell 1999; Aparicio 2000). Der Sieg über Krankheiten wie Krebs und Morbus Alzheimer, die sich dem wissenschaftlich-medizinischen Anspruch der Moderne, jedes Gesundheitsproblem technologisch lösen zu können, bisher hartnäckig entziehen, rückt dadurch scheinbar näher. Dies wäre nicht nur ein bedeutender Meilenstein in der Geschichte des medizinischen Fortschritts, sondern hätte daneben auch wirtschaftlich sehr attraktive Aspekte.

Die Vision des humanen Genomprojekts war, nach der Sequenzierung der gesamten DNA des Menschen alle seine Krankheiten zu verstehen und auch zu beherrschen.

Die Ängste sind diffuser. Sie betreffen die Furcht vor dem genetisch „gläsernen Menschen", der für Versicherungsgesellschaften oder potenzielle Arbeitgeber durchschaubar und aufgrund bestimmter Risiken in seinen Erbanlagen auch von der Allgemeinheit diskriminiert wird. Dazu gehört auch die Vorstellung, erwünschte Eigenschaften zu selektieren und Fehler zu korrigieren oder gar inklusive der mit ihnen behafteten Individuen auszumerzen.

Gerade mit Blick auf Deutschland und die finsteren Seiten seiner Geschichte weckt die Möglichkeit, dass „biologische" Kriterien gesellschaftliche Folgen haben werden, unterschwellige Erinnerungen an den verbrecherischen Missbrauch biologischer Begriffe und Verfahren im totalitären Regime des Hitler-Faschismus.

Dabei wird, wie auch bei der Klonierungsdebatte, übersehen, dass der tatsächliche oder mögliche Missbrauch technischer Methoden in bestimmten Gesellschaften nicht unbedingt ein Merkmal dieser Methoden ist, sondern eher etwas über den Zustand der betreffenden gesellschaftlichen Umstände aussagt.

1.2
Ernüchterung der „postgenomischen" Forschung

Die Aufklärung der Genome des Menschen und einer ganzen Reihe weiterer Organismen schreitet durch den steigenden Einsatz hoch automatisierter Methoden und die schnelle Verfügbarkeit der Ergebnisse in interaktiven Datenbanken rasant fort. Bisher hat dies aber keines der drängendsten medizinischen Probleme gelöst. Es wird zunehmend klar, dass die genomische Information nur eine der grundlegenden Voraussetzungen für die viel weitergehenden eigentlichen Fragestellungen zum Verständnis biologischer Funktion bildet (Cahill et al. 2001).

Einige der weiterhin offenen und brennenden Fragen sind: Wie ist das Netzwerk der Wechselwirkungen zwischen verschiedenen Genen reguliert? Welche Gene steuern Wachstum und Zelldifferenzierung und wie beeinflussen sie eine normale oder eine pathologisch veränderte Entwicklung?

Genetische Krankheiten werden nur in Ausnahmefällen durch Defekte in einem einzelnen Gen verursacht. Komplexe Genwechselwirkungen können auf Genomebene lediglich mit einer relativ großen statistischen Unschärfe analysiert werden. Nur die Aufklärung der Genfunktion auf der Ebene der Genprodukte, der Proteine mit all ihrer molekularen Vielfalt, kann eine Antwort auf diese Fragen bringen (Anderson u. Anderson 1998).

1.3
Functional Genomics – Functional Proteomics

Die Übertragung der genetischen Information aus DNA über RNA in Proteinmoleküle geht mit einer ungeheuren Zunahme der Komplexität einher. Die zugrunde liegende Problematik wird verständlich, wenn man die Zahl der Gene, die den gesamten Bauplan für einen Menschen enthalten, mit der Zahl der molekularen Funktionsträger vergleicht, die daraus hervorgehen, den verschiedenen Proteinen und Proteinderivaten.

Die Zahl der menschlichen Gene beläuft sich auf ca. 30 000. Hier offenbart sich noch eine erstaunliche Unsicherheit: Die Einteilung in Gene, Pseudogene, regulatorische oder einfach „leere", sinnlose DNA-Abschnitte ergibt sich keineswegs automatisch. Die Zuordnung und Organisation von Sequenzen wird trotz der Kenntnis von Art und Position jedes einzelnen Nukleotidbausteins innerhalb des humanen Genoms noch für einige Zeit eine anspruchsvolle wissenschaftliche Aufgabe bleiben (Human-Genome-Project-Information: http://www.ornl.gov/hgmis).

Die sehr stark komprimierte und relativ statische DNA-Information wird in einem ersten Entfaltungsschritt in die sog. m-RNA übersetzt („messenger-RNA", dt. Boten-RNA). Diese Übermittlermoleküle geben die Anweisungen des DNA-Archivs im Zellkern an die Proteinsynthesemaschinerie im Zytoplasma weiter. Durch Mechanismen wie alternatives Spleißen und RNA-Editing können aus einem Gen bis zu 50 oder mehr unterschiedliche m-RNA-Moleküle entstehen, insgesamt gibt es vielleicht eine halbe Million.

Nach der Übersetzung (Translation) dieser „messenger" in die eigentlichen Funktionsmodule zellulären Geschehens, die Proteine, kommt es zu einer weiteren Zunahme des molekularen Artenreichtums. Durch sog. posttranslationale Modifikationen entstehen im

Gesamtorganismus Mensch aus den vielleicht 500 000 m-RNA-Molekülen grob geschätzt zwischen 10 und 50 Mio. verschiedene Proteine und Proteinabkömmlinge (Klose 1999).

Im Gegensatz zum statischen Genom ist die Welt der Proteine hoch dynamisch (Abb. 1). Vielfältig rückkoppelnde, redundante und kompensatorische Vorgänge bedingen eine stark zeitlich organisierte, kinetische Komponente von Lebensvorgängen und somit eben auch von Krankheitsprozessen. Die molekulare Basis sind jeweils spezielle Proteinexpressionsprofile, die sich im Wechselspiel mit anderen physiologischen Produkten der Tätigkeit der Proteine, wie niedermolekularen Metaboliten, Botenstoffen, Ionenungleichgewichten etc., unterschiedlich entwickeln.

Es hat sich wieder und wieder gezeigt, dass gerade in dieser Dynamik von Prozessen, die durch veränderliche Konzentrationen von Proteinen und anderen Biomolekülen gekennzeichnet sind, der wesentliche Informationsgehalt physiologischer Vorgänge zu finden ist. Dieser

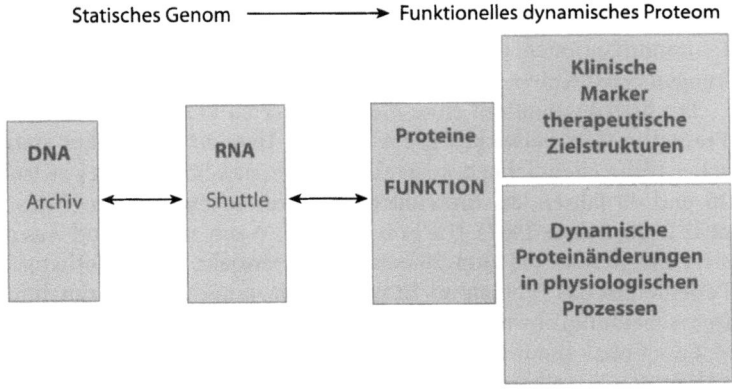

Abb. 1. Zusammenhang und Übergang von Genom- und Proteomforschung. Die Zahl der verschiedenen molekularen Spezies steigt von der DNA zu den Proteinen um ca. 3 Größenordnungen an. Die etwa 50 000 Gene des menschlichen Genoms werden in etwa 10–50 Mio. unterschiedliche Proteine und Proteinabkömmlinge übersetzt. Die Komplexität der Wechselwirkungen nimmt ebenfalls immens zu. DNA ist im Vergleich zu den hoch dynamischen Beziehungen der Proteine, zu denen fast alle therapeutischen und diagnostischen Zielmoleküle (Targets und Marker) gehören, eher statisch

Umstand hat auch pharmakologische Konsequenzen: Der Blick richtet sich über die detailgenaue räumliche Kenntnis von einzelnen Proteinen und ihren Pharmakophoren (den Bindungsnischen für Wirkstoffe) hinweg auf ihre interaktiven Eigenschaften in funktionellen Netzwerken oder Effekträumen (Williams 1999).

Zum Beispiel könnten in Zukunft wechselnde Muster von Proteinphosphorylierungen und die von ihnen ausgehenden regulatorischen Konsequenzen der entscheidende Faktor sein bei der Entwicklung von Medikamenten für gedächtnisrelevante Krankheiten des Zentralnervensystems wie der Alzheimer-Demenz, der Parkinson-Krankheit u.a. Die aus DNA- und RNA-Analytik hervorgegangene Kenntnis der Aminosäuresequenz und Membrantopologie eines Risikofaktors, wie z.B. des Amyloid-Precursorproteins, oder auch Röntgenstrukturanalysen wichtiger Proteine liefern in diesem Sinne nur Vorinformationen zur angemessenen (nämlich auf der Ebene posttranslationaler Modifikationen stattfindenden) Erforschung komplexer funktioneller oder pharmakologischer Zusammenhänge.

Die individuelle Ausformung jeder genetischen Anlage findet in dem dynamischen Geschehen wechselnder Proteinexpressionsprofile statt und fast immer spielen mehrere Proteine und posttranslationale Proteinmodifikationen eine Rolle, fast nie gibt es eindimensionale Wirkungsmechanismen.

Ein Risikopatient mit einer diagnostizierten Mutation, z.B. in einem Presenilin-Gen, entwickelt die Alzheimer-Demenz mit großer statistischer Wahrscheinlichkeit wesentlich früher, nämlich im Alter zwischen 20 und 40 Jahren, als Individuen ohne ein solches Risiko (Growdon et al. 2000; Selkoe 1997). Die Frage ist nur: Wann, warum und was passiert molekular? Bis zum 20.oder 40. Lebensjahr des hypothetischen Patienten ist das Problem nicht vorhanden, danach tritt es zunehmend in Erscheinung, obwohl das Genom des Betroffenen dasselbe bleibt.

Functional Genomics, die hoch automatisierte Analyse der DNA-Expression mit Chiptechnologien, gibt Hinweise, aber keine Erklärungen für die aktuelle Manifestation konkreter pathophysiologischer Prozesse. Krankheitstypische Marker und Targets für die therapeutische Intervention entwickeln sich dynamisch in den vielfältig rückkoppelnden, sich ständig anpassenden Interaktionen von Proteinen (Abbott 1999).

2
Stand der Proteomforschung – Functional Proteomics

2.1
Herkömmliche Proteomics

Die Fragestellungen und technisch-analytischen Probleme im Bereich der Proteomforschung sind wesentlich komplexer als die der Genomforschung. Darüber hinaus ist die Entwicklung der Methoden erst in den letzten 5 Jahren so weit vorangeschritten, dass umfangreiche Proteinkartierungen in Angriff genommen werden können. Das in gewissem Sinn ultimative biologisch-medizinische Projekt der Gesamterfassung aller Proteine von Zellen, Organen oder ganzen Organismen hat mittlerweile eine realistische Chance auf spektakuläre Erfolge.

Der entscheidende Faktor dieser Entwicklung war und ist die glückliche Kombination zweier unabhängiger analytischer Komponenten zu einem neuen, extrem leistungsfähigen Ansatz. Es handelt sich dabei einerseits um die zweidimensionale Polyacrylamid-Gelelektrophorese (2-D-PAGE) - ein schon länger bekanntes Verfahren zur Trennung von Tausenden von Proteinen in einem Arbeitsgang (Abb. 2) - und andererseits um massenspektrometrische Methoden, insbesondere MALDI/TOF- und ESI-MS (Matrix-assisted-Laser-Desorption-Ionisation/Time-of-Flight- und Electro-Spray-Ionisation-Massenspektrometrie), die besonders die Proteinanalytik revolutioniert haben und weiter revolutionieren (Rabilloud 2000; Pennington u. Dunn 2001).

Bei der MALDI/TOF-MS (Abb. 3a) werden die Proben (Peptidgemische) auf einer Metalloberfläche (Target) in einer farbigen Kristallmatrix durch Laserbestrahlung ionisiert. Die Peptidionen werden beschleunigt, ihre Flugzeit bis zum Auftreffen auf einen Detektor ist proportional zum Masse-Ladungs-Verhältnis. Bei der ESI-MS (Abb. 3b) werden Peptidlösungen in eine Vakuumionisationskammer gesprüht, die Ionen konzentrieren sich wegen der elektrostatischen Abstoßung auf der Oberfläche der durch Verdampfung schrumpfenden Tröpfchen. Bei einer bestimmten kritischen Ladungsdichte/cm2 werden Peptidionen freigesetzt, in Richtung eines Detektors beschleunigt und dort gemäß ihres Masse-Ladungs-Verhältnisses erfasst (Chapman 2000; Budzikiewicz 1998).

Die methodische Entwicklung, einhergehend mit zunehmender Automatisierung und Standardisierung, entwickelt sich exponentiell

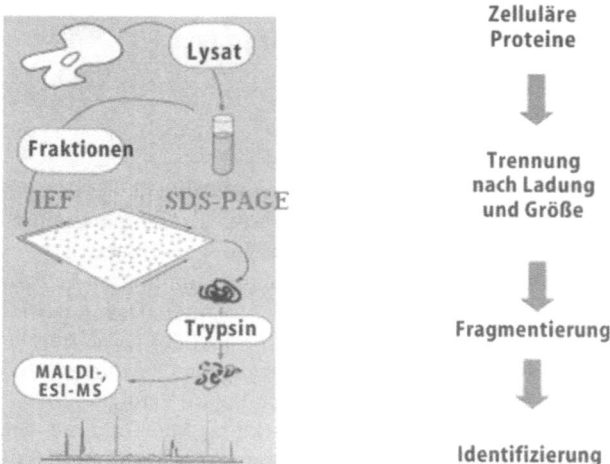

Abb. 2. Techniken der Proteomforschung. Gewebe oder Zellkulturen werden komplett lysiert, alle Proteine werden im Gemisch denaturiert, bei Bedarf können Vorfraktionierungen vorgenommen werden. In der zweidimensionalen Elektrophorese werden die Proteine zunächst in einer isoelektrischen Fokussierung (IEF) nach ihren elektrochemischen Eigenschaften, dann in einer SDS-PAGE (Sodiumdodecylsulfat-Polyacrylamid-Gelelektrophorese) nach ihren Molekülmassen getrennt. Nach Anfärbung der entwickelten Gele repräsentiert jeder „Spot" ein bestimmtes Protein. Die Spots werden im Gel gezielt fragmentiert, z.B. durch Verdau mit der Protease Trypsin. Die aus einem Protein entstehenden Peptidgemische haben Fingerabdruckqualität für die betreffenden Proteine und erlauben über massenspektrometrische Analysen und Datenbankrecherchen eine sichere Identifizierung

und erzeugt einen immensen Bedarf an adäquatem Datenmanagement: Wie bei der Einführung von Robotern und Chiptechnologien bieten auch in der Bioinformatik die Lösungen, die im Rahmen der Genomforschung entwickelt wurden, die Ausgangsbasis für das „data mining" der Zukunft. Kommentierte Gendatenbanken, wie die GenBank (http://www.ncbi.n/m.nih.gor/GenBank/Search.html), in denen den DNA-Sequenzen bereits die daraus hervorgehenden Proteinsequenzen zugeordnet sind, oder Proteinstrukturdatenbanken, z.B. die Protein Data Bank (http://www.rcsb.org/pdb/), bilden die Voraussetzung für Proteinidentifikationen anhand der Massenspektren aus MALDI- und ESI-MS in der Proteomforschung (Wilkins et al. 1997; Lottspeich 1999).

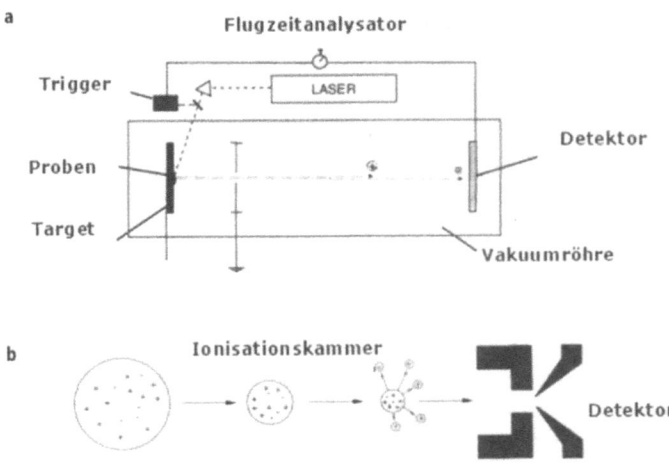

Abb. 3a,b. Massenspektrometrische Methoden in der Proteomanalyse.
a MALDI/TOF-MS, b ESI-MS

2.2
Kernprobleme herkömmlicher Proteomics

2.2.1
Qualität von Detektion und Quantifizierung

Die z.Z. üblichen Verfahren mit der größten Empfindlichkeit zur Detektion von Proteinen in 2-D-Gelen verwenden die Silberfärbung oder einige Fluoreszenzfarbstoffe. Der Konzentrationsbereich („dynamic range") von Proteinen umfasst in logarithmischer Skala etwa 9 Größenordnungen, die genannten Färbemethoden können davon aber nur die oberen 3 erfassen. Dieser Umstand bedeutet, dass nur die ca. 20% am höchsten konzentrierten Proteine detektiert werden, nicht aber die übrigen, sog. Low-Abundance-Proteine, unter denen viele für Signalübermittlungsprozesse besonders wichtige vermutet werden, z.B. Transkriptionsfaktoren oder Rezeptoren.

Zudem gestatten die gängigen Methoden keine zuverlässige Quantifizierung von Proteinmengen, auch ein echtes „differential display" (eine vergleichende Darstellung von Proteinprofilen unterschiedlicher

Proben in einem Bild, das die Differenz farbig darstellt) bleibt problematisch (Rabilloud 2000; Dunn 2000).

2.2.2
Mangelnde Korrelation von Proteinexpressionsprofilen zur Dynamik relevanter biologischer Prozesse

Proteinexpressionsprofile sind redundant und mehrdeutig. Sie können erst im Zusammenhang mit ausreichend charakterisierten physiologischen Parametern eindeutig in ihrer Bedeutung definiert werden. Komplettkartierungen von Proteomen liefern auf einer höheren Ebene der Komplexität eher statische Informationen, wie sie auch aus der Genomforschung zur Kenntnis gelangen.

Viele Proteine, wie z.B. kalziumabhängige Kinasen oder bestimmte Rezeptoren, funktionieren in unterschiedlichsten physiologischen Zusammenhängen. Deshalb erlaubt die reine Erfassung eines Expressionsmusters keineswegs automatisch ein Verständnis der Prozesse, die zu diesem Muster geführt haben. Das Geheimnis des Übergangs von gesunden, normalen Signalnetzwerken zu pathologischen Abweichungen wird erst in einer Darstellung der Kinetik der zugrunde liegenden molekularen Prozesse erkennbar. Jedes biologische und damit auch alles medizinische Geschehen ist in mehrdimensionalen dynamischen Effekt- und Effektorräumen strukturiert, die eigene Codes beinhalten, deren Basis im genetischen Code vorangelegt ist. Er repräsentiert die unterste von mehreren (wie vielen?) hierarchischen Ebenen funktioneller Organisation.

2.2.3
Bioinformatik

Die im Vergleich zu den Ergebnissen der Genomforschung nochmals enorm vervielfachten Datenmengen der Proteomforschung stellen völlig neue Anforderungen an das Datenmanagement. Dabei handelt es sich nicht nur darum, die Datenmengen in Form unterschiedlichster Graphik-, Text- und Datenformate abzulegen. Insbesondere die interaktive Vorgehensweise bei den zur Proteinidentifizierung notwendigen Datenbankrecherchen führt zu neuen Herausforderungen an den Schnittstellen der Einzelkomponenten der Proteomanalytik.

Die Datenorganisation sollte zudem, um zu gut handhabbaren und zu prospektiv wie retrospektiv sinnvoll integrierbaren Werkzeugen zu führen, weitgehend auch Bestandteil der Prozesskontrolle sein. Die Entwicklung geeigneter Weiterführungen von „laboratory information management systems" (LIMS) ist eine der dringendsten Aufgaben der „neuen" Molekularbiologie. Diese Systeme sollten zum einen die apparativen Parameter von automatisierten analytischen Verfahren (Spotpicking-, Fragmentierungs- und MS-Target-spotting-Roboter) und Datenbankrecherchen kontrollieren, zum anderen auch die für die jeweilige biologische Fragestellung relevanten Datenteilmengen für das eigentlich interessante „data mining" bereitstellen und organisieren. Dieses „data mining" wird sich im Wesentlichen auf die Welt der Proteine konzentrieren, muss sich aber immer auch auf das durch DNA- und RNA-Analysen vorgelegte Fundament an Erkenntnissen und Methoden beziehen.

Über diese rein strukturellen Aufgaben und Probleme hinaus werden mittelfristig wahrscheinlich auch ganz neue Typen von Algorithmen entwickelt werden müssen, die die Forschung in die Lage versetzen, therapeutisch und/oder diagnostisch sinnvoll abfragbare Derivate sehr komplexer, mehrdimensionaler physiologischer Effekträume zu gewinnen.

In diesem Bereich ist eine frühzeitige, enge Zusammenarbeit von solchen Initiativen, die sich auf die Erzeugung analytischer Daten im Feld Proteomics spezialisieren, und anderen, die sich der Aufgabe der Programmierung geeigneter Werkzeuge für eine adäquate Bioinformatik verschreiben, eine absolute Notwendigkeit (Suhai 2000; Bioinformatik-Websites: http://research.nwfsc.noaa.gov/bioinformatics.html; http://www.isb-sib.ch; http://www.ebi.ac.uk).

3
Innovative Proteomics

3.1
Detektion von Low-Abundance-Proteinen

3.1.1
Radioaktive Methoden: MPD

Radioaktive Methoden wie die MPD („multiple photon detection") sind prinzipiell geeignet, die oben beschriebenen Probleme der herkömmlichen Methoden der Proteomics, wie die Detektion über den gesamten „dynamic range" möglicher Proteinkonzentrationen, eine zuverlässige Quantifizierung und einen verbesserten „differential display", zu lösen.

Die Gesamtmarkierung von Proteingemischen mit bestimmten radioaktiven Isotopen wie ^{125}Jod und ^{131}Jod, die beim Zerfall gleichzeitig Photonen unterschiedlicher Energie emittieren, erlaubt die extrem empfindliche und gleichzeitig quantitative Bestimmung einzelner Proteine in 2-D-Gelen über 9 Konzentrationsgrößenordnungen (Abb. 4).

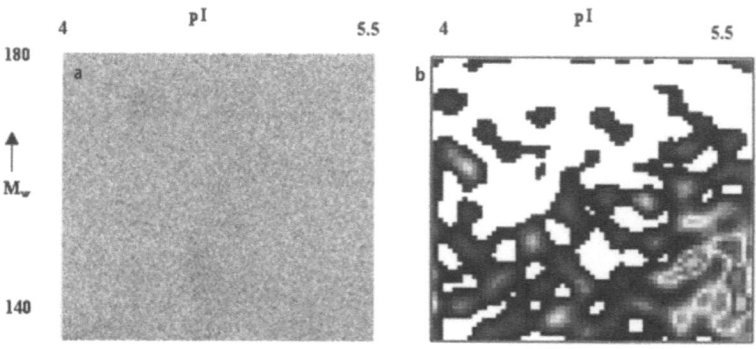

Abb. 4a,b. Die MPD-Technologie erlaubt die Detektion von Proteinen im niedrigen Attomolbereich, der mit anderen Methoden nicht zugänglich ist. **a** Ausschnitt eines Phospho-Imager-Scans von einem Gel mit ^{125}Jod-markiertem bioptischem Material (1 µg/Gel); **b** MPD erreicht um Größenordnungen bessere Detektionsempfindlichkeiten. Alle Proteine werden sehr schwach radioaktiv markiert (in 2-D-Gelen unterhalb gültiger Freigrenzen)

Die genannte Koinzidenzbedingung gestattet eine Detektion weit unterhalb der natürlichen Hintergrundstrahlung.

Die gemeinsame Analyse unterschiedlicher Proben, die mit zwei verschiedenen Isotopen markiert sind (z.b. gesundes im Vergleich zu pathologisch verändertem Gewebe), in einem Experiment erlaubt über geeignete Software auch einen zweifarbig kodierten „differential display". Die theoretische Detektionsgrenze liegt im Subattomolbereich (http://www.proteosys.com; http://www.biotraces.com).

3.1.2
Vorfraktionierungen

Die gezielte Vorfraktionierung von Proteinproben stellt eine Ergänzung zu radioaktiven Methoden dar. Dazu eignen sich eine ganze Reihe von Verfahren, die oft aus der klassischen Biochemie stammen und eine Renaissance in der Proteomforschung erleben. Dazu gehören antikörpergestützte Affinitätsfällungen, subzelluläre Fraktionierungen (Membranproteine, Mitochondrien etc.) und chromatographische oder adsorptive Verfahren. Fraktionierungen, die auf Liganden- oder Antikörperaffinitäten zu bestimmten Proteingruppen beruhen, können in einem Arbeitsgang mehrere gezielte Fragestellungen behandeln. Dies trifft insbesondere für Phosphoproteine zu, deren dynamische Expressionskinetiken durch spezifische Antikörper gegen Phosphoserin, -threonin oder -tyrosin direkt überprüft werden können. Diese posttranslationalen Modifikationen spielen bei der Signaltransduktion eine entscheidende Rolle und sind deshalb bei der Entwicklung von Modellen für die Krebsentstehung sowie in der Neurobiologie von zentraler Bedeutung (Soskic et al. 1999; Cahill et al. 1996).

3.1.3
Markierungen mit stabilen Isotopen

Proteine können außer mit radioaktiven Isotopen auch mit stabilen Isotopen markiert werden. Dies kann metabolisch geschehen, indem beispielsweise wachsende Zellen mit einer Stickstoffquelle versorgt werden, die z.b. mit dem Stickstoffisotop ^{15}N angereichert ist. Die Proteine solcher Zellen haben dann ein verändertes Stickstoffisotopengemisch, das sich mit geeigneten massenspektrometrischen Methoden quantitativ auswerten lässt.

Die Markierung kann auch chemisch in Proteine eingeführt werden. Dazu dienen z.b. cysteinaktive Reagenzien, die eine Gruppe, die schweren Wasserstoff (^{2}H) enthält, über die Sulfhydrylfunktion verankern. Diese gezielten Massenveränderungen lassen sich ebenfalls quantitativ auswerten.

Proteinquantifizierungstechniken, bei denen mit stabilen Isotopen gearbeitet wird, befinden sich meist noch im Entwicklungsstadium, lassen aber für die Zukunft ein großes Potenzial erwarten (Pennington u. Dunn 2001; Chapman 2000).

3.1.4
Innovative Massenspektrometrie: FTICR-MS

Die in der Proteomforschung überwiegend eingesetzten massenspektrometrischen Methoden, insbesondere MALDI-MS und ESI-MS, haben eine Nachweisgrenze im Femtomolbereich, d.h., sie liegen in etwa auf der Stufe der Empfindlichkeiten der gängigen Färbemethoden (Silver Stain, Fluoreszenzfarbstoffe).

Die oben geschilderten Fortschritte hinsichtlich der Detektionsempfindlichkeiten in 2-D-Gelen ermöglichen die Entdeckung und Erforschung von wichtigen Low-Abundance-Proteinen unter der Voraussetzung, dass sich die Nachweisgrenzen bei der Massenspektrometrie um mehrere Größenordnungen nach unten verschieben. Die FTICR-MS (Fourier-transformed-Ion-Cyclotron-Resonance-Massenspektrometrie) erfüllt diese Anforderungen und findet in spezialisierten Anwendungen Eingang in die Proteomforschung.

Diese innovativen Verfahren, die Atto- und Subattomolmengen von Peptiden analysieren, werfen allerdings auch neuartige Probleme der Prozesskontrolle auf. Infolge von Oberflächenadsorption und reaktionskinetischen Besonderheiten kommt es zu Schwierigkeiten, deren Lösung einen Schwerpunkt der Technologieentwicklung im Bereich Proteomics darstellt (James 2000).

3.1.5
Proteinchiptechnologien

Eine spezielle Spielart der Vorfraktionierung ist die auf selektiven Affinitäts- oder Adsorptionseigenschaften beruhende Verwendung von Arrays in Chipformat, die z.b. eine große Anzahl von bestimmten Antikörpern vereinen, deren Bindungseigenschaften Proteinexpressionsprofile komplexer biologischer Proben charakterisieren helfen (Ciphergen, Xerion, GPC). Neben der direkten Positionsinformation über den spezifischen Antikörper, die z.b. durch Oberflächenplasmonspektroskopie detektiert werden kann, können weitere spektroskopische Analysen der gebundenen Antigene erfolgen. Bei diesen Verfahren bleiben die Auswahl der bindenden Parameter, die Quantifizierung und oft auch die detaillierte molekulare Analyse (Sequenzierung von Isoformen, u.U. sehr nah verwandte Spleißvarianten, posttranslationale Modifikationen etc.) die kritischen Parameter (Hunt u. Livesey 2001).

> Fraktionierungsmethoden fokussieren auf bestimmte Untergruppen von Proteinen: Einerseits kommt das traditionelle biochemische Repertoire zur Anreicherung von Proteinen bestimmter physikochemischer Eigenschaften zu neuen Ehren, andererseits werden die zugrunde liegenden Prinzipien im Chipformat miniaturisiert, um Hochdurchsatzanalyse zu ermöglichen.

3.2
Molekulare Systemanalyse

Einzelne Proteine und sogar Proteinmuster sind in vielen Fällen mehrdeutig: Sehr verschiedene, ja gegenläufige Stoffwechsel- und Signaltransduktionswege benutzen stark überlappende Proteingruppen. Ebenso gibt es Fälle, in denen ganz unterschiedliche Proteine ähnliche physiologische Phänomene vermitteln, die, unter dem Gesichtspunkt eines einzelnen funktionellen Messparameters betrachtet, gleich aussehen. Ein Beispiel dafür sind glutamatinduzierte Kalziumströme in hippocampalen Neuronen, die einen Satz von kalziumabhängigen Kinasen aktivieren und dann in Abhängigkeit von subzellulären Lokalisationen und Kinetiken bis zu 4 recht unterschiedliche physiologische oder pathophysiologische Phänomene modulieren. Es sind dies die in normalen Gedächtnisbildungsprozessen vorkommenden Phänomene Langzeitpotenzierung und Langzeitdepression wie auch epileptogene und erregungstoxische Entgleisungen der betreffenden Signalkaskaden (Wheal et al. 1998; Anwyl 1996).

Entscheidend für das Verstehen solcher flexiblen und redundant gesteuerten Signalvorgänge ist die genaue Korrelation von physiologischem Geschehen und Proteinexpressionsprofilen.

Krankheitsprozesse sind in mehrdimensionalen Effekträumen definiert. Die Vieldeutigkeit von Proteinprofilen reduziert sich erst im funktionellen Zusammenhang. Dazu gehören z.b. das Muster niedermolekularer Verbindungen des Extrazellularraums (z.B. Neurotransmitter, interzelluläre Mediatoren), Ionenbewegungen (Mg^{2+}, Ca^{2+}, Zn^{2+} u.a.) sowie ihre zuverlässige Quantifizierung und Identifizierung, meist mit spektroskopischen Methoden. Auch rein physikalische Parameter wie z.B. die Temperatur beeinflussen die funktionelle Signaltransduktion, besonders in Neuronen, massiv. Die Auslösung von Aktionspotenzialen wird durch die Kabeleigenschaften neuronaler Fortsätze (Längen- und Zeitkonstanten) bestimmt und ist somit direkt temperaturabhängig.

> Proteinexpressionsprofile müssen zu einem Satz kontextrelevanter physiologischer Parameter synchronisiert werden, um eine ausreichende funktionelle Charakterisierung von pathospezifischen Proteinen als Kandidaten für klinische Marker und therapeutische Targets zuverlässig zu gewährleisten.

4
Anwendungsbeispiel: molekulares Modell für Gedächtnisentstehung mit Bezug zur Alzheimer-Krankheit

Das Gedächtnis ist in der Plastizität der neuronalen Verschaltungen des gesamten Gehirns kodiert und in mehreren hierarchischen Ebenen organisiert (z.B. Kurzzeit- und Langzeitgedächtnis). Das Gedächtnis im „eigentlichen Sinn", das sog. höhere oder kognitive Gedächtnis, zeichnet sich durch Selektivität, Kooperativität und Assoziativität aus. Die erste Instanz zur Ausbildung neuer Gedächtnisinhalte ist in einer paarig angelegten Struktur des basalen Vorderhirns lokalisiert, dem Hippocampus. Hippocampale Gewebeschnitte sind als Modell für gedächtnisrelevante neuronale Signalübertragung gut etabliert. Insbesondere die Langzeitpotenzierung (LTP) und die Langzeitdepression (LTD) im Hippocampus sind als grundlegende Mechanismen synaptischer Plastizität akzeptiert (Wheal et al. 1998; Anwyl 1996).

Die LTP kann unter ganz unterschiedlichen Bedingungen hervorgerufen werden und lässt sich relativ leicht durch elektrophysiologische Methoden funktionell und pharmakologisch charakterisieren. Sie entsteht nach hochfrequenter elektrischer, sog. tetanischer Stimulation bestimmter Nervenbahnen, lässt sich aber auch chemisch induzieren, z.b. durch depolarisierende Bedingungen, Glutamat, Ca^{2+}, Glyzin oder auch Anoxie (Cain 1997).

Chemisch induzierte LTP und LTD in organtypischen hippocampalen Gewebeschnittkulturen eignen sich als Modell synaptischer Plastizität. Sie ermöglichen eine umfassende Untersuchung von aktivitätsabhängigen Änderungen der entsprechenden Proteinprofile unter Einbeziehung weiterer relevanter Parameter im oben geschilderten Sinne einer molekularen Systemanalyse.

Die Präparationen enthalten große pyramidale Neuronen, die noch die wesentlichen Eigenschaften des nativen Gewebes repräsentieren. Die Nervenzellen zeigen eine aktivitätsabhängige Potenzierung von glutamatinduzierten transienten Kalziumströmen im gedächtnisrelevanten Kontext. Die Kinetik dieser dynamischen neuronalen Kalziumkonzentrationsänderungen kann als pharmakologisch überprüfbarer Parameter zur physiologisch-funktionellen Kontrolle dienen.

Die zeitliche Auflösung physiologischer Phänomene wie der LTP und die Synchronisation der verschiedenen physiologischen Aspekte dieser Phänomene ermöglichen erstmalig eine eindeutige Definition von Proteinveränderungen in komplexen Effekträumen.

Zu den entscheidenden Parametern, die die gedächtnisrelevante physiologische Situation erst eindeutig beschreiben, gehören über die Kalziumsignale hinaus bestimmte Veränderungen des Profils der von den Nervenzellen synchron freigesetzten Neurotransmitter; insbesondere wird unter den beschriebenen Umständen u.a. signifikant weniger GABA (γ-Aminobuttersäure) freigesetzt. Die Verminderung der Konzentration dieses wichtigsten inhibitorischen Neurotransmitters im Zentralnervensystem scheint partiell zur länger anhaltenden Verstärkung der glutamatinduzierten transienten Kalziumströme beizutragen. Weiterhin ergeben sich signifikante Unterschiede in Bezug auf die Kinetik und die Verteilung von bestimmten Ionenarten, insbesondere Magnesium.

Eine in solcher Weise synchronisierte Analyse des Extrazellularraums und der Kinetik und Quantifizierung der Neurotransmitterprofile ergibt eine eindeutige Signatur gedächtnisrelevanter Prozesse und führt in Zusammenhang mit den Technologien der Proteomforschung zur Identifizierung dynamisch definierter, aktivitätsabhängiger Proteinexpressionsprofile. Dieses holistische Vorgehen führt in der Regel nur zu einigen wenigen, funktionell relevanten Proteinzielstrukturen.

Nach Detektion solcher Proteine in 2-D-Gelen werden die glutamatinduzierten Proteine über MALDI-TOF-MS identifiziert und ggf. mittels ESI-MS sequenziert.

> Die Identifizierung dynamischer gedächtnisrelevanter Proteinveränderungen in In-vitro-Modellen wird auf der Ebene von humanem bioptischem Material verifiziert, z.B. an Post-mortem-Sektionen von Gehirnen verstorbener Alzheimerpatienten (Abb. 5).

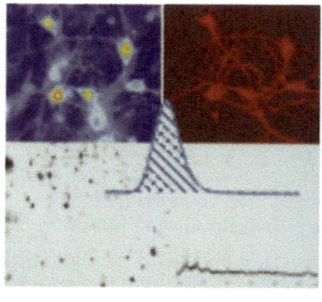  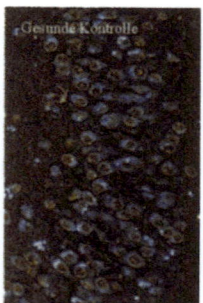

Abb. 5. Identifizierung von wichtigen Zielproteinen bei Morbus Alzheimer

5
Zusammenfassung

Proteomics ist im Begriff, die Schwelle zum „ultimativen" biologischen Projekt zu überschreiten. Mit der Korrelation von physiologisch-biologischen Fragestellungen zur Dynamik funktioneller Änderungen von Proteinexpressionsprofilen eröffnen sich ganz neuartige Perspektiven im Sinne einer mehrdimensionalen molekularen Systemanalyse.

Rasche Fortschritte hinsichtlich Detektionsempfindlichkeit, Quantifizierung und „differential display" von Proteinmustern versprechen eine genaue Analyse von Signalwegen und Multiproteinkomplexen. Dies eröffnet neue, spezifischere Informationen zu ungelösten Fragestellungen im Hinblick auf molekulare Toxikologie, Wirkungsanalysen und Analyse von Nebenwirkungen.

Der analytische Fortschritt wird durch eine rasante Entwicklung automatisierter Hochdurchsatztechniken begleitet. Die entstehenden Datenlandschaften stimulieren neue Strategien in Bioinformatik und Biomathematik.

> Die molekulare Entschlüsselung dynamischer biologischer Vorgänge führt zum Quantensprung beim Verständnis der Humanphysiologie. Proteine sind die relevanten Moleküle für Diagnostik und Therapie. Ihre in den letzten Jahren möglich gewordene detaillierte Analyse mit den Techniken der Proteomforschung verspricht eine enorme Beschleunigung von Forschungs-, Entwicklungs- und Zulassungsprozessen.

Literatur

Abbott A (1999) A post-genomic challenge: learning to read patterns of protein synthesis. Nature 402:715–720
Anderson NL, Anderson NG (1998) Proteome and proteomics: new technologies, new concepts and new words. Electrophoresis 19:1853–1861
Anwyl R (1996) The role of amino acid receptors in synaptic plasticity. In: Fazeli MS, Collingridge GL (eds) Cortical plasticity, LTP and LTD. Bios Scientific, Oxford, pp 9–28
Aparicio SAJR (2000) How to count human genes. Nat Genet 25:129–130
Bioinformatik-Websites: http://research.nwfsc.noaa.gov/bioinformatics.html; http://www.isb-sib.ch; http://www.ebi.ac.uk

Bowtell DDL (1999) Options available – from start to finish – for obtaining expression data by microarray. Nat Genet 21:25–32

Budzikiewicz H (1998) Massenspektrometrie: eine Einführung. Wiley-VCH, Weinheim, New York

Cahill MA, Janknecht R, Nordheim A (1996) Signalling pathways: jack of all cascades. Curr Biol 6:16–19

Cahill DJ, Nordhoff E, O'Brien J, Klose J, Eickhoff H, Lehrach H (2001) Bridging genomics and proteomics. In: Pennington SR, Dunn MJ (eds) Proteomics: from protein sequence to function. Bios Scientific, Oxford, pp 1–22

Cain DP (1997) LTP, NMDA, genes and learning. Curr Opin Neurobiol 7:235–242

Chapman JR (2000) Mass spectrometry of proteins and peptides. Humana, Totowa, New Jersey

Dunn MJ (2000) From genome to proteome. Wiley-VCH, Weinheim, New York

Growdon JH, Wurtman RJ, Corkin S, Nitsch RM (2000) The molecular basis of dementia. Ann N Y Acad Sci 920:

Human Genome Project Information: http://www.ornl.gov/hgmis

Hunt SP, Livesey R (2001) Functional genomics: a practical approach. Oxford Univ Press, Oxford

James P (2000) Proteome research: mass spectrometry (principles and practice). Springer, Berlin Heidelberg New York Tokyo

Klose J (1999) Genotypes and phenotypes. Electrophoresis 20:643–652

Lottspeich F (1999) Proteome analysis: a pathway to the functional analysis of proteins. Angew Chem Int Ed 38:2476–2492

Pennington SR, Dunn MJ (2001) Proteomics: from protein sequence to function. Bios Scientific, Oxford

Rabilloud T (2000) Proteome research: two-dimensional gel electrophoresis and identification methods. Springer, Berlin Heidelberg New York Tokyo

Selkoe DJ (1997) Alzheimer's disease: genotypes, phenotypes and treatments. Science 275:630–631

Soskic V, Görlach M, Poznanovic S, Boehmer FD, Godovac-Zimmermann J (1999) Functional proteomics analysis of signal transduction pathways of the platelet-derived growth factor beta receptor. Biochemistry 38:1757–1764

Suhai S (2000) Genomics and proteomics : functional and computational aspects. Plenum, New York

Wheal HV, Chen Y, Mitchell J et al. (1998) Molecular mechanisms that underlie structural and functional changes at the postsynaptic membrane during synaptic plasticity. Prog Neurobiol 55:611–640

Wilkins MR, Williams KL, Appel RD, Hochstrasser DF (1997) Proteome research. Springer, Berlin Heidelberg New York Tokyo

Williams KL (1999) Genomes and proteomes: towards a multidimensional view of biology. Electrophoresis 20: 678–688

Stand der Gentherapie und der lokalen Medikamentenapplikation im kardiovaskulären Bereich

Sigrid Nikol, Markus G. Engelmann

Die Autoren bedanken sich bei Herrn cand. med. Adam Golda für die Formatierung und Editierung des Artikels.

Inhalt

1 Einleitung 137

2 Angiogenese und Arteriogenese 139
2.1 Grundlegende Mechanismen 139
2.2 Angiogene Wachstumsfaktoren 140

3 Experimentelle präklinische Studien 144
3.1 Angiogenese im koronaren Ischämiemodell 144
3.1.1 Angiogene rekombinante Proteine
im koronaren Ischämiemodell 144
3.1.2 Gentherapeutisch induzierte Angiogenese
im koronaren Ischämiemodell 145
3.1.3 Manipulation auf Stammzellebene
im koronaren Ischämiemodell 146
3.2 Angiogenese im Beinischämiemodell 147
3.2.1 Angiogene rekombinante Proteine
im Beinischämiemodell 147
3.2.2 Gentherapeutisch induzierte Angiogenese
im Beinischämiemodell 147

4 Klinische Studien zur therapeutischen Neoangiogenese .. 149
4.1 Klinische Studien bei der ischämischen Herzerkrankung .. 149
4.1.1 Angiogene rekombinante Proteine
in der klinischen Behandlung
der therapierefraktären Angina pectoris 149
4.1.2 Gentherapeutisch induzierte Neoangiogenese in der
Behandlung der therapierefraktären Angina pectoris 150

4.2 Klinische Studien bei der chronischen peripheren
arteriellen Verschlusskrankheit 153
4.2.1 Rekombinante Wachstumsfaktoren
in der Behandlung der kritischen Beinischämie 153
4.2.2 Klinische Gentherapiestudien
bei der kritischen Beinischämie 153

5 **Sicherheitsaspekte beim Einsatz
der therapeutischen Angiogenese** 157

6 **Lokale Applikationssysteme
für den kardiovaskulären Bereich** 159
6.1 Modifizierte Ballonkatheter 159
6.1.1 Doppelballon 159
6.1.2 Poröser Ballon 160
6.1.3 Ballon mit Infusionskanälen 162
6.1.4 Manschettenballon 162
6.1.5 Beschichteter Ballon 162
6.1.6 Infusionsspirale 163
6.2 Modifizierte Stents 164
6.2.1 Resorbierbare Stents 164
6.2.2 Beschichtete Stents 164
6.2.3 Thermosensible Stents 165
6.3 Andere Katheter zur Substanzapplikation 166
6.3.1 Iontophoreseballon 166
6.3.2 Nadelinjektionskatheter 166
6.3.3 Noppenkatheter 167
6.4 Weitere Hilfsmittel zur Medikamentenapplikation 167
6.5 Lokale Applikation von Medikamenten
und Genkonstrukten 168

7 **Zusammenfassung und Ausblick** 169

Literatur 171

Die Identifizierung angiogener Wachstumsfaktoren ermöglichte die Entwicklung neuartiger Strategien zur Behandlung chronischer Gefäßverschlüsse. Die therapeutische Angiogenese spielt unter den gentherapeutischen Möglichkeiten im kardiovaskulären Bereich die derzeit größte Rolle. Sie stellt eine alternative Therapie für Patienten mit einer fortgeschrittenen und therapierefraktären ischämischen Herzerkrankung oder einer kritischen Beinischämie mit der Möglichkeit einer Kapillaraussprossung (Angiogenese) und einer Neubildung von Kollateralgefäßen (Arteriogenese) dar. In-vitro- und experimentelle In-vivo-Untersuchungen konnten die Effizienz der vermehrten Kollateralenbildung und der funktionellen Durchblutungsverbesserung bei der experimentellen myokardialen oder peripheren Ischämie sowohl für rekombinante Gefäßwachstumsfaktoren als auch für gentherapeutische Strategien nachweisen. Die Vorteile gentherapeutischer Strategien sind die Minimierung systemischer Nebenwirkungen und die langsame und kontinuierliche Freisetzung des kodierten Faktors, was einen länger anhaltenden angiogenen Effekt erlaubt. In überwiegend unkontrollierten klinischen Phase-I- und -IIa-Studien wurde gezeigt, dass Gefäßbehandlungen mit Wachstumsfaktoren machbar, effizient und sicher sind. Die Ergebnisse placebokontrollierter und doppelblinder Studien müssen jedoch zur sicheren Beurteilung des therapeutischen Potenzials abgewartet werden. Die Weiterentwicklung der lokalen Medikamenten- und Genapplikation mittels spezieller Kathetersysteme wird in der Zukunft die Effizienz und Sicherheit der Gentherapie weiter verbessern können.

1
Einleitung

Die mögliche therapeutische Bedeutung von angiogenen Wachstumsfaktoren wurde bereits vor fast 3 Jahrzehnten anhand der Beeinflussbarkeit der Tumorentwicklung durch eine wachstumsfaktorvermittelte Neovaskularisierung beschrieben (Folkman 1971). In der Folgezeit wurde eine Vielzahl unterschiedlicher, am Gefäßendothel wirkender Wachstumsfaktoren identifiziert. In zahlreichen Untersuchungen konnte für diese angiogenen Wachstumsfaktoren die Fähigkeit der vermehrten Kollateralgefäßbildung in Tiermodellen mit myokardialer oder Beinarterienischämie nachgewiesen werden. Diese neuartige Form der Behandlung der arteriellen Insuffizienz wird als „therapeutische Angiogenese" bezeichnet. Sie könnte als zusätzliche oder alternative Behandlung bei Patienten in fortgeschrittenen Stadien der ischämischen Herzerkrankung oder der peripheren arteriellen Verschlusskrankheit eine Anwendung finden. Präklinische experimentelle Daten und Ergebnisse klinischer Studien sind vielversprechend und werden im Folgenden behandelt.

Ischämische Gefäßerkrankungen wie die koronare Herzerkrankung (KHK) oder die periphere arterielle Verschlusskrankheit (pAVK) sind progressive Erkrankungen mit einem breiten Spektrum von klinischen Manifestationen, die von der asymptomatischen Atherosklerose und der stabilen Angina pectoris bzw. Claudicatio intermittens bis zu den Koronarsyndromen (instabile Angina, Myokardinfarkt) und Beingefäßverschlüssen reicht. Mit mehr als 6,3 Mio. Todesfällen 1990 stellen sie die weltweit führende Todesursache dar (Murray u. Lopez 1997). Etwa 7,5 Mio. Menschen in den USA haben eine symptomatische KHK und etwa 1,5 Mio. Menschen erleiden pro Jahr einen Myokardinfarkt, an dem jeder 3. Patient verstirbt. Die ökonomische Bedeutung der koronaren Herzerkrankung alleine ist besonders groß und führt zu geschätzten Kosten von 50–100 Mrd. USD jährlich (Farmer u. Gotto 1997). Die kritische Beinischämie als schwere klinische Manifestation der peripheren arteriellen Verschlusskrankheit entwickelt sich mit einer geschätzten jährlichen Inzidenz von 500–1000:1 000 000 Individuen und macht oft eine partielle oder vollständige Amputation der betroffenen Gliedmaßen erforderlich (European Working Group on critical leg ischemia 1991). Die Prognose von Patienten, die an einer kritischen Beinischämie leiden, ist mit einer 1-Jahresmortalität von 26% schlecht und bei sehr eingeschränkter Lebensqualität vergleichbar mit terminal kranken Tumorpatienten. Die jährlichen Therapiekosten betragen in Deutschland 12 000–18 000 DM pro Patient im Stadium Fontaine III und IV (v. Schulenburg u. Klimm 1995).

Trotz großer Fortschritte auf dem Gebiet der medikamentösen und interventionellen Therapie der symptomatischen ischämischen Gefäßerkrankungen stellt das Fortschreiten der Erkrankung mit der Entwicklung einer therapierefraktären Angina oder einer kritischen Beinischämie für viele Patienten langfristig ein gravierendes Problem dar. In manchen Zentren machen therapierefraktäre Patienten, die 3 und mehr Interventionen erhalten, 0,3–2,4% der Patientenpopulation aus. Bei vielen dieser therapierefraktären Patienten ist eine ausreichende Behandlung aufgrund einer vorliegenden Mehrgefäßerkrankung, einer diffusen Atherosklerose oder des Fehlens revaskularisierbarer distaler Gefäße bislang nicht möglich. Neuartige Therapiestrategien sind für diese Patienten dringend erforderlich.

Vor diesem Hintergrund scheint die Induktion einer therapeutischen Angiogenese mit dem Ziel einer vermehrten Kollateralenbildung und damit einer verbesserten Blutversorgung des ischämischen Myokards bei Patienten mit therapierefraktärer Angina pectoris oder der ischämischen Extremität bei Patienten mit kritischer Beinischämie eine kausale Therapieoption zu sein, die alleine oder in Kombination mit den Standardverfahren (adjuvant) eingesetzt werden könnte.

2
Angiogenese und Arteriogenese

2.1
Grundlegende Mechanismen

In der Embryonalentwicklung beruht die Bildung von Blutgefäßen auf 2 unterschiedlichen Prozessen: der Vaskulogenese und der Angiogenese (Risau 1997). Die Vaskulogenese umfasst die De-novo-Differenzierung von Endothelzellen aus mesenchymalen Vorläuferzellen mit der nachfolgenden Bildung von Gefäßen in zuvor nicht vaskularisiertem Gewebe. Dabei entsteht ein primitives tubuläres Netzwerk. Unter Angiogenese wird die Aussprossung neuer Kapillaren auf dem Boden bereits vorhandener Gefäße im Sinne eines Remodeling verstanden. Im Gegensatz zur embryonalen Vaskulogenese findet im postnatalen Organismus überwiegend ein angiogenetisches Gefäßwachstum statt. Die Angiogenese ist z.B. essentiell im weiblichen Reproduktionszyklus oder bei der Regeneration von Geweben (Wundheilung etc.). Pathologische Prozesse, die auf dem Boden einer solchen Neovaskularisierung ablaufen, sind Tumorwachstum und Metastasierung (Ferrara u. Alitalo 1999; Folkman 1995). Von der Angiogenese (Kapillaraussprossung) kann die Arteriogenese unterschieden werden, die die Bildung neuer Kollateralgefäße aus vorbestehenden arteriolären Anastomosen bezeichnet. Es gibt Hinweise dafür, dass sich Arteriogenese und Angiogenese z.T. in ihren molekularen Mechanismen unterscheiden und durch die differenzierte Wirkung verschiedener Gefäßwachstumsfaktoren vermittelt werden (Schaper 1996). Insgesamt ist die Neubildung funktionstüchtiger Gefäße das Ergebnis des komplexen Zusammenwirkens vieler verschiedener Gefäßwachstumsfaktoren auf Gefäßzellen und extrazelluläre Matrix.

2.2
Angiogene Wachstumsfaktoren

Heute ist eine Vielzahl von Wachstumsfaktoren bekannt, die eine fundamentale Rolle in der Regulation der Angiogenese spielen (Tabelle 1).

Tabelle 1. Vaskuläre Wachstumsfaktoren und ihre Rezeptoren

Familie	Wachstumsfaktoren	Rezeptoren
Gefäßspezifische Wachstumsfaktoren		
VEGF	VEGF-1/-A ($VEGF_{121}$, $VEGF_{145}$, $VEGF_{165}$, $VEGF_{189}$, $VEGF_{206}$)	VEGFR-1 (*flt*-1)
	VEGF-B	VEGFR-2 (KDR/*flk*-1)
	VEGF-2/-C	VEGFR-3 (*flt*-3)
	VEGF-D	
	VEGF-E	
	PlGF	
Angiopoetine	Ang-1	Tie-1
	Ang-2	Tie-2
	Ang-3	
	Ang-4	
Ephrine	Ephrin-B1	EphB2
	Ephrin-B2	EphB3
	Ephrin-A1	EphB4
		EphA2
Gefäßunspezifische Wachstumsfaktoren		
FGF	Acidic FGF (FGF-1)	FGFR-1 (flg)
	Basic FGF (FGF-2)	FGFR-2 (bek)
	FGF-4	FGFR-3
	FGF-5	FGFR-4
		TKF
HGF	HGF („scatter factor")	c-met
TGF	TGF-β1	TGF-βR-1
		TGF-βR-2
MCP	MCP-1	CCR2
PDGF	PDGF-BB	PDGF-R
IGF	IGF-1	IGF-1R

VEGF vascular endothelial growth factor; *PlGF* placental growth factor; *Ang* Angiopoetin; *FGF* fibroblast growth factor; *TKF* tyrosine kinase related to FGFR; *HGF* hepatocyte growth factor; *TGF* transforming growth factor; *MCP* macrophage chemotactic protein; *CCR* CC chemokine receptor; *PDGF* platelet-derived growth factor; *IGF* insulin-like growth factor; *R* Rezeptor

Man unterscheidet zwischen gefäßspezifischen und -unspezifischen Wachstumsfaktoren. Die Mitglieder der Familie der gefäßspezifischen VEGF („vascular endothelial growth factors") spielen eine äußerst wichtige Rolle bei der Entwicklung und Differenzierung des Gefäßsystems: Bereits der Verlust eines VEGF-Allels führt zum Tod im Embryonalstadium (Carmeliet et al. 1996; Ferrara et al. 1996). Die VEGF-Familie besteht aus verschiedenen Mitgliedern: VEGF-1, -2, -B, -D, -E und Plazentawachstumsfaktor PlGF („placental growth factor"). VEGF-1 (oder VEGF-A) besitzt durch alternatives Spleißen verschiedene Isoformen mit einer jeweils unterschiedlichen Anzahl von Aminosäuren: $VEGF_{121}$, $VEGF_{145}$, $VEGF_{165}$, $VEGF_{189}$ und $VEGF_{206}$. Die Signaltransduktion geschieht über 3 membranständige Tyrosinkinaserezeptoren (VEGFR-1 oder flt-1 und VEGFR-2 oder KDR/flk-1 und VEGFR-3 oder flt-3), die die biologischen Effekte vermitteln (Abb. 1) (Neufeld et al. 1999; Yancopoulos et al. 2000). Andere gefäßspezifische angiogene Faktoren sind die Angiopoetine (Ang-1 bis Ang-4), die die Reifung und Stabilisierung neuer Gefäße ermöglichen (Papapetropoulos et al. 1999; Shyu et al. 1998; Valenzuela et al. 1999). Eine weitere Gruppe gefäßspezifischer Faktoren sind die Ephrine mit einer großen Anzahl von Eph-Rezeptortyrosinkinasen. Diese Faktoren sind wahrscheinlich essenziell für die arterielle oder venöse Ausdifferenzierung von Gefäßen (Yancopoulos et al. 2000).

Die unspezifischen Gefäßwachstumsfaktoren werden angeführt von der Familie der FGF („fibroblast growth factors"), die in vivo Angiogenese und Arteriogenese induzieren können (Lazarous et al. 1995; Pu et al. 1993). Die meisten Erfahrungen liegen für die Isoformen FGF-1, FGF-2 sowie FGF-5 vor. Die FGF beeinflussen verschiedene Zellarten in vivo – im Gegensatz zu der VEGF-Familie, deren Rezeptoren nur auf Endothelzellen, Makrophagen oder Monozyten vorhanden sind. Ein weiterer angiogener Wachstumsfaktor, TGF-β1 („transforming growth factor-β1"), wirkt synergistisch mit FGF und wird bei der chronischen myokardialen Ischämie vermehrt exprimiert (Wunsch et al. 1991). Die Endothelzellspezifität von VEGF stellt einen wichtigen Vorteil dieses Wachstumsfaktors dar, da die Endothelzellen das kritische zelluläre Element bei der Ausbildung neuer Gefäße sind. Auch HGF („hepatocyte growth factor") besitzt eine angiogene Aktivität und wurde bisher in präklinischen Studien eingesetzt (Lamoreaux et al. 1998; Takeshita et al. 1994b). Andere Zytokine wie MCP-1 („monocyte chemotactic protein-1") (Schaper u. Schaper 1993) oder PDGF („platelet-derived growth fac-

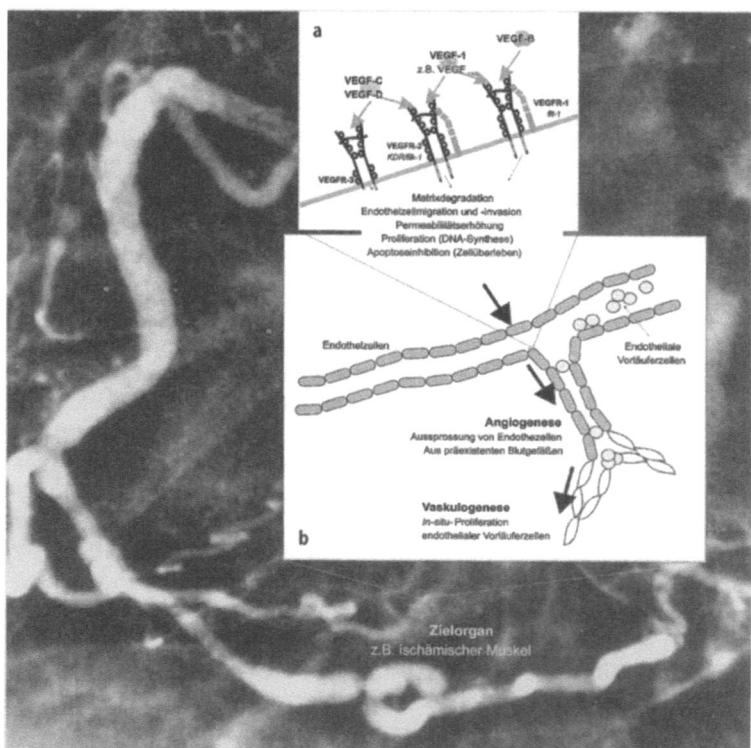

Abb. 1a,b. Angiogenese und Vaskulogenese werden über zelluläre Rezeptoren und ihre Liganden, die Gefäßwachstumsfaktoren, v.a. gefäßspezifisch über Endothelzellen vermittelt und reguliert. **a** Exemplarische Darstellung von Mitgliedern der VEGF-Familie mit VEGF-Rezeptoren an der Oberfläche einer Endothelzelle. **b** Es kommt über eine Matrixdegeneration zum Einwandern von Endothelzellen mit nachfolgender Permeabilitätserhöhung. Gleichzeitig ermöglicht die Invasion von endothelialen Vorläuferzellen eine echte De-novo-Bildung von Gefäßen in Zielorganen. Die Gefäßreifung wird überwiegend über Angiopoetine vermittelt

tor") (Martins et al. 1994; Stavri et al. 1995; Waltenberger 1997) können indirekt eine Angiogenese induzieren, möglicherweise über die Stimulation einer zellulären VEGF-Produktion in vivo. MCP-1 ist ein Schlüsselmolekül in der Chemotaxis von Monozyten und führt – anders als

VEGF – über eine Makrophagenakkumulation zu einer verstärkten Kapillaraussprossung sowie zur Arteriogenese (Ito et al. 1997). Die dabei im Gegensatz zur VEGF-Familie vorkommende starke inflammatorische Begleitreaktion schränkt jedoch das therapeutische Potenzial ein (Goede et al. 1999). Neben den angiogenen Wachstumsfaktoren besitzt z.b. auch der ACE-("angiotensin converting enzyme"-)Hemmer Quinapril eine positive angiogene Aktivität (Fabre et al. 1999).

Die angiogenen Wachstumsfaktoren weisen große Gemeinsamkeiten auf. Sie stimulieren als Folge einer mitogenen Wirkung das Wachstum und fördern die Migration von Endothelzellen. Die meisten dieser Wachstumsfaktoren verfügen über eine autokrine Stimulation auf wenigstens einen Zelltyp, in dem sie gebildet werden. Darüber hinaus hemmen fast alle Gefäßwachstumsfaktoren die Apoptose von Endothelzellen (Isner u. Asahara 1999). Die De-novo-Gefäßbildung wird durch das VEGF-abhängige Endothelwachstum mit der Bildung einer primären Vaskulatur initiiert. Ohne den Einfluss von Ang-1 und Ephrin-B2 entsteht ein relativ unreifes und instabiles Gefäß, aus dem es aber unter dem Einfluss von VEGF zu einer angiogenen Aussprossung kommen kann. Unter dem Einfluss von v.a. Ang-1, aber auch VEGF und Ephrin-B2 folgt das angiogenetische Remodeling mit Bildung eines stabilen und reifen Gefäßes. Ein derartig gereiftes Gefäß wird durch den Einfluss von Ang-2 destabilisiert und kann unter VEGF-Einfluss aussprossen. Fehlt in dieser Phase VEGF, kommt es zu einer Gefäßregression (Yancopoulos et al. 2000). Die Invasion von Endothelzellen in neue Gewebeareale wird über die Modulation von Bestandteilen der extrazellulären Matrix beeinflusst. VEGF verstärkt die Freisetzung von Gelatinase A, inhibiert die Freisetzung von Metalloproteinase-Inhibitoren aus Endothelzellen und disinhibiert auf diese Weise vorhandene Kollagenaseaktivität (Lamoreaux et al. 1998). Die Bildung kollateraler Blutgefäße in ischämischen Extremitäten oder im ischämischen Myokard ist abhängig von der hypoxischen Hochregulierung der VEGF-Expression, wie sie auch in einigen Tumorarealen beobachtet wurde (Schaper u. Schaper 1993; Takeshita et al. 1994b). Dabei spielt nicht nur die Aussprossung von Kapillaren aus präexistenten Blutgefäßen eine Rolle, sondern auch die Inkorporation von endothelialen Progenitorzellen aus dem Knochenmark in die Novogefäße (Asahara et al. 1999).

Kardiovaskuläre Risikofaktoren wie Diabetes mellitus oder höheres Alter schränken die angiogene Antwort der residenten Endothelzellen ein. Tierexperimentelle Untersuchungen an Kaninchen zeigen, dass die

Kollateralenbildung durch Angiogenese bei peripherer Ischämie in älteren Tieren und diabetischen Mäusen eingeschränkt ist. Verantwortliche Mechanismen hierfür sind eine sich allmählich entwickelnde endotheliale Dysfunktion und die verminderte Expression von VEGF. Höheres Alter der Tiere verhindert aber nicht die Kollateralenbildung nach Gabe von exogenem rekombinantem VEGF (Rivard et al. 1999a, b). Bei atherosklerotischen Erkrankungen scheinen Plaquebildung und Desobliteration von chronischen Gefäßverschlüssen mit der Wirkung von VEGF zusammenzuhängen. VEGF und FGF können unter bestimmten Bedingungen im Tierexperiment eine Neointimabildung fördern (Lazarous et al. 1996; Nabel et al. 1993).

3
Experimentelle präklinische Studien

Da die Ischämie durch das Fehlen von Sauerstoff charakterisiert ist, scheint die Vermehrung kleiner Gefäße im ischämischen Gewebe eine logische und kausale therapeutische Konsequenz.

3.1
Angiogenese im koronaren Ischämiemodell

3.1.1
Angiogene rekombinante Proteine im koronaren Ischämiemodell

Das angiogene Potenzial von bFGF („basic fibroblast growth factor") wurde in verschiedenen Großtiermodellen (Schwein, Hund) mit chronischem Gefäßverschluss demonstriert. Verglichen mit Kontrollgefäßen führte die Gefäßbehandlung mit bFGF nach einigen Wochen zu einer deutlichen Verbesserung des myokardialen Blutflusses (Hasegawa et al. 1999; Horrigan et al. 1996, 1999; Kawasuji et al. 2000; Lopez et al. 1998; Unger et al. 1994). Das Kollateralenwachstum wurde stimuliert und die globale sowie regionale Herzmuskelfunktion war gebessert (Devlin et al. 1999; Laham et al. 2000; Lopez et al. 1997a; Uchida et al. 1995). Nach der alleinigen lokalen Applikation von FGF wurden eine verstärkte intimale Angiogenese sowie ein Gefäßremodeling beobachtet (Staab et al. 1997).

VEGF führt im Tiermodell zu einer koronaren Vasodilatation, zu einem starken, dosisabhängigen Anstieg des koronaren Blutflusses und zu einer Verbesserung der myokardialen Pumpfunktion (Harada et al. 1996; Lopez et al. 1997b, 1998). Im Rattenmodell schwächt VEGF den myokardialen Ischämiereperfusionsschaden ab (Luo et al. 1997). Die Gabe von VEGF als rekombinantes Protein führt zu einem signifikanten, dosisabhängigen Blutdruckabfall, der konsequenterweise die systemische Verwendung dieses Wachstumsfaktors nur eingeschränkt möglich macht (Yang et al. 1996).

3.1.2
Gentherapeutisch induzierte Angiogenese im koronaren Ischämiemodell

Die Vorteile der gentherapeutischen Strategien gegenüber der Therapie mit rekombinanten Proteinen liegen in einer besseren Verträglichkeit und einer länger anhaltenden, aber dennoch passageren Expression von Gefäßwachstumsfaktoren. Während virale Vektoren die Transfektionseffizienz erhöhen können und damit einen theoretischen Vorteil bieten, scheint eine derartige Verstärkung der Transfereffizienz beim Einsatz von Genprodukten wie VEGF weniger wichtig zu sein, da sie eine Signalsequenz besitzen, die eine aktive Sekretion aus intakten Zellen und damit einen parakrinen Effekt, auch Bystander-Effekt genannt, erlauben (Losordo et al. 1994).

Im Ratteninfarktmodell führte die Injektion von VEGF-DNA zu einer vermehrten Kollateralisierung, v.a. bei der Injektion in die ischämische Randzone eines Infarktareals (Schwarz et al. 1998, 2000). Die intramyokardiale Applikation eines adenoviralen $VEGF_{121}$-Vektors erlaubte einen deutlich effizienteren Gentransfer als die bloße intrakoronare Verabreichung, gemessen am lokalen Adenovirusgenomgehalt und der VEGF-Expression verschiedener myokardialer Regionen sowie der angiographischen Kollateralisierung im Ischämieareal (Lee et al. 2000). Linksventrikuläre elektroanatomische Mappingsysteme wurden zur gezielteren interventionellen und lokalen Applikation entwickelt, um eine bisher notwendige Thorakotomie zu umgehen. Es erfolgte bereits auf diese Weise die Verabreichung eines Gens, das für adenovirales $VEGF_{121}$ kodiert (Kornowski et al. 2000c). Die Sicherheit und Bioaktivität des intramyokardialen Gentransfers durch VEGF-2-

Plasmid (pVGI.1) wurde in einem Schweinemodell gezeigt. Das Plasmid führte zu einer signifikanten Zunahme der linksventrikulären Pumpfunktion und des myokardialen Blutflusses ohne nachteiligen Effekt auf den systemischen Kreislauf. Toxikologische Analysen der Gewebeverteilung des identischen Plasmids in einem intramyokardialen Ratteninjektionsmodell zeigten die Plasmid-DNA vornehmlich an der Injektionsstelle, wobei es nur zu einer sporadischen und zeitlich limitierten Verteilung in andere Gewebe, z.B. in die Gonaden, kam. Hier war es bei den intramyokardialen Injektionen aufgrund des kleinen, kontrahierenden Muskelvolumens am ehesten zu einer intrakavitären Fehlinjektion gekommen (persönliche Mitteilung von Cato Research USA/Vascular Genetics Inc.).

In einem Modell mit stressinduzierter Myokardischämie war durch die intrakoronare Injektion eines Adenovirus, das humanen FGF-5 exprimiert, die stressinduzierte Myokardfunktion und -durchblutung auch noch 12 Wochen nach dem Gentransfer gebessert (Giordano et al. 1996). Der adenovirusvermittelte Transfer von FGF-1 induzierte eine signifikante Angiogenese auch in der Abwesenheit einer chronischen Ischämie. Die so neu gebildeten Kollateralen führten zu einer Reduktion des Infarktareals bei anschließendem experimentellem Koronarverschluss (Safi et al. 1999).

3.1.3
Manipulation auf Stammzellebene im koronaren Ischämiemodell

Neuere Therapiestrategien basieren auf der Isolierung bzw. Mobilisierung und Beeinflussung von Endothelzellvorläufern, die eine Neovaskularisierung in ischämischen Muskelarealen induzieren und unterhalten können (Asahara et al. 1997; Takahashi et al. 1999). So führte z.B. die Implantation von autologen Knochenmarkzellen in ischämische Herzmuskelareale im chronisch ischämischen Ratten- bzw. Schweineherzmodell zu einer effektiven Kollateralisierung und zu einer funktionellen Myokardverbesserung (Kobayashi et al. 2000; Kornowski et al. 2000a). Es ist denkbar, solche ex vivo expandierten Vorläuferzellen gentechnologisch zu manipulieren, so dass sie noch wirkungsvoller einsetzbar sind.

3.2
Angiogenese im Beinischämiemodell

3.2.1
Angiogene rekombinante Proteine im Beinischämiemodell

Die Stimulation einer therapeutischen Angiogenese durch rekombinanten bFGF wurde in Beinischämiemodellen verschiedener Nager (Ratten, Kaninchen) demonstriert (Baffour et al. 1992; Chleboun et al. 1992). Dabei zeigte sich eine dosisabhängige Vermehrung von Kollateralen und eine Verbesserung der Gewebeoxygenierung und der Kapillardichte im Muskel. Die exogene Zufuhr von bFGF mittels osmotischer Miniaturpumpen über 7 Tage verstärkte die Kollateralenbildung an der Interponat-Muskel-Grenze (Bush et al. 1998). Die repetitive intravenöse und intramuskuläre Applikation von bFGF bewirkte eine signifikant vermehrte Kollateralenbildung 1 Woche nach Therapie in der ischämischen Extremität (Ibukiyama 1996).

Auch mit rekombinantem humanem VEGF ließ sich im Kaninchen-Beinischämiemodell eine therapeutische Angiogenese induzieren. Mittels einer 10-tägigen intramuskulären Applikation von VEGF konnte eine signifikante Vermehrung der Kollateralenbildung, der Kapillardichte und klinischer Parameter nachgewiesen werden (Takeshita et al. 1994a). Die selektive, einmalige intraarterielle Bolusinjektion von $VEGF_{165}$ ließ den Blufluss in Ruhe und unter Belastung innerhalb von 30 Tagen ansteigen (Bauters et al. 1994). Nachteilig wirkte sich bei der Gabe von VEGF-Protein der blutdrucksenkende Effekt durch die ausgeprägten vasodilatatorischen Eigenschaften von VEGF aus (Harada et al. 1996). Die kombinierte Applikation von VEGF mit bFGF zeigte einen synergistischen Effekt auf die Angiogenese und Arteriogenese in vivo (Asahara et al. 1995).

3.2.2
Gentherapeutisch induzierte Angiogenese im Beinischämiemodell

Die gentherapeutische Applikation erfolgte bisher meist in Form verschiedener Plasmide, die für $VEGF_{165}$ und VEGF-2 kodieren, und konnte in mehreren Beinischämiemodellen beim Kaninchen eine signifikante Angiogenese induzieren (Takeshita et al. 1996; Tsurumi et al. 1996; Witzenbichler et al. 1998). Dabei kam es nach der intraarteriellen oder intramuskulären Gabe der Plasmide zu einer Zunahme der histologischen Kapillardichte, der angiographischen Gefäßvermehrung und des Blutdrucks in der ischämischen Extremität im Vergleich zur Kontrollseite, in die das Plasmid eines Reportergens appliziert worden war. Sicherheitsuntersuchungen zeigten weder toxische Effekte noch eine Neoangiogenese in anderen – nichtbehandelten – Geweben. Eine permanente Präsenz von Plasmid-DNA konnte in entfernten Geweben nicht nachgewiesen werden. Auch durch eine streng lokale Applikation von liposomenkomplexierter $VEGF_{165}$-DNA mittels eines Nadelinjektionskatheters in eigenen Untersuchungen konnte in einem speziell hierfür entwickelten interventionellen Extremitätenverschlussmodell beim Schwein eine signifikante Neovaskularisierung erreicht werden, wobei hier nur etwa $^1/_{10}$ der sonst meist verwendeten DNA-Menge notwendig war (Nikol et al. 1999a, 2001). Eine systemische Kontamination war bei keinem der behandelten Tiere zu beobachten (Nikol et al. 1999a).

Neben der Verstärkung der Kollateralisierung erhöhte $VEGF_{165}$ die endothelabhängige Relaxation kollateraler Mikrogefäße nach intramuskulärem Transfer von Plasmid-DNA ($phVEGF_{165}$) bei Ratten (Takeshita et al. 1998). Auch bei Kaninchen wurde dieser Effekt nachgewiesen (Asahara et al. 1996). Diabetische Mäuse wiesen nach experimenteller Beinischämie eine signifikant beeinträchtigte Ausbildung einer nativen Neovaskularisierung im Vergleich zu nichtdiabetischen Kontrolltieren auf. Die geringere Neovaskularisierung war das Resultat einer niedrigeren VEGF-Expression in der ischämischen Muskulatur. Die intramuskuläre Applikation eines adenoviralen Vektors, der für VEGF kodierte, konnte bei diesen diabetischen Tieren eine Normalisierung des durch den Diabetes beeinträchtigten Neovaskularisierungsgrades bewirken, was eine Schlüsselrolle dieses Zytokins bei einem Hauptrisikofaktor der kritischen Beinischämie unterstreicht (Rivard et al. 1999b).

Die Transfektion iliofemoraler porciner Arterien mit einem FGF-1-Expressionsvektorplasmid durch direkten Gentransfer mittels Doppelballonkatheter führte neben einer Förderung der Neointimabildung auch zu einer signifikanten Angiogenese in der Neointima behandelter Arterien in vivo nach 21 Tagen (Nabel et al. 1993). Dieser proliferative und angiogene Effekt könnte die Neovaskularisierung atherosklerotischer Plaques stimulieren und damit den therapeutischen Effekt bei ischämischen Gefäßerkrankungen beeinträchtigen.

4
Klinische Studien zur therapeutischen Neoangiogenese

4.1
Klinische Studien bei der ischämischen Herzerkrankung

Die ermutigenden Daten aus den tierexperimentellen Studien führten zur Durchführung einer Reihe von klinischen Studien unter Verwendung von rekombinantem $VEGF_{165}$, aFGF, bFGF oder einer Gentherapie mit Plasmid-DNA, liposomenkomplexierter DNA oder adenoviralen Vektoren. Die Vorteile gentherapeutischer Strategien sind die Minimierung systemischer Nebenwirkungen, wie Blutdruckabfall (VEGF) oder Nephrotoxizität (bFGF), und die langsame Freisetzung des kodierten Faktors über mehrere Wochen, teilweise sogar Monate, was zu einem länger anhaltenden angiogenen Effekt führen kann.

4.1.1
Angiogene rekombinante Proteine in der klinischen Behandlung der therapierefraktären Angina pectoris

Die erste publizierte Studie über den Einsatz von aFGF („acidic fibroblast growth factor"/FGF-1) als adjuvante Therapie bei Bypassoperation wurde von Schumacher et al. vorgelegt. Bei 20 Patienten mit koronarer Dreigefäßerkrankung wurde nach Anlage eines Mammariabypassgefäßes im Bereich der Anastomose aFGF (0,01 mg/kg KG) injiziert; nach 12 Wochen und im Langzeitverlauf nach 3 Jahren wurde eine signifikante angiographische Neovaskularisation neben einer Verbesserung der Beschwerden beobachtet (Schumacher et al. 1998a, b). In einer weiteren kontrollierten Phase-I-Studie aus den USA konnten eine klinische Verbesserung sowie eine verbesserte myokardiale Perfusion bei Patienten, die keine Kandidaten für eine Standardrevaskularisation waren, durch die adjuvante Applikation von FGF im Rahmen der Bypassoperation erreicht werden (Laham et al. 1999b). Dabei wurde ein FGF-enthaltendes Heparinalginat in das epikardiale Fettgewebe in verschiedenen Regionen der nicht revaskularisierbaren Myokardregionen sowie distal der anastomosierten Bypassgefäße implantiert. In einer Studie mit 8 Patienten traten keine renalen, hämatologischen oder hepatisch toxischen Effekte auf. Bei 7 Patienten kam es zu einer signifikanten Verbesserung der kontraktilen Funktion nach 3 Monaten. Bei einem Patienten resultierte ein Myokardinfarkt in dem Areal der bFGF-Administration (Sellke et al. 1998). Eine Phase-I-Studie (Unger et al. 2000) demonstrierte bei Patienten mit stabiler Angina pectoris im Dosisbereich von 3–30 µg/kg KG eine gute Verträglichkeit des Zytokins, wogegen im höheren Dosisbereich (30–100 µg/kg KG) gehäuft Nebenwirkungen (Blutdruckabfall, Bradykardie) auftraten. In der FIRST-Studie (Laham et al. 1999a) (n = 337) zeigte sich jedoch beim Vergleich von bFGF mit Placebo kein signifikanter Unterschied bei der Analyse des primären Endpunktes in der Ergometrie.

Eine umfangreichere Phase-II-Studie (VIVA-Studie), in der der Effekt einer intrakoronaren Gabe von rhVEGF gegenüber Placebo verglichen wurde, zeigte in einer Subgruppenanalyse eine verbesserte myokardiale Perfusion nach 30 und 60 Tagen (Hendel et al. 2000). Im 50-Tage-Verlauf war allerdings bei der Beurteilung des primären Endpunktes mittels Ergometrie der Placeboarm überlegen (Henry et al. 1999).

4.1.2
Gentherapeutisch induzierte Neoangiogenese in der Behandlung der therapierefraktären Angina pectoris

Bei Patienten mit therapierefraktärer Angina pectoris (CCS-Klasse III oder IV) und szintigraphisch nachweisbarer reversibler Myokardischämie konnte mittels einer linksanterioren Minithorakotomie erfolgreich $pVEGF_{165}$ eingebracht werden (20 Patienten, Dosisbereich 125 µg und 250 µg pVEGF). Die Therapie in dieser Phase-I-Studie war sicher und führte bei 16 Patienten zu einer symptomatischen Besserung 90 Tage postoperativ und zu einer Verminderung der szintigraphisch nachweisbaren Ischämie am Tag 60 bei 13 von 17 nachbeobachteten Patienten. Ein angiographisch dokumentierbares Kollateralgefäßwachstum war bei allen Patienten nachweisbar (Losordo et al. 1998; Symes et al. 1999). Insgesamt wurden 72 Patienten innerhalb von Phase-I-Studien auf diese Weise mit dem intramyokardialen Plasmid-VEGF-Gentransfer behandelt. Andere Phase-I-Studien berichten über einen sicheren adenoviralen Gentransfer mit Expression von $VEGF_{121}$. Hierbei wurde der adenovirale Vektor intramyokardial adjuvant im Rahmen der koronaren Bypassoperation (n = 15) bzw. über eine Minithorakotomie (n = 6) bei insgesamt 21 Patienten verabreicht (Rosengart et al. 1999a, b, c). Neben der operativen Verabreichung von angiogenen Wachstumsfaktoren war auch eine epikardiale Gabe mittels Thorakoskopie erfolgreich (adenoviraler Gentransfer, $VEGF_{121}$) (Rosengart et al. 1999c).

Ein weiterer zukunftsweisender Ansatz eines intramyokardialen Gentransfers ist die kathetervermittelte Applikation mittels linksventrikulärem elektroanatomischem Mapping, das die Identifizierung vitaler bzw. ischämischer Myokardareale und die gleichzeitige Applikation von Genen über eine 27G-Nadel direkt in das Myokard erlaubt (NOGA™-System, Fa. Biosense Webster) (Vale et al. 1999a, b). Im Rahmen einer Phase-I-Studie wurden auf diese Weise bisher 13 Patienten mit chronischer stabiler Angina erfolgreich behandelt, wobei die Ischämiezone nach dem $phVEGF_{165}$-Gentransfer signifikant reduziert werden konnte. Diese Befunde korrespondierten mit einer entsprechenden szintigraphischen Perfusionsverbesserung (Vale et al. 2000). Die perkutane Applikation eines VEGF-2-Plasmids wurde ebenfalls mit dieser Technik beschrieben (Vale et al. 1999a). Die Beurteilung dieses Verfahrens im Rahmen einer Phase-II-Studie ist derzeit geplant. Die interventionellen Applikationstechniken bieten den Vorteil einer minimalen Invasivität gegenüber einem (wenn auch nur kleinen) operativen Eingriff, was besonders bei primären Therapieansätzen (als therapeutische Neoangiogenese ohne zusätzliche Bypassoperation etc.) zum Tragen kommt (Kornowski et al. 2000b).

Bislang fehlt es jedoch an kontrollierten Daten. In einer umfangreichen multizentrischen, offen gelegten Dosissteigerungsstudie soll daher die Effizienz einer intramyokardialen Gentherapie mit VEGF-2 bei therapierefraktären Patienten mit stabiler Belastungsangina, die nicht für andere Revaskularisierungsmaßnahmen geeignet sind, geprüft werden. Es handelt sich um eine von der FDA (Food and Drug Administration) genehmigte Phase-IIa-Studie mit Dosissteigerung bei insgesamt 60 Patienten. Die ersten 30 Patienten wurden in den USA

Tabelle 2. Therapeutische Neoangiogenese bei Myokardischämie: klinische Studien

Untersucher	Behandlung (Vektor/Protein)	Verabreichung	Studienart	Patientenzahl
Isner (Losordo et al. 1998; Symes et al. 1999)	Plasmid-DNA (phVEGF$_{165}$)	Intramyokardial (Thorakotomie)	Phase I, nicht kontrolliert	5/20
Sylvén	Plasmid-DNA VEGF-A	Intramyokardial (Thorakotomie)	Phase I	5[a]
Rosengart (Rosengart et al. 1999b)	Adenovirus VEGF$_{121}$	Intramyokardial während Bypassoperation	Phase I	21[a]
Engler, Collateral Therapeutics Inc., Berlex Labs. Inc.	Adenovirus FGF-4	i.c.	Phase I	[a]
Isner, Vascular Genetics Inc.	Plasmid-DNA (pVGI.1/VEGF-2)	Intramyokardial	Phase I	18
Isner, Vascular Genetics Inc.	Plasmid-DNA (pVGI.1/VEGF-2)	NOGA™-System	Phase I	4[a]
Schuhmacher (Schumacher et al. 1998a)	rhFGF-2	Intramyokardial während Bypassoperation	Phase I	20
Simons (Laham et al. 1999b)	rhFGF-2	Periarteriell während Bypassoperation	Phase I	24
Simons/Chiron Corp. (Laham et al. 1999a)	rhFGF-2	i.c.	Phase I/II	52/66
Simons/Chiron Corp.	rhFGF-2	i.v.	Phase II	14
Genentech Inc. (Hendel et al. 2000; Henry et al. 1999)	rhVEGF	i.c. und i.v.	Phase III	14/178
Simons (Udelson et al. 2000)	rhFGF-2	i.c. und i.v.	Phase II	59[a]

(ph)VEGF (plasmid human) vascular endothelial growth factor; *rhFGF* (recombinant human) fibroblast growth factor; *i.c.* intracoronar; *i.v.* intravenös; *i.m.* intramuskulär; *LacZ* Reportergen β-Galaktosidase. [a] Studie läuft z.Z. noch, nicht veröffentlichte Daten.

bereits in die Studie aufgenommen. In Europa werden sich mindestens 2 Zentren daran beteiligen. Primäre Endpunkte zur Therapiesicherheit sind dabei Häufigkeit, Schwere und Dauer behandlungsbedingter unerwünschter Wirkungen. Weiterhin werden die Veränderung der Anginaklasse und die klinische Belastungsfähigkeit im Verlauf (12 Monate nach Therapie) mit der Situation vor erfolgter Therapie verglichen. Eine Placebokontrolle ist aufgrund des operativen Vorgehens aus ethischen Gründen nicht vorgesehen. In 2 weiteren geplanten Studien mit jeweils 60 Patienten ist der Vergleich mit einer Placebokontrollgruppe sowohl für die chirurgische Applikation als auch für die interventionelle Applikation mittels elektroanatomischem Mappingkatheter vorgesehen (Tabelle 2).

4.2 Klinische Studien bei der chronischen peripheren arteriellen Verschlusskrankheit

4.2.1 Rekombinante Wachstumsfaktoren in der Behandlung der kritischen Beinischämie

Lazarous et al. (1998) publizierten vorläufige Ergebnisse einer placebokontrollierten, doppelblinden Dosiseskalationsstudie (Phase I) mit bFGF, bei der intraarteriell in das ischämische Bein appliziert (A. femoralis) wurde (Placebo n = 6, FGF insgesamt n = 13). Sie zeigten die Sicherheit von bFGF-Applikationen bei Patienten mit Claudicatio intermittens, die intraarterielle Applikation wurde gut toleriert.

4.2.2 Klinische Gentherapiestudien bei der kritischen Beinischämie

Klinische Studien zur Angiogeneseinduktion wurden v.a. mit dem Plasmid von $VEGF_{165}$ ($phVEGF_{165}$) durchgeführt. Es handelte sich bislang meist um Phase-I-Studien, bei denen v.a. die Sicherheit und weniger die Effizienz des DNA-Plasmids, das für $VEGF_{165}$ kodiert, bei Patienten mit kritischer Beinischämie untersucht wurde. Auf die Verwendung von viralen Vektoren oder nichtviralen Helfersubstanzen zur Erhöhung der

Transfereffizienz wurde durchweg verzichtet. Insgesamt wurden mindestens 55 Patienten mit kritischer Beinischämie intramuskulär mit 0,1–2 mg bzw. mit 2–4 mg phVEGF$_{165}$ Plasmid behandelt (Baumgartner et al. 1998; Isner et al. 1996a, b). Alle Studien zeigten eine sichere Anwendung des intramuskulären Gentransfers mit Plasmid-DNA sowie eine klinische Verbesserung bei einem Teil der Patienten, wobei die Durchblutung der behandelten Beine gesteigert werden konnte und ischämische Ulzera besser abheilten. Die Abnahme der Größe bzw. Anzahl der Ulzera machte teilweise bereits indizierte Amputationen unnötig oder diese konnten begrenzter als ursprünglich vorgesehen durchgeführt werden. In einer Studie mit 22 Patienten wurde eine klinische Besserung der ischämieassoziierten peripheren Neuropathie bereits nach 3 Monaten beobachtet (Simovic et al. 1999). Bei Sonderformen der Beinischämie wie der entzündlichen Thrombangiitis obliterans (Morbus Winiwarter-Buerger) erwies sich eine 2-malige intramuskuläre Applikation von VEGF$_{165}$-Plasmid (2 und 4 mg DNA) als erfolgreich (Isner et al. 1998).

Die Plasmid-DNA wurde meist lokal in den Skelettmuskel des ischämischen Beins injiziert. Erhöhte VEGF-Spiegel konnten im Plasma mittels ELISA noch 1–3 Wochen nach der intramuskulären Genapplikation nachgewiesen werden (Baumgartner et al. 1998). Es kam lediglich im ischämischen Bein zu einer verstärkten Kollateralenbildung, nicht jedoch in anderen, nichtischämischen Geweben. Dies ist wahrscheinlich auf die kurze Plasmahalbwertszeit von VEGF und die Rezeptorvermehrung in den ischämischen Geweben zurückzuführen (Brogi et al. 1996; Tuder et al. 1995).

Neben der intramuskulären Applikation von gentherapeutischen Vektoren sind die lokale interventionelle und die adventitielle Applikation von Genkonstrukten mit oder ohne liposomale oder virale Vektoren weitere Optionen zur Induktion einer therapeutischen Angiogenese. Die Applikation kann dabei über silastische oder bioabbaubare Gefäßummantelungen, bioabbaubare Gele oder als direkte Applikation in die Adventitia erfolgen. Der adventitielle Gentransfer kann v.a. bei denjenigen Patienten sinnvoll sein, die ohnehin eine operative oder endovaskuläre Behandlung der peripheren Gefäße erhalten. Die ersten von Isner et al. behandelten Patienten erhielten das VEGF$_{165}$-Gen transluminal über einen mit Hydrogel beschichteten Ballonkatheter (Isner et al. 1996a). Nur ein kleiner Anteil des in der Hydrogelschicht aufgenommenen Plasmids (um 5%) erreichte tatsächlich den Wirkort, so dass von Isner im weiteren Verlauf die intramuskuläre Injektion favorisiert wurde. In Europa (Finnland) wurden bislang mindestens 55 Patienten über einen Infusions-Perfusions-Katheter (Dispatchkatheter) nach peripherer Angioplastie mit einem lokalen vaskulären Gentransfer behandelt, um u.a. die Transfizierbarkeit arteriosklerotischen Gewebes zu untersuchen. Acht Patienten wurden mit adenoviralem LacZ-Transfer für ein nicht therapeutisches Reportergen, 47 Patienten mit liposomalem oder adenoviralem VEGF-Transfer, z.T. kontrolliert, randomisiert und doppelblind behandelt (Laitinen et al. 1998; Makinen et al. 1999). Eine weitere Studie wird derzeit bei Patienten mit kritischer Beinischämie multizentrisch in mehreren Kliniken Finnlands durchgeführt. Hier erfolgt die adventitielle Freisetzung von liposomenkomplexiertem Plasmid für VEGF-1 über ein biodegradierbares Reservoir (Yla-Herttuala u. Martin 2000).

Mit dem Plasmid pVGI.1, das VEGF-2 kodiert, wurden bislang mindestens 31 Patienten in Phase-I-Studien (Dosis: 2–8 mg Plasmid) behandelt. Bei einem Teil der Patienten konnte eine Reduktion der Ruheschmerzintensität, der Häufigkeit der Schmerzepisoden sowie der Verwendung von Schmerzmitteln beobachtet werden. Zu einer klinischen Verschlechterung, die häufig im fortgeschrittenen Stadium der kritischen Beinischämie zu beobachten ist, kam es dagegen nur in wenigen Fällen, so dass Gliedmaßenamputationen nur bei insgesamt 3 Patienten vorgenommen werden mussten (nicht publizierte Daten). Bei $1/3$ der Patienten kam es zu einem geringen Ödem im Bereich des behandelten Beins, das bei $1/10$ der Patienten nach Abschluss der Nachbeobachtungszeit noch persistierte; insgesamt war die Ödembildung aber geringer als nach Einsatz von $VEGF_{165}$. Seltene Nebenwirkungen waren passagere Erytheme oder lokale Beschwerden. Schwere Nebenwirkungen, die in Verbindung mit der Plasmidgabe bzw. der VEGF-Genexpression standen, traten nicht auf. Einschränkend muss bei den meisten dieser ersten peripheren Gentherapiestudien erwähnt werden, dass es sich größtenteils um Phase-I-Studien handelte, bei denen das primäre Ziel der Nachweis der Therapiesicherheit war, während die Therapieeffizienz nur sekundär im Rahmen der Dosisfindung gezeigt werden sollte.

Aufgrund der bisherigen ermutigenden, jedoch unkontrollierten Daten bezüglich der Sicherheit und der Effizienz der therapeutischen Angiogenese durch pVGI.1 wurden mehrere multizentrische Phase-II-Studien initiiert, in deren Rahmen jetzt placebokontrolliert und dop-

Tabelle 3. Therapeutische Neoangiogenese bei Beinischämie: klinische Studien

Untersucher	Behandlung (Vektor/Protein)	Applikation	Studienart	Patientenzahl
Isner (Baumgartner et al. 1998)	Plasmid-DNA (phVEGF165)	i.m.	Phase I, nicht kontrolliert	9
Isner (Isner et al. 1998)	Plasmid-DNA (phVEGF165)	i.m.	Phase I, nicht kontrolliert	8
Isner (Rosengart et al. 1999c)	Plasmid-DNA (phVEGF165)	i.m.	Phase I, nicht kontrolliert	6
Isner (Isner et al. 1996a)	Plasmid-DNA (phVEGF165)	Hydrogelbeschichteter Ballon	Phase I, nicht kontrolliert	8
Ylä-Herttuala (Laitinen et al. 1998)	Adenovirus (LacZ)	Infusions-Perfusionskathether	Phase I, 2 Kontrollpatienten	10
Ylä-Herttuala	Liposomen, Adenovirus (VEGF-A)	Infusions-Perfusionskathether	Phase I, kontrolliert	Mindestens 47[a]
Eurogene Ltd	Plasmid/Liposomen (VEGF-A)	Biodegradable Reservoir		[a]
RPR Gencell	Plasmid-DNA (pCOR/FGF-1)	i.m.		[a]
Isner, Vascular Genetics Inc.	Plasmid-DNA (pVGI.1/VEGF-2)	i.m.	Phase II, kontrolliert	Mindestens 31[a]
Isner	Plasmid-DNA (pVGI.1/VEGF-2)	i.m.	Phase I, kontrolliert	13[a]
Collateral Therapeutics Inc./Schering AG	Adenovirus (FGF-4)	i.m.		[a]
Lazarous (Lazarous et al. 1998)	Rekombinantes Protein (rhFGF-2)	i.v.		15

(ph)VEGF (plasmid human) vascular endothelial growth factor; *i.m.* intramuskulär; *LacZ* Reportergen β-Galaktosidase; *(rh)FGF* (recombinant human) fibroblast growth factor. [a] Studie z.Z. noch nicht abgeschlossen, nicht veröfffentlichte Daten.

pelblind randomisiert die Wirksamkeit der VEGF-2-Plasmidapplikation in verschiedenen Dosen bei Patienten mit kritischer Beinischämie überprüft werden soll. Zielparameter sind dabei v.a. klinische Parameter wie die Ulkusentwicklung und -abheilung, die Veränderung der subjektiven Beschwerden sowie der Einfluss auf die Amputationsfrequenz und auf die Veränderung der Gehstrecke. Zusätzlich werden bei einem Teil der Patienten auch angiographische Kriterien beurteilt. In einer vorläufigen Auswertung mit 13 Patienten wurde placebokontrolliert (3:1) eine Verbesserung der Kollateralisierung und der Perfusion der behandelten Gliedmaßen unter intramuskulärer VEGF-2-Genverabreichung beschrieben (Rauh et al. 1999). Wie die vorläufige Analyse der mit pVGI.1 bzw. Placebo behandelten Patienten zeigte, war die Mortalität in der Verumgruppe identisch mit der in der Placebo-Gruppe (persönliche Mitteilung von Cato Research USA/Vascular Genetics Inc.) und insgesamt deutlich geringer, als bei Patienten mit kritischer Beinischämie erwartet wurde.

Andere Multicenterstudien, die den Effekt von Vektoren untersuchen, die für FGF-4 (Adenovirus, intramuskulärer Transfer) oder FGF-1 (Plasmid, intramuskulärer Transfer) kodieren, werden derzeit in Europa (Collateral Therapeutics/Schering AG) und in den USA (RPR Gencell) durchgeführt (Yla-Herttuala u. Martin 2000) (Tabelle 3).

5
Sicherheitsaspekte beim Einsatz der therapeutischen Angiogenese

Zur Minimierung theoretischer Gefahren – z.B. der potenziellen, bisher aber weder bei Tieren noch Patienten gesicherten Begünstigung von Tumoren durch Neovaskularisierung unter angiogener Therapie – ist bei klinischen Studien auf eine sorgsame Überprüfung der Patienten hinsichtlich einer möglichen Tumoranamnese und auf eine entsprechend umfangreiche Bildgebung zu achten. In einer größeren Phase-III-Studie mit rhVEGF traten nur in der Placebogruppe (n = 63) bei 3 Patienten Tumoren auf. Bei einem Patienten wurde eine Retinopathie beobachtet, nicht jedoch in den Verumgruppen (n = 56 und 59) (Henry et al. 1999). Im Rahmen des humanen VEGF-Gentransfers konnten erhöhte VEGF-Spiegel im Plasma mittels ELISA noch 7 bzw. 21 Tage nach der intramuskulären Genapplikation nachgewiesen werden. Dennoch wurde bei keinem der Patienten eine Zunahme einer Retinopathie oder eine Neuentwicklung eines bis dahin nicht diagnostizierten Tumors beobachtet (Baumgartner et al. 1998; Symes et al. 1999). Es kam ausschließlich im ischämischen, behandelten Bein bzw. im Myokard zu einer verstärkten Kollateralenbildung, nicht jedoch in anderen, nichtischämischen Geweben. Dies ist wahrscheinlich auf die kurze Plasmahalbwertszeit von VEGF und die gesteigerte Rezeptorexpression in ischämischen Geweben zurückzuführen (Brogi et al. 1996). In einem Fall mit intramyokardialer VEGF-Genapplikation war ein Lungenkarzinom vor Gentherapie nicht sicher diagnostiziert worden (persönliche Mitteilung von Cato Research). Im weiteren Verlauf kam es zur Tumorprogression, wobei aber unklar bleiben wird, ob dies ein Effekt der Gentherapie war oder eher der natürliche Verlauf, da die Prognose von Patienten mit Lungenkarzinom generell schlecht ist.

In wenigen Fällen kam es unter den behandelten Patienten zu Todesfällen (intramuskulärer pVGI.1/VEGF-2-Transfer bei kritischer Beinischämie), die allerdings nicht mit der Therapie assoziiert waren. Patienten mit kritischen Beinischämien weisen in der Regel eine generalisierte Gefäßsklerose auf und nicht selten besteht auch eine koronare Herzkrankheit. Die 1-Jahresmortalität beträgt bei diesen Patienten mehr als 25% (Wolfe u. Wyatt 1997). Die vorläufige Analyse der mit pVGI.1 bzw. Placebo behandelten Patienten zeigte eine identische Mortalität in Verum- und Placebogruppe, die geringer war als im Studienkollektiv erwartet (persönliche Mitteilung von Cato Research). In einer Phase-I-Studie (phVEGF$_{165}$, intramyokardial) wurde ein nicht therapieassoziierter Todesfall nach 4 Monaten beobachtet. Es kam bei keinem der 17 nachbeobachteten Patienten zu einem perioperativen Infarkt oder einer hämodynamischen Verschlechterung (Losordo et al. 1998; Symes et al. 1999). Unter rhFGF-2-Therapie (n = 8) wurden weder renale noch hämatologische noch hepatische toxische Effekte beobachtet. Bei einem Patienten kam es allerdings zu einem Myokardinfarkt im Areal der bFGF-Proteingabe (Sellke et al. 1998).

Beim Einsatz gentherapeutischer Strategien sollte auf möglichst sichere Vektorsysteme und eine möglichst lokale Applikation geachtet werden, um das Auftreten schwerer Nebenwirkungen wie z.B. beim adenovirusvermittelten Gentransfer auszuschließen (Lehrman 1999). Durch eine streng lokale Applikation von liposomenkomplexierter VEGF$_{165}$-DNA mithilfe eines Nadelinjektionskatheters konnte die Plasmid-DNA-Transfektionsdosis beispielsweise um 90% gesenkt werden (bei signifikant vermehrter Kollateralgefäßbildung), wobei eine systemische Kontamination bei keinem der behandelten Tiere zu beobachten war (Nikol et al. 1999a). Toxikologische Analysen der Gewebeverteilung von phVEGF165 in einem intramyokardialen Ratteninjektionsmodell führten vornehmlich an der Injektionsstelle zum Nachweis von Plasmid-DNA. Eine Verteilung in andere Gewebe, z.B. in die Gonaden, gab es dabei nur sporadisch und zeitlich limitiert. Hier war es aufgrund des kleinen, kontrahierenden Muskelvolumens von Rattenherzen am ehesten zu einer intrakavitären Fehlinjektion gekommen (persönliche Mitteilung von Cato Research). Die am häufigsten dokumentierte unerwünschte Wirkung beim VEGF-Gentransfer war das Auftreten von vorübergehenden peripheren Ödemen unter $VEGF_{165}$ (Baumgartner et al. 2000).

6
Lokale Applikationssysteme für den kardiovaskulären Bereich

6.1
Modifizierte Ballonkatheter

Die im Folgenden beschriebenen Katheter zur lokalen Medikamentenapplikation sind in Abb. 2 dargestellt.

6.1.1
Doppelballon

Das Konzept eines Doppelballonkatheters („double balloon") wurde bereits von Andreas Gruentzig 1983 initiiert (Gonschior et al. 1996; Riessen u. Isner 1994). Der Katheter hat 2 inflatierbare Ballonkammern. Bei Inflation entsteht zwischen den beiden Ballonkammern ein Areal, das über ein eigenständiges Injektionslumen verfügt, das zur Applikation der Substanz dient. Nachteilig ist allerdings die Länge der Kammer (>25 mm), die eine Okklusion der vaskulären Strombahn während der Anwendung bedingt. Insbesondere in Koronararterien besteht die Gefahr, dass toxische Substanzen über Seitenäste abfließen. Die effektive Einbringung von Substanzen in alle Wandschichten des Gefäßes ist geringer als bei vielen anderen lokalen Applikationssystemen (Gonschior et al. 1995b).

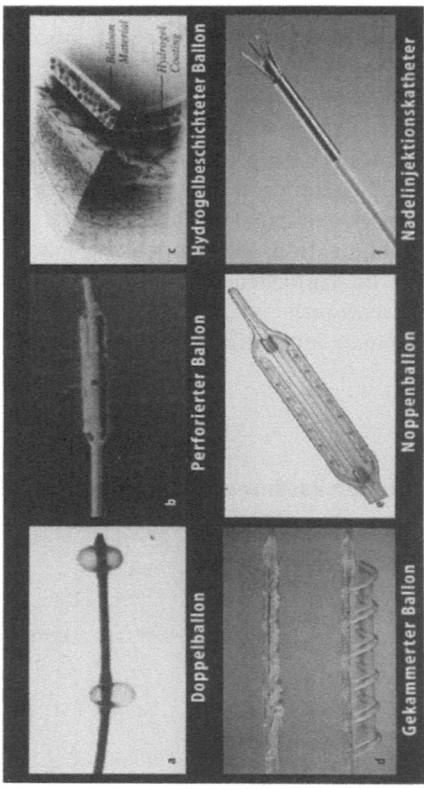

Abb. 2a–f. Kathetersysteme zur lokalen Medikamentenapplikation. **a** Doppelballonkatheter, **b** perforierter Ballonkatheter, **c** hydrogelbeschichteter Ballonkatheter, **d** gekammerter Ballonkatheter, **e** Noppenkatheter, **f** Nadelinjektionskatheter. (Mod. nach Nikol u. Höfling 1996)

6.1.2
Poröser Ballon

Das System des porösen Ballons („porous balloon", „perforated balloon") besteht im Wesentlichen aus einem herkömmlichen Ballonkatheter, in den Poren eingebracht werden. Durch Inflation wird über diese Poren eine Substanz in die Gefäßwand appliziert. Dieses System wurde zuerst von Wolinsky beschrieben und als perforierter Ballonkatheter oder „porous balloon" bezeichnet (Wolinsky u. Thung 1990). Bereits während der Inflation des Ballons geht Substanz durch Leckage verloren. Analysen zeigten, dass von einem radioaktiv markierten Stoff weniger als 1% in der behandelten Gefäßwand nachgewiesen werden konnte. Eine weitere Ursache für die geringe Effektivität ist das Abfließen der Wirkstoffe in die Seitenäste sowie in das distale Perfusionsgebiet.

Untersuchungen zeigten, dass die Parameter Inflationsdruck, Porengröße und Positionierung des Ballons die Effektivität der Substanzapplikation beeinflussen. Untersuchungen mit unterschiedlichen Porendurchmessern ergaben z.b. einen zunehmenden Auswascheffekt bei größeren Poren. Bei kleineren Poren kann die Substanz nur mit höherem Druck appliziert werden, so dass es zu vermehrten Gefäßwandverletzungen und reaktiver Gewebehyperplasie kommt (Gonschior et al. 1996). Nachteile sind eine inhomogene Einbringung in die Gefäßwand und Gefäßwandverletzungen bei hohem Inflationsdruck. Die arterielle Alteration ist deshalb abhängig von Zahl und Größe der Poren.

Eine Variante des porösen Ballons wird von innen durch eine stentähnliche Struktur gestützt. Es entsteht ein enger Ballon-Gefäß-Kontakt, der das distale Abfließen der Substanz möglichst gering hält (Wilensky et al. 1995). Studien mit radioaktiven Mikropartikeln in hypercholesterinämischen Kaninchenarterien zeigten, dass ein wesentlicher Anteil der Mikropartikel dementsprechend im Bereich außerhalb der Membrana elastica externa detektierbar war. Der Substanzverlust ist bei einem stentgestützten porösen Ballon geringer (Gonschior et al. 1995b). Regionale Verteilungseffekte im perivaskulären Gebiet und in der distalen Strombahn müssen stets in Betracht gezogen werden. Um Gewebeschäden zu vermeiden, werden Makroporen verwendet (Wilensky et al. 1995). Experimentell wurde dieses Kathetersystem mit der hoch dosierten systemischen Injektion verglichen und zeigte in der Intima 5 min nach Applikation die insgesamt höchste Fluoreszenzrate. Innerhalb der nächsten 30 min war eine Abnahme der Fluoreszenzintensität um >50% zu verzeichnen. Die Gefäßwand stünde somit weder „transmural" noch anhaltend unter dem Einfluss des Pharmakons.

Der mikroporöse Ballon ist von einer zweiten Ballonhülse ummantelt. Diese Ballonhülse ist mit einer Vielzahl kleiner (0,8 µm) Poren versehen (Riessen u. Isner 1994). Dadurch werden druckbedingte Gefäßwandschäden reduziert. Eine Vielzahl an experimentellen Daten zeigt eine ähnlich geringe Effektivität und Verteilungscharakteristik wie bei den anderen porösen Ballonsystemen. Ausgeprägte Gewebeschäden konnten hingegen nicht nachgewiesen werden.

6.1.3
Ballon mit Infusionskanälen

Das System des Ballons mit Infusionskanälen („channeled balloon") besteht aus einem Angioplastieballon, auf dessen Oberfläche 24 einzelne Kanäle angeordnet sind. Jeder Kanal ist mit einer Pore versehen. Die Kanäle sind helikal um den Ballon angeordnet und haben jeweils einen eigenen Inflationskanal (Gonschior et al. 1996). Der Entfaltungsdruck für den Ballon dient dazu, die Infusionskanäle mit der Arterienwand in Kontakt zu bringen. Der Inflationsdruck des Ballons und der Applikationsdruck der Substanz sind also unabhängige Parameter. Eine mögliche systemimmanente Problematik besteht darin, dass sich ein Reservoir mit Wirksubstanz ansammelt und später nach der Deflation des Ballons unkontrolliert ausgewaschen wird.

6.1.4
Manschettenballon

Beim System des Manschettenballons („infusion sleeve") wird ein Katheter mit einer perforierten Manschette über einen Ballonangioplastiekatheter eingeführt und nach der Angioplastie über den Ballon vorgeschoben (Riessen u. Isner 1994). Der Angioplastieballon wird mit niedrigem Druck erneut entfaltet, so dass sich die übergezogene Manschette ausdehnt und mit der Arterienwand in Kontakt kommt. Obwohl mit diesem Prinzip Inflationsdruck und Applikationsdruck voneinander getrennt sind, bedarf es zur transmuralen Verteilung der Substanz eines hohen Inflationsdrucks. Somit weist auch dieser Kathetertyp die wesentlichen Nachteile anderer druckbetriebener Kathetersysteme auf. Erste klinische Anwendungsbeobachtungen nach lokaler Heparingabe liegen bereits vor.

6.1.5
Beschichteter Ballon

Der Hydrogelballon („hydrogel-coated balloon") ist ein mit absorbierbarem hydrophilem Gel beschichteter Angioplastieballon. In das Gel können verschiedene therapeutische Substanzen eingebracht werden, die nach Kontakt mit der Gefäßwand abgegeben werden. Wird mit diesem Ballon eine antithrombotisch wirksame Substanz in das Gefäß eingebracht, ist das Resultat eine Verringerung der lokalen Thrombozytenaggregation nach der balloninduzierten Verletzung (Riessen u. Isner 1994). Lokale Heparingabe mit dieser Methode führte zu einer geringeren Proliferation glatter Muskelzellen. Oligonukleotide, DNA und an Adenoviren gekoppelte DNA wurden ebenfalls erfolgreich in die Gefäßwand appliziert (Riessen u. Isner 1994). Da bei diesem Verfahren ein einfacher Angioplastiekatheter verwendet wird, kann die entsprechende Substanz gleichzeitig mit der therapeutischen Intervention appliziert werden. Durch die Schutzhülle über dem Ballon wird während der Ballonpositionierung das Abfließen der Substanz durch den Blutstrom verhindert. Während der Inflation des Ballons findet jedoch ein nachweisbarer Auswascheffekt der Substanz von der Ballonoberfläche und aus der angrenzenden Gefäßwand statt. Dies führt letztendlich zu einer sehr geringen lokalen Substanzkonzentration und zu einer minimalen transmuralen Penetration.

6.1.6
Infusionsspirale

Die Infusionsspirale („dispatch catheter", „chamber balloon") besteht aus einem Katheter, der um eine tubuläre Struktur gewickelt ist (Gonschior et al. 1996). Schon bei geringem Druck kommt die Spirale nach der Entfaltung in engen Kontakt mit der arteriellen Gefäßwand. Zwischen den Spiralenwicklungen entstehen kleine Kammern, in die die Substanz appliziert wird, die dann transmural diffundiert. Als ein partieller Vorteil ist die Tatsache anzusehen, dass der Katheter mit einem Perfusionskanal ausgestattet ist und einen antegraden Blutfluss erlaubt. Somit wird die arterielle Perfusion distal des Applikationssystems während der Substanzadministration aufrechterhalten. Neuere klinische Studien zeigen jedoch, dass nur 75% der Patienten die Anwendung dieses Katheters ohne Ischämie tolerieren. Das in der Applikationszeit eingebrachte Substanzvolumen beträgt etwa 20 ml, ein beträchtlicher Anteil der ursprünglich infundierten Substanzmenge muss demnach bei diesem System abgeschwemmt werden. Klinische Anwendungen mit Antikoagulanzien zeigten bei akuten Gefäßverschlüssen positive Effekte in Bezug auf die subakute Offenheitsrate und entsprechende nichtinvasive Ischämieparameter. Allerdings konnte im Vergleich zu Kontrollgruppen mit Kochsalzinfusion kein klinisch signifikanter Unterschied gefunden werden. Ein unspezifischer Einfluss auf die zelluläre Adhäsion im behandelten Segment bzw. durch den mechanischen Schutz ist demnach nicht auszuschließen. Festzuhalten ist, dass keine nennenswerte lokale intra- oder transmurale Pharmakoanreicherung dokumentiert werden konnte.

6.2
Modifizierte Stents

Stents können ebenfalls als Vehikel für eine lokale Medikamentenapplikation verwendet werden und bieten den Vorteil einer längeren Verweildauer des gewählten Pharmakons.

6.2.1
Resorbierbare Stents

Resorbierbare Stents sind aus Polymeren bestehende Stents, die als Träger für eine kontrollierte Substanzfreisetzung verwendet werden (Gonschior et al. 1996). Gerade Polyaktide scheinen hierfür ein geeignetes Medium zu sein, da die Dauer der Substanzabgabe über die Variation des Molekulargewichts verändert werden kann. Selbstauflösende Stents rufen andererseits eine starke Entzündungsreaktion hervor bzw. führen durch eine inhomogene Auflösung im Gefäßlumen zu einer distalen Embolisation. Stents, die nach einer gewissen Liegedauer wieder aus dem Gefäß entfernt werden, könnten möglicherweise die Langzeitprobleme reduzieren, die durch anhaltende mechanische Scherkräfte in der Gefäßwand („shear stress") durch Stents entstehen.

6.2.2
Beschichtete Stents

Der beschichtete Stent ist eine gute Möglichkeit, die Substanz anhaltend und ohne zusätzliche Verletzungen mit der Gefäßwand in Kontakt zu bringen (Gonschior et al. 1996). Manche Nebenwirkungen könnten durch eine Beschichtung mit Fibrin oder anderen Polymeren verringert werden. Erste Anwendungen von fibrinbeschichteten Stents zeigten jedoch, dass die unerwünschte Gewebehyperplasie eher verstärkt wurde.

Das Konzept des beschichteten Stents kann auch in Kombination mit Gentherapieansätzen angewandt werden. So könnten Antisense-Oligonukleotide mithilfe von Polymeren, die als Trägermedium den Stents anhaften, in die Arterien eingebracht werden. Es ist auch vorstellbar, dass zukünftig genmanipulierte Endothelzellen zur Beschichtung von Stents verwendet werden. Dieses Konzept hat bei der praktischen Anwendung allerdings gravierende Nachteile. Patienteneigene Zellen müssten in einer ersten Katheteruntersuchung gewonnen und anschließend kultiviert werden. Erst bei einer zweiten Intervention könnte dann der Stent platziert werden. Es handelt sich somit insgesamt um einen sehr kosten- und zeitaufwendigen und deshalb vielleicht gar nicht realisierbaren Prophylaxeansatz.

6.2.3
Thermosensible Stents

Bereits vor mehr als 20 Jahren wurde das Prinzip der thermosensiblen Stents von Charles Dotter angewandt. Er entwickelte Stents aus 2 Edelmetalllegierungen. Durch das unterschiedliche thermische Verhalten der beiden Metalle expandiert der Stent bei Einbringung in die Arterie durch die Temperatur des Blutes. Zur Entfernung wird eine gekühlte Infusion verwendet, sodass er sich wieder zusammenzieht. Der Stent retrahiert sich, um dann mit einem Katheter geborgen zu werden. Diese thermosensiblen Eigenschaften machen theoretisch die transiente Einbringung von beschichteten Gefäßstützen denkbar, die nach Einbringung des beschichteten Substanzfilms wieder entfernt werden könnten. Problematisch sind bei diesem Entwicklungsprinzip die mangelhafte Expansion sowie ein erheblicher Unsicherheitsfaktor bei der Bergung mit den zur Verfügung stehenden Kathetersystemen.

6.3
Andere Katheter zur Substanzapplikation

Neu entwickelte Methoden machen es möglich, mit entsprechenden Kathetern mechanisch in die Arterienwand einzudringen und so die Substanz zu applizieren.

6.3.1
Iontophoreseballon

Das Iontophoreseverfahren verwendet elektrischen Strom, um atraumatisch geladene Moleküle ins Gewebe einzubringen (Gonschior et al. 1996). Ein auf diesem Prinzip beruhendes Kathetersystem besteht aus einem porösen Ballon, der die Kathode beinhaltet, während eine Hautelektrode als Anode dient. Durch das so entstandene elektrische Feld wird die Substanz 80-mal effektiver appliziert als durch passive Einbringung, wie experimentelle Analysen zeigten. Die Wirksamkeit der Substanz bleibt dabei unverändert, obwohl die Substanz nach der Applikation kontinuierlich ausgewaschen wird. Dieses neue, vielversprechende Katheterkonzept ist allerdings auf die Anwendung polarisierter Substanzen beschränkt und der Aufbau eines suffizienten elektrischen Feldes unter klinischen Bedingungen ist derzeit noch nicht befriedigend gelöst.

6.3.2
Nadelinjektionskatheter

Der Nadelinjektionskatheter mit 6 kreisförmig angeordneten Injektionsnadeln von 250 mm Durchmesser, die in ca. 1 cm Durchmesser ausfächern, erlaubt die direkte Einbringung einer definierten Substanzmenge in die Arterienwand, wobei hier mehrere ml appliziert werden können (Huehns et al. 1999; Nikol et al. 1999b, 2000). Ein besonderer Vorteil dieser Methode gegenüber der endoluminalen Applikation besteht darin, dass hierbei die gesamte applizierte Substanz in die Adventitia injiziert wird und nicht, wie unter Verwendung der oben beschriebenen Systeme, über das Arterienlumen abfließt. In den tieferen Arterienschichten werden etwa 20-mal höhere Substanzkonzentrationen erreicht als beispielsweise mit dem porösen Ballon (Gonschior et al. 1995a). Analysen mit radioaktiv markierten Medikamenten zeigen, dass ca. 10% der insgesamt injizierten Substanz tatsächlich lokal in die arterielle Wand gelangen. Somit erweist sich diese Applikationsmethode im Vergleich zu anderen Kathetersystemen als 10- bis 100fach effektiver. Ein kritischer Punkt könnte die mögliche katheterinduzierte Verletzung der arteriellen Wand sein. Experimentelle Langzeituntersuchungen nach Anwendung des Nadelinjektionskatheters haben jedoch belegt, dass die Arterienwand nur geringfügig verletzt und keine Gewebehyperplasie induziert wird. Durch die Applikation der Substanz/Genkonstrukte in die Adventitia wird gewährleistet, dass die Substanz noch bis zu 4 Monate nach Injektion in der Arterienwand lokal hoch konzentriert vorhanden ist (Huehns et al. 1999; Nikol et al. 1999b, 2000). Eine effektive, kausal gezielte Wirkstoffeinbringung ist deshalb unmittelbar vor Ort und in hohen Konzentrationen möglich.

6.3.3
Noppenkatheter

Der Noppenkatheter (Infiltrator) besteht aus einem Ballon mit 3 Metallleisten mit jeweils 7 kurzen Metallnoppen von 100 mm Durchmesser und 250 mm Länge, die eine Applikation in die Muskelschicht der Arterie, die Media, erlauben. Da die Media relativ kompakt ist, ist maximal eine Applikationsmenge von 400 ml möglich. Der Noppenkatheter ist in seiner Handhabung sehr einfach. Es liegen bereits klinische Erfahrungen vor, u.a. in Kombination mit einer Gentherapie mit dem NO-Gen zur Prävention der Restenose nach Angioplastie.

6.4
Weitere Hilfsmittel zur Medikamentenapplikation

Eine weitere Verbesserung der Einbringung kann durch Substanzmodifikation erreicht werden. Speziell entwickelte Partikeln können z.B. die Substanzpenetration und -abgabe beeinflussen. Zu diesem Zweck wurden z.B. Mikrokügelchen entwickelt, die mit geringem Druck, ohne dabei Verletzungen zu induzieren, in die Arterienwand eingebracht werden können. Insbesondere Polymere und Liposomen kommen hierfür in Frage. Die Kügelchen lösen sich allmählich auf und setzen so die aktive Substanz über einen langen Zeitraum frei. Liposomen könnten somit für den Transport von Substanzen oder DNA verwendet werden, um die Substanzapplikation zu verstärken (Armeanu et al. 2000), ebenso Mikrokapseln für die langsame Freisetzung von viralen Vektoren (Armeanu et al. 2001).

Mikrosphären aus Polymeren, die bereits mit einem porösen Ballon nach einer Angioplastie in die Arterien eingebracht wurden, führten zu einer verstärkten lokalen Retention und zu geringerem Substanzverlust.

Liposomen, Lipospermine sowie andere beladene Träger bzw. virale Vektoren könnten auch zur Verbesserung eines lokalen Gentransfers verwendet werden. Goldpartikel, die mit einem porösen Ballon in Media und Adventitia appliziert werden, könnten so möglicherweise mit aktiven Substanzen beschichtet werden. Andere physikalische Techniken zur Verbesserung der Effektivität der Substanzaufnahme in die Zellen sind: Mikroinjektion, Lasermikropunktion, die Kombination mit monoklonalen Antikörpern und Elektroporation.

6.5
Lokale Applikation
von Medikamenten und Genkonstrukten

Ein Wirkungsnachweis in experimentellen Modellen konnte für die lokale Applikation von Genkonstrukten und Kortisonderivaten sowie für die photodynamische Therapie mittels Nadelinjektionskatheter erbracht werden. Die Effizienz der hoch dosierten lokalen Kortisonapplikation wurde in einem Restenosemodell an Schweinen untersucht. Nach tiefer Gefäßverletzung und lokaler hoch dosierter Kortisonapplikation zeigte sich keine ausgeprägte Wandreaktion. Die Entzündung wurde im Bereich der Media supprimiert, ebenso wie die proliferative Phase, die bei Verletzung ohne zusätzliche lokale Medikamentenapplikation regelhaft auftritt. Die wesentlichen pathophysiologischen Veränderungen wie Inflammation und myoproliferative Gewebehyperplasie können im Restenosemodell durch hoch dosierte, prolongierte, lokale Kortisonapplikation supprimiert werden. Die lokale Gentherapie mittels Nadelinjektionskatheter wurde bereits oben beschrieben. Eine zusätzlich Indikation, für die sich die lokale Genapplikation mittels

Nadelinjektionskatheter als wirkungsvoll erwies, ist die Prävention der Restenose nach Angioplastie.

Die endovaskuläre photodynamische Therapie, bisher klinisch in der Tumortherapie für oberflächliche Tumoren erprobt, kann ebenfalls zur Restenoseprophylaxe eingesetzt werden. In einer experimentellen Restenosestudie wurden mit der gerichteten Arteriotomie standardisierte Medialäsionen in der A. femoralis von Schweinen induziert. Ein Photosensibilisator wurde selektiv perivaskulär appliziert und durch adäquate monochromatische Lichteinstrahlung aktiviert. Nach Medialäsion und konsekutiver photodynamischer Therapie zeigte sich keine myoproliferative Reaktion. Abhängig vom Ausmaß der Läsion wurden eine ausgeprägte Zerstörung der Kernmembranen sowie Photofrinablagerungen in den Myozyten beobachtet. Nach der selektiven Applikation eines Photosensibilisators führte die photodynamische Therapie in einem experimentellen Restenosemodell zu einer deutlichen Reduktion der Proliferation und zu einer Suppression der Gewebehyperplasie.

Zahlreiche Substanzklassen einschließlich Genkonstrukten können als Kandidaten für eine lokale kardiovaskuläre Therapie betrachtet werden, da sie lokal in wesentlich höheren Konzentrationen angereichert werden können als durch eine systemische Therapie. Dies gilt auch für so gut untersuchte Substanzen wie z.B. Kalziumantagonisten, Immunsuppressiva und Zytostatika.

7
Zusammenfassung und Ausblick

Die therapeutische Angiogenese stellt eine potenzielle alternative Therapie für Patienten mit therapierefraktärer ischämischer Herzerkrankung oder kritischer Beinischämie dar. In einer Vielzahl tierexperimenteller und klinischer Studien konnte die Sicherheit und Effizienz der Applikation rekombinanter Gefäßwachstumsfaktoren (v.a. VEGF und bFGF) und gentherapeutischer Strategien (v.a. FGF- und VEGF-Isoformen) nachgewiesen werden. Die Vorteile gentherapeutischer Strategien sind die Minimierung systemischer Nebenwirkungen und die langsame Freisetzung des kodierten Faktors über bis zu mehrere Monate, was zu einem länger anhaltenden angiogenen Effekt führen kann. Die Ergebnisse größerer Phase-II-Studien zeigten teilweise enttäuschende Ergebnisse für die Verwendung rekombinanter Proteine. In überwiegend unkontrollierten klinischen Phase-I-Studien einzelner Zentren wurde die Sicherheit des vaskulären Gentransfers mit verschiedenen Vektoren, die für Mitglieder der VEGF-Familie kodieren, gezeigt. Tendenziell zeigte sich auch eine klinische Besserung als Hinweis auf die Effizienz der Therapie, Ergebnisse placebokontrollierter und doppelblinder Multicenterstudien zur Beurteilung der Wirksamkeit und möglicher Langzeitnebenwirkungen müssen jedoch abgewartet werden.

Die Verabreichung von Wachstumsfaktoren oder ihren Genen ist jedoch nur eine Möglichkeit, eine therapeutische Angiogenese und Kollateralgefäßbildung zu induzieren. Die residente Endothelzellpopulation, die auf eine Supplementierung von angiogenen Faktoren (unabhängig von der Art der Supplementierung) reagiert, erlaubt bei Vorliegen einer Ischämie wahrscheinlich nur eine limitierte Neovaskularisierung und ist v.a. im Alter, bei Diabetes mellitus oder bei Hypercholesterinämie eingeschränkt. Die Beeinflussung von endothelialen Vorläuferzellen durch einen spezifischen Gentransfer kann eine therapeutische Vaskulogenese mit Bildung neuer Kollateralen bewirken. Die Expression von angiogenen Faktoren wurde über die Inkorporation der transfizierten endothelialen Vorläuferzellen in Gefäßaussprossungen erreicht (Asahara et al. 1999; Takahashi et al. 1999). Dieses Experiment ist nur ein Beispiel für einen weiteren vielversprechenden Ansatz zur therapeutischen Angiogenese in ischämischen Geweben, die nächsten Jahre werden vermutlich noch weitere Wege aufzeigen, wozu möglicherweise auch der Einsatz von Kombinationen von Wachstumsfaktoren gehören wird.

Die lokale Medikamentenapplikation bietet sich gerade im kardiovaskulären System aufgrund des vorbestehenden Gefäßsystems und des einfachen transkutanen Zugangs mittels Punktion an. Durch sie ist eine effizientere und sicherere Medikamenten-und Genverabreichung möglich. Es steht bereits eine Reihe von entsprechenden Kathetersystemen zur Verfügung und bisherige klinische Anwendungen erwiesen sich als vielversprechend.

Literatur

Armeanu S, Pelisek J, Krausz E et al. (2000) Optimization of nonviral gene transfer of vascular smooth muscle cells in vitro and in vivo. Mol Ther 1:366–375

Armeanu S, Haessler I, Saller R et al. (2001) In vivo perivascular implantation of encapsulated packaging cells for prolonged retroviral gene transfer. J Microencapsul 18:491–506

Asahara T, Bauters C, Zheng LP et al. (1995) Synergistic effect of vascular endothelial growth factor and basic fibroblast growth factor on angiogenesis in vivo. Circulation 92:II365–371

Asahara T, Chen D, Tsurumi Y et al. (1996) Accelerated restitution of endothelial integrity and endothelium-dependent function after phVEGF165 gene transfer. Circulation 94:3291–3302

Asahara T, Murohara T, Sullivan A et al. (1997) Isolation of putative progenitor endothelial cells for angiogenesis. Science 275:964–967

Asahara T, Masuda H, Takahashi T et al. (1999) Bone marrow origin of endothelial progenitor cells responsible for postnatal vasculogenesis in physiological and pathological neovascularization. Circ Res 85:221–228

Baffour R, Berman J, Garb JL, Rhee SW, Kaufman J, Friedmann P (1992) Enhanced angiogenesis and growth of collaterals by in vivo administration of recombinant basic fibroblast growth factor in a rabbit model of acute lower limb ischemia: dose-response effect of basic fibroblast growth factor. J Vasc Surg 16:181–191

Baumgartner I, Pieczek A, Manor O, Blair R, Kearney M, Walsh K, Isner JM (1998) Constitutive expression of phVEGF165 after intramuscular gene transfer promotes collateral vessel development in patients with critical limb ischemia. Circulation 97:1114–1123

Baumgartner I, Rauh G, Pieczek A et al. (2000) Lower-extremity edema associated with gene transfer of naked DNA encoding vascular endothelial growth factor. Ann Intern Med 132:880–884

Bauters C, Asahara T, Zheng LP et al. (1994) Physiological assessment of augmented vascularity induced by VEGF in ischemic rabbit hindlimb. Am J Physiol 267:H1263–1271

Brogi E, Schatteman G, Wu T, Kim EA, Varticovski L, Keyt B, Isner JM (1996) Hypoxia-induced paracrine regulation of vascular endothelial growth factor receptor expression. J Clin Invest 97:469–476

Bush RL, Pevec WC, Ndoye A, Cheung AT, Sasses J, Pearson DN (1998) Regulation of new blood vessel growth into ischemic skeletal muscle. J Vasc Surg 28:919–928

Carmeliet P, Ferreira V, Breier G et al. (1996) Abnormal blood vessel development and lethality in embryos lacking a single VEGF allele. Nature 380:435–439

Chleboun JO, Martins RN, Mitchell CA, Chirila TV (1992) bFGF enhances the development of the collateral circulation after acute arterial occlusion. Biochem Biophys Res Commun 185:510–516

Devlin GP, Fort S, Yu E et al. (1999) Effect of a single bolus of intracoronary basic fibroblast growth factor on perfusion in an ischemic porcine model. Can J Cardiol 15:676–682

European Working Group on critical leg ischemia (1991) Second European consensus document on chronic critical leg ischemia. Circulation 84 (Suppl IV): S1–S26

Fabre JE, Rivard A, Magner M, Silver M, Isner JM (1999) Tissue inhibition of angiotensin-converting enzyme activity stimulates angiogenesis in vivo. Circulation 99:3043–3049

Farmer JA, Gotto AM (1997) Dyslipidemia and other risk factors for coronary artery disease. In: Braunwald E (ed) Heart disease. Saunders, Philadelphia, pp 1126–1160

Ferrara N, Alitalo K (1999) Clinical applications of angiogenic growth factors and their inhibitors. Nat Med 5:1359–1364

Ferrara N, Carver Moore K, Chen H et al. (1996) Heterozygous embryonic lethality induced by targeted inactivation of the VEGF gene. Nature 380:439–442

Folkman J (1971) Tumor angiogenesis: therapeutic implications. N Engl J Med 285:1182–1186

Folkman J (1995) Angiogenesis in cancer, vascular, rheumatoid and other disease. Nat Med 1:27–31

Giordano FJ, Ping P, McKirnan MD et al. (1996) Intracoronary gene transfer of fibroblast growth factor-5 increases blood flow and contractile function in an ischemic region of the heart. Nat Med 2:534–539

Goede V, Brogelli L, Ziche M, Augustin HG (1999) Induction of inflammatory angiogenesis by monocyte chemoattractant protein-1. Int J Cancer 82:765–770

Gonschior P, Goetz AE, Huehns TY, Hofling B (1995 a) A new catheter for prolonged local drug application. Coron Artery Dis 6:329–334

Gonschior P, Pahl C, Huehns TY et al. (1995b) Comparison of local intravascular drug-delivery catheter systems. Am Heart J 130:1174–1181

Gonschior P, Wilensky R, March K, Hofling B (1996) Local drug administration systems, preclinical and clinical use: perspectives and limitations. Z Kardiol 85:155–165

Harada K, Friedman M, Lopez JJ et al. (1996) Vascular endothelial growth factor administration in chronic myocardial ischemia. Am J Physiol 270:H1791–1802

Hasegawa T, Kimura A, Miyataka M, Inagaki M, Ishikawa K (1999) Basic fibroblast growth factor increases regional myocardial blood flow and salvages myocardium in the infarct border zone in a rabbit model of acute myocardial infarction. Angiology 50:487–495

Hendel RC, Henry TD, Rocha Singh K et al. (2000) Effect of intracoronary recombinant human vascular endothelial growth factor on myocardial perfusion: evidence for a dose-dependent effect. Circulation 101:118–121

Henry TD, Annex BH, Azrin MA et al. (1999) Double blind, placebo controlled trial of recombinant human vascular endothelial growth factor – the VIVA trial. J Am Coll Cardiol 33:384A

Horrigan MC, MacIsaac AI, Nicolini FA, Vince DG, Lee P, Ellis SG, Topol EJ (1996) Reduction in myocardial infarct size by basic fibroblast growth factor after temporary coronary occlusion in a canine model. Circulation 94:1927-1933

Horrigan MC, Malycky JL, Ellis SG, Topol EJ, Nicolini FA (1999) Reduction in myocardial infarct size by basic fibroblast growth factor following coronary occlusion in a canine model. Int J Cardiol 68 (Suppl 1):S85-S91

Huehns TY, Krausz E, Mrochen S et al. (1999) Neointimal growth can be influenced by local adventitial gene manipulation via a needle injection catheter. Atherosclerosis 144:135-150

Ibukiyama C (1996) Angiogenic therapy using fibroblast growth factors and vascular endothelial growth factors for ischemic vascular lesions. Jpn Heart J 37:285-300

Isner JM, Asahara T (1999) Angiogenesis and vasculogenesis as therapeutic strategies for postnatal neovascularization. J Clin Invest 103:1231-1236

Isner JM, Pieczek A, Schainfeld R et al. (1996 a) Clinical evidence of angiogenesis after arterial gene transfer of phVEGF165 in patient with ischaemic limb. Lancet 348:370-374

Isner JM, Walsh K, Symes J et al. (1996 b) Arterial gene transfer for therapeutic angiogenesis in patients with peripheral artery disease. Hum Gene Ther 7:959-988

Isner JM, Baumgartner I, Rauh G et al. (1998) Treatment of thromboangiitis obliterans (Buerger's disease) by intramuscular gene transfer of vascular endothelial growth factor: preliminary clinical results. J Vasc Surg 28:964-973

Ito WD, Arras M, Winkler B, Scholz D, Schaper J, Schaper W (1997) Monocyte chemotactic protein-1 increases collateral and peripheral conductance after femoral artery occlusion. Circ Res 80:829-837

Kawasuji M, Nagamine H, Ikeda M, Sakakibara N, Takemura H, Fujii S, Watanabe Y (2000) Therapeutic angiogenesis with intramyocardial administration of basic fibroblast growth factor. Ann Thorac Surg 69:1155-1161

Kobayashi T, Hamano K, Li TS, Katoh T, Kobayashi S, Matsuzaki M, Esato K (2000) Enhancement of angiogenesis by the implantation of self bone marrow cells in a rat ischemic heart model. J Surg Res 89:189-195

Kornowski R, Fuchs S, Baffour R, Shou M, Leon MB, Epstein SE (2000a) Transendocardial delivery of autologous bone marrow enhances collateral perfusion and regional function in pigs with chronic experimental myocardial ischemia. Eur Heart J 21:356 (Abstract)

Kornowski R, Fuchs S, Leon MB, Epstein SE (2000b) Delivery strategies to achieve therapeutic myocardial angiogenesis. Circulation 101:454-458

Kornowski R, Leon MB, Fuchs S et al. (2000 c) Electromagnetic guidance for catheter-based transendocardial injection: a platform for intramyocardial angiogenesis therapy. Results in normal and ischemic porcine models. J Am Coll Cardiol 35:1031-1039

Laham RJ, Leimbach M, Chronos NA et al. (1999a) Intracoronary administration of recombinant fibroblast growth factor-2 (FGF-2) in patients with severe coronary artery disease: results of phase I. J Am Coll Cardiol 33:383A

Laham RJ, Sellke FW, Edelman ER et al. (1999b) Local perivascular delivery of basic fibroblast growth factor in patients undergoing coronary bypass surgery: results of a phase I randomized, double-blind, placebo-controlled trial. Circulation 100:1865–1871

Laham RJ, Rezaee M, Post M et al. (2000) Intrapericardial delivery of fibroblast growth factor-2 induces neovascularization in a porcine model of chronic myocardial ischemia. J Pharmacol Exp Ther 292:795–802

Laitinen M, Makinen K, Manninen H et al. (1998) Adenovirus-mediated gene transfer to lower limb artery of patients with chronic critical leg ischemia. Hum Gene Ther 9:1481–1486

Lamoreaux WJ, Fitzgerald MEC, Reiner A, Hasty HA, Charles ST (1998) Vascular endothelial growth factor increases release of gelatinase A and decreases release of tissue inhibitor of metalloproteinases by microvascular endothelial cells in vitro. Cardiovasc Res 55:29–42

Lazarous DF, Scheinowitz M, Shou M et al. (1995) Effects of chronic systemic administration of basic fibroblast growth factor on collateral development in the canine heart. Circulation 91:145–153

Lazarous DF, Shou M, Scheinowitz M et al. (1996) Comparative effects of basic fibroblast growth factor and vascular endothelial growth factor on coronary collateral development and the arterial response to injury. Circulation 94:1074–1082

Lazarous DF, Unger EF, Epstein SE, Stine A, Arevalo JL, Quyyumi AA (1998) Effect of basic fibroblast growth factor on lower extremity blood flow in patients with intermittent claudication: preliminary results. Circulation 98:I-456

Lee LY, Patel SR, Hackett NR et al. (2000) Focal angiogen therapy using intramyocardial delivery of an adenovirus vector coding for vascular endothelial growth factor 121. Ann Thorac Surg 69:14–23

Lehrman S (1999) Virus treatment questioned after gene therapy death. Nature 401:517–518

Lopez JJ, Edelman ER, Stamler A et al. (1997a) Basic fibroblast growth factor in a porcine model of chronic myocardial ischemia: a comparison of angiographic, echocardiographic and coronary flow parameters. J Pharmacol Exp Ther 282:385–390

Lopez JJ, Laham RJ, Carrozza JP, Tofukuji M, Sellke FW, Bunting S, Simons M (1997b) Hemodynamic effects of intracoronary VEGF delivery: evidence of tachyphylaxis and NO dependence of response. Am J Physiol 273:H1317–1323

Lopez JJ, Laham RJ, Stamler A et al. (1998) VEGF administration in chronic myocardial ischemia in pigs. Cardiovasc Res 40:272–281

Losordo DW, Pickering JG, Takeshita S et al. (1994) Use of the rabbit ear artery to serially assess foreign protein secretion after site-specific arterial gene transfer in vivo. Evidence that anatomic identification of successful gene transfer may underestimate the potential magnitude of transgene expression. Circulation 89:785–792

Losordo DW, Vale PR, Symes JF et al. (1998) Gene therapy for myocardial angiogenesis: initial clinical results with direct myocardial injection of phVEGF165 as sole therapy for myocardial ischemia. Circulation 98:2800–2804

Luo Z, Diaco M, Murohara T, Ferrara N, Isner JM, Symes JF (1997) Vascular endothelial growth factor attenuates myocardial ischemia-reperfusion injury. Ann Thorac Surg 64:993–998

Makinen K, Laitinen M, Manninen H, Matsi P, Alhava E, Ylä-Herttuala S (1999) Catheter-mediated VEGF gene transfer to human lower limb arteries after PTA. Circulation 100:I-770

Martins RN, Chleboun JO, Sellers P, Sleigh M, Muir J (1994) The role of PDGF-BB on the development of the collateral circulation after acute arterial occlusion. Growth Factors 10:299–306

Murray CJ, Lopez AD (1997) Mortality by cause for eight regions of the world: Global Burden of Disease Study. Lancet 349:1269–1276

Nabel EG, Yang ZY, Plautz G et al. (1993) Recombinant fibroblast growth factor-1 promotes intimal hyperplasia and angiogenesis in arteries in vivo. Nature 362:844–846

Neufeld G, Cohen T, Gengrinovitch S, Poltorak Z (1999) Vascular endothelial growth factor (VEGF) and its receptors. FASEB J 13:9–22

Nikol S, Höfling B (1996) Aktueller Stand der Gentherapie: Konzepte, klinische Studien und Zukunftsperspektiven. Dtsch Ärzteblatt 93:2620–2628

Nikol S, Engelmann MG, Armeanu S et al. (1999a) District-specific influence of vascular endothelial growth factor 165 (VEGF-165) on coronary and peripheral arteries resulting in arteriogenesis or angiogenesis. Circulation 100:I-489

Nikol S, Huehns TY, Krausz E et al. (1999 b) Needle injection catheter delivery of a gene for an antibacterial agent inhibits neointimal formation. Gene Ther 6:737–748

Nikol S, Pelisek J, Engelmann MG, Rolland PH, Armeanu S (2000) Prevention of restenosis using the gene for cecropin complexed with DOCSPER liposomes under optimized conditions. Int J Angiology 9:87–94

Nikol S, Armeanu S, Engelmann MG et al. (2001) Evaluation of endovascular techniques to create a porcine femoral artery occlusion model. J Endovasc Ther (in press)

Papapetropoulos A, Garcia Cardena G, Dengler TJ, Maisonpierre PC, Yancopoulos GD, Sessa WC (1999) Direct actions of angiopoietin-1 on human endothelium: evidence for network stabilization, cell survival, and interaction with other angiogenic growth factors. Lab Invest 79:213–223

Pu LQ, Sniderman AD, Brassard R, Lachapelle KJ, Graham AM, Lisbona R, Symes JF (1993) Enhanced revascularization of the ischemic limb by angiogenic therapy. Circulation 88:208–215

Rauh G, Gravereaux E, Pieczek A, Curry C, Schainfeld R, Isner JM (1999) Assessment of safety and efficiency of intramuscular gene therapy with VEGF-2 in patients with critical limb ischemia. Circulation 100:I-770

Riessen R, Isner JM (1994) Prospects for site-specific delivery of pharmacologic and molecular therapies. J Am Coll Cardiol 23:1234–1244

Risau W (1997) Mechanisms of angiogenesis. Nature 386:671–674

Rivard A, Fabre JE, Silver M et al. (1999a) Age-dependent impairment of angiogenesis. Circulation 99:111–120

Rivard A, Silver M, Chen D et al. (1999b) Rescue of diabetes-related impairment of angiogenesis by intramuscular gene therapy with adeno-VEGF. Am J Pathol 154:355–363

Rosengart TK, Lee LY, Patel SR et al. (1999a) Six-month assessment of a phase I trial of angiogenic gene therapy for the treatment of coronary artery disease using direct intramyocardial administration of an adenovirus vector expressing the VEGF121 cDNA. Ann Surg 230:466–470

Rosengart TK, Lee LY, Patel SR et al. (1999b) Angiogenesis gene therapy: phase I assessment of direct intramyocardial administration of an adenovirus vector expressing VEGF121 cDNA to individuals with clinically significant severe coronary artery disease. Circulation 100:468–474

Rosengart TK, Lee LY, Port JL et al. (1999c) Video assisted epicardially delivery of angiogenic gene therapy to the human myocardium utilizing an adenovirus vector encoding for VEGF121. Circulation 100:I-770

Safi J Jr, DiPaula AF Jr, Riccioni T et al. (1999) Adenovirus-mediated acidic fibroblast growth factor gene transfer induces angiogenesis in the nonischemic rabbit heart. Microvasc Res 58:238–249

Schaper W (1996) Collateral vessel growth in the human heart. Role of fibroblast growth factor-2 (editorial). Circulation 94:600–601

Schaper W, Schaper J (1993) Collateral circulation: heart, brain, kidney, limbs. Kluwer, Dordrecht

Schulenburg von JM, Klimm HD (1995) Behandlungskosten und Lebensqualität von Patienten mit pAVK. Vasomed 11–12:456–460

Schumacher B, Pecher P, Specht BU von, Stegmann T (1998a) Induction of neoangiogenesis in ischemic myocardium by human growth factors: first clinical results of a new treatment of coronary heart disease. Circulation 97:645–650

Schumacher B, Stegmann T, Pecher P (1998b) The stimulation of neoangiogenesis in the ischemic human heart by the growth factor FGF: first clinical results. J Cardiovasc Surg (Torino) 39:783–789

Schwarz ER, Speakman MT, Patterson M, Hale SL, Kedes L, Kloner RA (1998) Effect of intramyocardial injection of DNA expressing vascular endothelial growth factor in myocardial infarct tissue in the rat heart – angiogenesis and angioma formation. Circulation 98:I-456

Schwarz ER, Speakman MT, Patterson M, Hale SS, Isner JM, Kedes LH, Kloner RA (2000) Evaluation of the effects of intramyocardial injection of DNA expressing vascular endothelial growth factor (VEGF) in a myocardial infarction model in the rat–angiogenesis and angioma formation. J Am Coll Cardiol 35:1323–1330

Sellke FW, Laham RJ, Edelman ER, Pearlman JD, Simons M (1998) Therapeutic angiogenesis with basic fibroblast growth factor: technique and early results. Ann Thorac Surg 65:1540-1544

Shyu KG, Manor O, Magner M, Yancopoulos GD, Isner JM (1998) Direct intramuscular injection of plasmid DNA encoding angiopoietin-1 but not angiopoietin-2 augments revascularization in the rabbit ischemic hindlimb. Circulation 98:2081-2087

Simovic D, Ropper AH, Isner JM, Weinberg DH (1999) Improvement in ischemic limb neuropathy after VEGF gene therapy. Circulation 100:I-770 (Abstract)

Staab ME, Simari RD, Srivatsa SS, Hasdai D, Pompili VJ, Holmes DR Jr, Schwartz RS (1997) Enhanced angiogenesis and unfavorable remodeling in injured porcine coronary artery lesions: effects of local basic fibroblast growth factor delivery. Angiology 48:753-760

Stavri GT, Hong Y, Zachary IC (1995) Hypoxia and platelet-derived growth factor-BB synergistically upregulate the expression of vascular endothelial growth factor in vascular smooth muscle cells. FEBS Lett 358:311-315

Symes JF, Losordo DW, Vale PR, Lathi KG, Esakof DD, Mayskiy M, Isner JM (1999) Gene therapy with vascular endothelial growth factor for inoperable coronary artery disease. Ann Thorac Surg 68:830-836

Takahashi T, Kalka C, Masuda H et al. (1999) Ischemia- and cytokine-induced mobilization of bone marrow-derived endothelial progenitor cells for neovascularization. Nat Med 5:434-438

Takeshita S, Pu LQ, Stein LA et al. (1994a) Intramuscular administration of vascular endothelial growth factor induces dose-dependent collateral artery augmentation in a rabbit model of chronic limb ischemia. Circulation 90:II228-234

Takeshita S, Zheng LP, Brogi E et al. (1994b) Therapeutic angiogenesis. A single intraarterial bolus of vascular endothelial growth factor augments revascularization in a rabbit ischemic hind limb model. J Clin Invest 93:662-670

Takeshita S, Weir L, Chen D et al. (1996) Therapeutic angiogenesis following arterial gene transfer of vascular endothelial growth factor in a rabbit model of hindlimb ischemia. Biochem Biophys Res Commun 227:628-635

Takeshita S, Isshiki T, Ochiasi M et al. (1998) Endothelium-dependent relaxation of collateral microvessels after intramuscular gene transfer of vascular endthelial growth factor in a rat model of hindlimb ischemia. Circulation 98:1261-1263

Tsurumi Y, Takeshita S, Chen D et al. (1996) Direct intramuscular gene transfer of naked DNA encoding vascular endothelial growth factor augments collateral development and tissue perfusion [see comments]. Circulation 94:3281-3290

Tuder RM, Flook BE, Voelkel NF (1995) Increased gene expression for VEGF and the VEGF receptors KDR/Flk and Flt in lungs exposed to acute or to chronic hypoxia. Modulation of gene expression by nitric oxide. J Clin Invest 95:1798-1807

Uchida Y, Yanagisawa Miwa A, Nakamura F, Yamada K, Tomaru T, Kimura K, Morita T (1995) Angiogenic therapy of acute myocardial infarction by intrapericardial injection of basic fibroblast growth factor and heparin sulfate: an experimental study. Am Heart J 130:1182–1188

Udelson JE, Dilsizian V, Laham RJ et al. (2000) Therapeutic angiogenesis with recombinant fibroblast growth factor-2 improves stress and rest myocardial perfusion abnormalities in patients with severe symptomatic chronic coronary artery disease. Circulation 102:1605–1610

Unger EF, Banai S, Shou M et al. (1994) Basic fibroblast growth factor enhances myocardial collateral flow in a canine model. Am J Physiol 266:H1588–1595

Unger EF, Goncalves L, Epstein SE, Chew EY, Trapnell CB, Cannon RO 3rd, Quyyumi AA (2000) Effects of a single intracoronary injection of basic fibroblast growth factor in stable angina pectoris. Am J Cardiol 85:1414–1419

Vale PR, Losordo DW, Milliken CE, Esakof DD, Isner JM (1999 a) Images in cardiovascular medicine: percutaneous myocardial gene transfer of phVEGF-2. Circulation 100:2462–2463

Vale PR, Losordo DW, Tkebuchava T, Chen D, Milliken CE, Isner JM (1999 b) Catheter-based myocardial gene transfer utilizing nonfluoroscopic electromechanical left ventricular mapping. J Am Coll Cardiol 34:246–254

Vale PR, Losordo DW, Milliken CE, Maysky M, Esakof DD, Symes JF, Isner JM (2000) Left ventricular electromechanical mapping to assess efficacy of phVEGF(165) gene transfer for therapeutic angiogenesis in chronic myocardial ischemia. Circulation 102:965–974

Valenzuela DM, Griffiths JA, Rojas J et al. (1999) Angiopoietins 3 and 4: diverging gene counterparts in mice and humans. Proc Natl Acad Sci USA 96:1904–1909

Waltenberger J (1997) Modulation of growth factor action: implications for the treatment of cardiovascular diseases. Circulation 96:4083–4094

Wilensky RL, March KL, Gradus Pizlo I et al. (1995) Regional and arterial localization of radioactive microparticles after local delivery by unsupported or supported porous balloon catheters. Am Heart J 129:852–859

Witzenbichler B, Asahara T, Murohara T et al. (1998) Vascular endothelial growth factor-C (VEGF-C/VEGF-2) promotes angiogenesis in the setting of tissue ischemia. Am J Pathol 153:381–394

Wolfe JH, Wyatt MG (1997) Critical and subcritical ischaemia. Eur J Vasc Endovasc Surg 13:578–582

Wolinsky H, Thung SN (1990) Use of a perforated balloon catheter to deliver concentrated heparin into the wall of the normal canine artery. J Am Coll Cardiol 15:475–481

Wunsch M, Sharma HS, Markert T et al. (1991) In situ localization of transforming growth factor beta 1 in porcine heart: enhanced expression after chronic coronary artery constriction. J Mol Cell Cardiol 23:1051–1062

Yancopoulos GD, Davis S, Gale NW, Rudge JS, Wiegand SJ, Holash J (2000) Vascular-specific growth factors and blood vessel formation. Nature 407:242–248

Yang R, Thomas GR, Bunting S, Ko A, Ferrara N, Keyt B, Ross J, Jin H (1996) Effects of vascular endothelial growth factor on hemodynamics and cardiac performance. J Cardiovasc Pharmacol 27:838–844

Yla-Herttuala S, Martin JF (2000) Cardiovascular gene therapy. Lancet 355:213–222

Minimal invasive Techniken im 21. Jahrhundert – eine kritische Analyse am Beispiel der operativen Urologie

Dietmar Schnorr

Inhalt

1 Einführung und historischer Rückblick 181

2 Innovationen bei minimal invasiven Techniken 183
2.1 Endourologie 183
2.2 Laparoskopie 190

3 Realität und Zukunftsperspektiven 194

Literatur 196

1
Einführung und historischer Rückblick

Eine durch die digitalen Medien dominierte Wissensgesellschaft muss ständig nach Antworten suchen, die nicht nur auf Information und Informationsvermehrung, sondern – viel weiter gefasst – auf neue Möglichkeiten auch in der operativen Urologie im 21. Jahrhundert zielen.

Jahrhundertelang galt die Chirurgie als ein Handwerk. Mit Ausnahme kleinerer urologischer Operationen, wie die Beschneidung (Abb. 1) und die Kastration, war 2200 v. Chr. die Wahrscheinlichkeit gering, dass Kranke einen größeren chirurgischen Eingriff überlebten.

Auch dem Operateur drohte in dieser Zeit Gefahr für Leib und Leben beim Misslingen eines Eingriffs. Der „Kodex Hammurabi" von 1680 v. Chr. regelte Lohn und Bestrafung für ärztliches Handeln dahinge-

Abb. 1. Altägyptische Darstellung der Beschneidung um 2200 v. Chr.

hend, dass im Falle des Todes eines operierten Patienten dem Operateur die Hände abgehauen wurden.

Wegen fehlender effektiver Schmerzbekämpfung galt bis zur Einführung der Äthernarkose im Jahre 1846 durch Thomas Green Morton als Leitspruch des Chirurgen, seine Kunst sicher, schnell und angenehm (tuto, cito, jucunde) auszuüben. Die Chirurgie hatte sich von etwa 1500–1840 völlig von den Operationsnarkosen abgewandt und die aus der Antike und dem Altertum seit einem halben Jahrtausend bekannten Rezepturen und Schlafschwämme verworfen, weil das Hervorrufen des gellenden Schmerzschreis des Patienten in dieser Zeit zu den primären Tugenden eines Chirurgen zählte.

Chirurgie heißt wörtlich übersetzt „Handarbeit". Noch bis in das 18. Jahrhundert hinein kam man als gebildeter Arzt nicht im Traum auf den Gedanken, sich chirurgisch zu betätigen, entsprechend dem Schwur der römischen Asklepiadenschule (124–60 v. Chr.): „Und nicht schneiden will ich Steinkranke, sondern dies dem Chirurgen überlassen."

Dennoch erlebte die Chirurgie dann schließlich über Italien und Frankreich kommend eine erste große Blütezeit und erlangte auch die gleiche Bedeutung und das gleiche Ansehen wie die Gesamtmedizin.

Bereits 1719 erschien die erste Ausgabe von Lorenz Heisters „Chirurgie" in Nürnberg, nachdem bereits 91 Jahre vorher, im Jahre 1628, William Harvey den Blutkreislauf entdeckt und beschrieben hatte. Im Jahre 1731 wurde dann in Frankreich die „Academie Royale de Chirugie" gegründet und 1743 wurden durch königliche Proklamation die Chirurgen den Ärzten gleichgestellt (Brandt 1997).

Minimal invasive Techniken im 21. Jahrhundert – eine kritische Analyse

Zu allen Zeiten hat der Mensch versucht, Erkrankungen nicht nur mit Medikamenten, sondern auch durch chirurgische Maßnahmen zu behandeln. Bis in die heutige Zeit wird die Chirurgie durch 3 große Handicaps belastet, die jahrhundertelang zahlreiche größere Operationen verhinderten: Blutungen, Wundinfektionen und Schmerzen.

Kaum ein anderes Gebiet der operativen Medizin hat in den vergangenen Jahrzehnten soviel Innovation und Fortschritte auf den Weg gebracht wie die Urologie, die sich erst in den 60er Jahren des vergangenen Jahrhunderts von der Chirurgie als selbstständiges und unabhängiges Teilgebiet gelöst hat.

Aber erst seit 1990 hat sich der Druck seitens der Industrie, der Ärzteschaft und der Patienten nach verstärktem Einsatz minimal invasiver Techniken – insbesondere der Laparoskopie – in der operativen Urologie verstärkt. Soziale Gründe, geringerer postoperativer Schmerz, kürzerer Krankenhausaufenthalt, aber auch der Wettbewerb um die Gunst des Patienten, persönliche Eitelkeiten und zunehmende Geldknappheit der öffentlichen Hand spielen eine Rolle im Wettlauf gegen die großen offenen Schnittoperationen, wenn diese gleichwertig durch minimal invasive Eingriffe ersetzt werden können.

2
Innovationen bei minimal invasiven Techniken

Welche Innovationen sind bei den minimal invasiven Techniken in der Urologie relevant?

2.1
Endourologie

Der 1848 in Berlin geborene Maximilian Carl-Friedrich Nitze studierte Medizin, promovierte 1874 und erhielt im gleichen Jahr die Approbation zur Ausübung des Arztberufs. Besessen von der Konstruktion eines optischen Systems mit einer Lichtquelle an der Spitze eines Instrumentes, um zunächst Harnröhre, Harnblase und auch Harnleiter zu untersuchen, stellte Nitze am 2. Oktober 1877 sein Instrument – ein Zystoskop (Blasenspiegel) – zur öffentlichen Demonstration den Mitgliedern des „Königlich-Sächsischen Medizinal-Collegiums" in der Pathologie des Friedrichstädter Krankenhauses in Dresden vor.

In Ermangelung von Blasensteinen hatte Nitze Gallenblasensteine in die Harnblase einer Leiche eingebracht. Der anwesende Pathologe Felix Victor Birch-Hirschfeld konnte beim Blick durch das Zystoskop diese Steine als solche erkennen und damit die Brauchbarkeit dieses Zystoskops öffentlich bestätigen.

An der 2. Chirurgischen Klinik des Wiener Allgemeinen Krankenhauses unter dem Direktorat des berühmten Chirurgen Leopold von Dittel (1815–1898), der zu den Begründern der Urologie als eigenes Spezialgebiet zählte, fand am 9. März 1879 die Demonstration und Anwendung des Zystoskops erstmalig am Kranken statt.

Nach zunächst vorbehaltloser Anerkennung, Hochachtung und Aufgeschlossenheit gegenüber Nitze und seinem neuen Zystoskop folgte eine Zeit der zunehmenden Gleichgültigkeit und mangelnden Endoskopiebereitschaft der Ärzte (Scholz u. Starke 1996).

Erst 10 Jahre nach der Erfindung des Zystoskop-Prototyps konnte im Jahre 1887 ein von Nitze entwickeltes Zystoskop mit einem Mignonlämpchen – eine Miniaturisierung der Edison-Erfindung – an der Spitze des Instrumentes endgültig Einzug in die urologische Untersuchungspraxis halten (Guddat 1996). Von der Erfindung des Zystoskops bis zur allgemeinen Verbreitung als endourologisches Untersuchungs- und Operationsinstrumentarium in den 70er Jahren vergingen nahezu 100 Jahre (Tabelle 1).

Tabelle 1. Zeitliche Sequenz einer Auswahl von urologischen innovativen Techniken

Endourologie ~100 Jahre:
1877 Entwicklung des Zystoskops
1970 Allgemeine Verbreitung als Op-Technik

Laparoskopie ~10 Jahre:
1990 Laparoskopische pelvine Lymphadenektomie
2000 Laparoskopische radikale Prostatektomie

Weitere Verfahren:
1980 Perkutane Nierensteinentfernung
1980 ESWL (extrakorporale Stoßwelle)
1990 HDR-Brachytherapie (Iridium 192)
1997 Interstitielle Hyperthermie (Kobalt-Palladium-Seeds)

Abb. 2. Nitze-Zystoskop von 1890

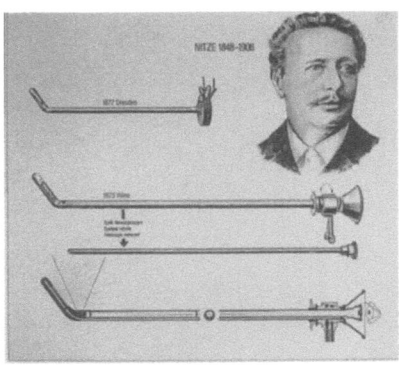

Die diagnostische und operative Endoskopie der Harnorgane und Harnwege ist eine rein urologische Prozedur. Die Stein- und die Prostatachirurgie waren im vergangenen Jahrhundert die Hauptgründe dafür, dass sich die Urologie als unabhängige chirurgische Spezialität konsolidieren und große Fortschritte aufweisen konnte.

Die urologische Endoskopie, zuerst nur als diagnostische Untersuchungsmethode und später als manipulative und operative Technik, wurde ständig weiterentwickelt und mit einem speziell urologischen Prestige versehen.

Die in Abb. 2 dargestellten Zystoskope aus der Zeit um die Jahrhundertwende (1890) unterscheiden sich bei ähnlich erhaltenem Bauprinzip von Zystoskopen aus dem Jahre 1990 (Abb. 3) – also 100 Jahre später – v.a. durch die Kaltlichtbeleuchtung.

Abb. 3. Operationszystoskope von 1990

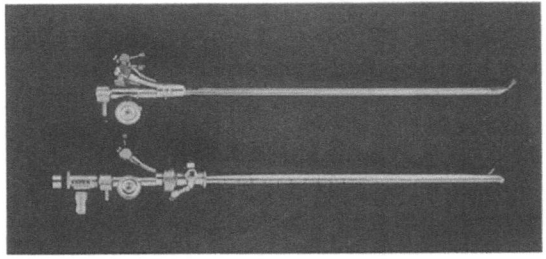

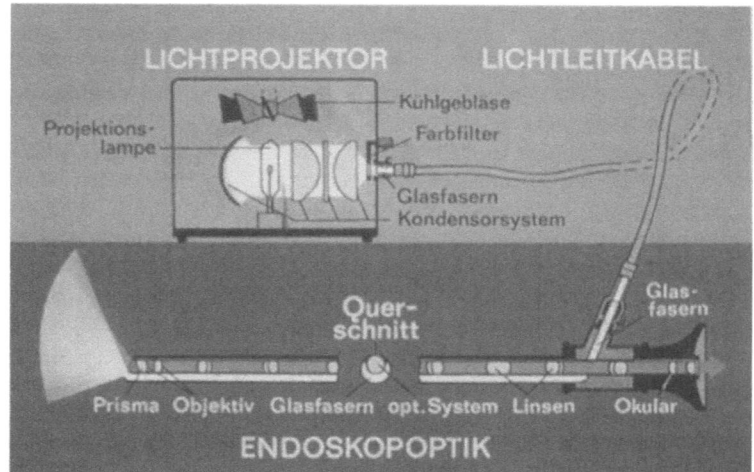

Abb. 4. Prinzip der Kaltlichtbeleuchtung

Die Lichtquelle liegt dabei außerhalb des Körpers und bringt das Licht über ein Glasfaserlichtkabel zum Zystoskop. Über ein optisches Linsensystem gelangt das Licht in die Blase und gestattet eine Ausleuchtung und Betrachtung des gesamten Blaseninneren von außen (Abb. 4).

Moderne Zystoskope sind so konstruiert, dass zusätzlich durch den Zystoskopschaft Arbeitsinstrumente wie kleine Zangen, Scheren, elektrische Sonden, Ultraschall- und Lasersonden in das Blaseninnere vorgeschoben werden können und operative Manipulationen dadurch möglich werden.

Als technische Weiterentwicklungen endourologischer Instrumente sind die *Resektoskope* zu nennen, mit denen Blasentumoren und Prostatavergrößerungen (benigne Prostatahyperplasie) endoskopisch mittels elektrischer Schneidschlingen reseziert werden können. Heute werden 95% aller gutartigen Prostatavergrößerungen transurethral endoskopisch operiert (TUR-P) und nur noch große Prostatae über 100 g durch offene Schnittoperationen behandelt.

Blasentumoren werden heute ausnahmslos primär transurethral diagnostiziert und therapiert. Erst die feingewebliche Untersuchung des entnommenen Gewebes entscheidet dann über das weitere opera-

Minimal invasive Techniken im 21. Jahrhundert – eine kritische Analyse 187

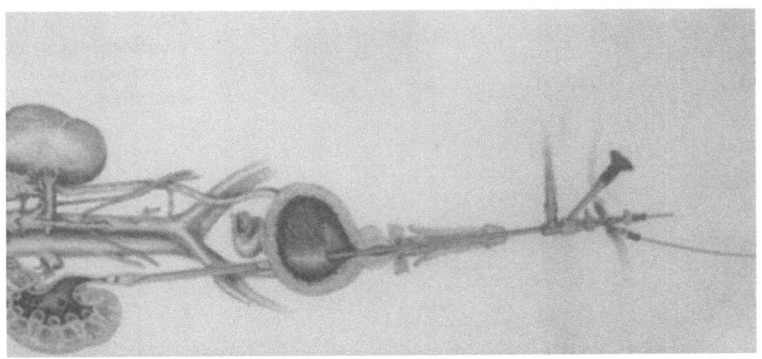

Abb. 5. Ureterorenoskopische Harnleitersteinoperation

tive oder konservative Vorgehen. Auch Gewebeveränderungen oder Steine in Harnleiter und Nierenbecken können heute durch Instrumente betrachtet und operiert werden.

Ureteroskope sind teure, filigrane und recht anfällige Instrumente mit komplizierten Optiken, mit denen es jedoch gelingt, offene Schnittoperationen wegen eines blockierenden Harnleitersteins nahezu vollständig zu vermeiden, indem man die Steine ureteroskopisch zerkleinert (elektrohydraulisch, Ultraschall oder Laser) und per Schlinge herauszieht (Abb. 5).

Einschneidende Verbesserungen der Ureteroskope und der therapeutischen Möglichkeiten sind mit dem Namen Perez-Castro verbunden (Perez-Castro u. Pineiro 1982).

Etwa zur gleichen Zeit wurde als weitere minimal invasive Technik anstelle der offenen Nierensteinchirurgie die perkutane Nierensteinentfernung entwickelt, die als Modellfall auch für andere chirurgische Spezialitäten betrachtet werden kann, z.B. für die laparoskopische Gallenblasenentfernung. Nach perkutaner Punktion der Niere unter sonographischer Kontrolle wird nach röntgenologischer Darstellung des Nierenhohlsystems der Nephrostomiekanal auf 26 Charr. aufbougiert und ein *Nephroskop* in die Niere bis zum Nierenstein in das Nierenbecken geführt (Abb. 6).

Mittels Ultraschall- oder Lasersonde können Nierensteine von mehr als 2 cm Größe zertrümmert und abgesaugt werden (Alken et al. 1981). Nierensteine unter 2 cm und Harnleitersteine werden – noch weniger

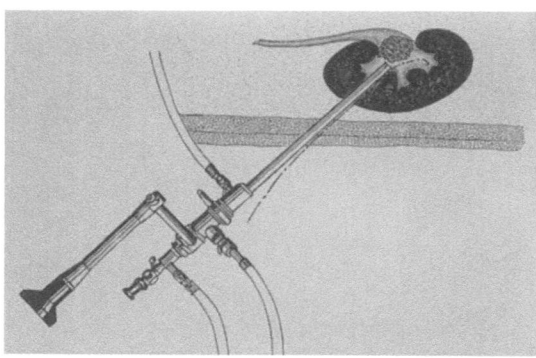

Abb. 6. Prinzip der nephroskopischen Nierenbeckensteinoperation

invasiv, als es perkutane Steinchirurgie oder Ureteroskopie ermöglichen – seit 1980 von außen durch extrakorporale Stoßwellen zertrümmert (ESWL) (Chaussy et al. 1980).

Die neue Generation von Lithotriptern erzeugt hochenergetische Stoßwellen außerhalb des Körpers in einem Stoßwellengenerator. Die Fokussierung erfolgt über eine akustische Linse und die Einleitung der Stoßwelle in den Körper über ein Wasserkissen und ein auf die Haut aufgetragenes Gel (Abb. 7).

Die Steinortung vor und während der ESWL-Behandlung kann röntgen- oder ultraschallgestützt erfolgen. Eine Behandlung dauert etwa 45 min bei 3000 applizierten Stoßwellen und 20–22 kV. Etwa 90% aller Nierenbeckensteine werden heute auf diese Weise von außen mit ESWL

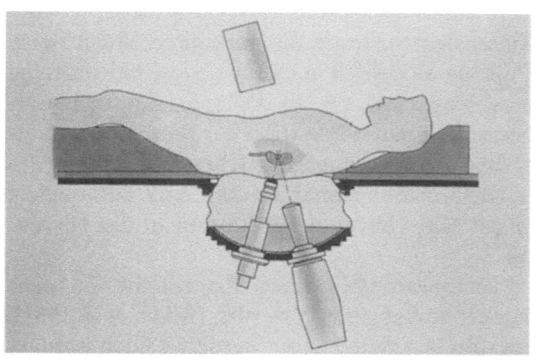

Abb. 7. Extrakorporale Stoßwellenlithotripsie (ESWL)

behandelt. Der verbleibende 10%-Anteil an Nierenbeckensteinen wird durch perkutane Steinchirurgie (8%) oder offene Nierensteinoperationen (2%) bei Nierenbecken-Kelchausgusssteinen versorgt.

Moderne Urologie ist primär teuer in der Anschaffung der Geräte (ESWL-Gerät bis 1,5 Mio., 4500 DM pro endourologische Optik) sowie in der Ausbildung der Spezialisten mit einer entsprechenden Lernkurve. Auch die diagnostischen Voraussetzungen und die therapiebegleitenden Maßnahmen zur Bildgebung mit Ultraschall, Röntgen, MRT und CT sind aufwendiger geworden. Auf der anderen Seite sind dank Einsatz der minimal invasiven Techniken die Gefahren und Komplikationen bei offenen Operationen, der Blutverlust, die Wundinfektion und der postoperative Schmerz zurückgegangen. Dafür stehen auch Verkürzungen der Krankenhausverweildauer und frühere Wiedereingliederung in den Arbeitsprozess. Alle aufgeführten und in der folgenden Übersicht noch einmal zusammengefassten endourologischen Verfahren zur Betrachtung und Behandlung von Harnröhre, Prostata, Harnblase, Harnleiter und Nierenhohlsystem sind seit mehr als 30 Jahren urologische Routine geworden. Zystoskop, Resektoskop, Ureteroskop, Nephroskop und auch ESWL-Geräte werden in den nächsten 50 Jahren wahrscheinlich nur marginale technische Veränderungen erfahren.

Derzeitiges endourologisches Diagnose- und Therapiespektrum

- Diagnose von Stein, Tumor oder Entzündung
  Zystoskop
  Resektoskop
  Ureteroskop
  Nephroskop
- Therapie
  Tumor: HF-Strom, Laser
  Stein: Laser, Zange, Schlinge, elektrohydraulisch, pneumatisch

Wesentliche Innovationen sind auf diesem Gebiet in nächster Zeit nicht zu erwarten. Vielleicht kommen zu modernen Hochfrequenzgeräten, Laser und Laser mit kontinuierlichen Wellen (CW-Laser) noch andere, bisher nicht bekannte Energiequellen hinzu.

2.2
Laparoskopie

Gänzlich anders als die nur zögerliche Umsetzung der endourologischen Techniken in die Routine hat sich die Laparoskopie in der Urologie entwickelt. Die Laparoskopie als bedeutsamster Zweig der minimal invasiven Chirurgie hat zu einem Innovationsschub geführt, wie er nur vergleichbar ist mit der Einführung von endourologischen Operationen in den 70er Jahren anstelle der offenen Blasen-, Nieren- und Prostataoperationen.

Auch damals waren die Widerstände von Vertretern der konservativen operativen Urologie und der älteren Generation gegenüber endourologischen Operationen wie der transurethralen Blasentumorentfernung (TUR-B) und der transurethralen Elektroresektion der Prostata (TUR-P) groß.

Heute kann man laparoskopische Eingriffe zwar noch ablehnen, aber verhindern lässt sich der Siegeszug der Laparoskopie in der Urologie nicht mehr! Als Meilenstein in der urologischen Onkologie gilt die erste laparoskopische pelvine Staging-Lymphadenektomie von Schuessler 1990, die ein Jahr später auch publiziert wurde (Schuessler et al. 1991). Damit wurde eine rasante Entwicklung von laparoskopischen Eingriffen bei benignen und malignen Erkrankungen in Gang gesetzt, die heute bei weitem noch nicht abgeschlossen ist und sich einer ständigen kritischen Überprüfung der Operationsindikationen zu unterziehen hat (Fahlenkamp et al. 1995).

Die Indikationen für laparoskopische Operationen muss man streng nach benignen und malignen Erkrankungen unterscheiden. In der nachfolgenden Übersicht erfolgt die Auflistung laparoskopisch möglicher Operationen in der Urologie. Als Hauptinnovation in der Urologie seit 1990 darf zweifellos die Einführung und Entwicklung der Laparoskopie in dieser Fachspezialität angesehen werden.

Indikationen und urologische Operationen als laparoskopische Eingriffe

- Benigne
Nephrektomie (Schrumpfniere)
Donornephrektomie
Nierenbeckenplastik
Nierenzysten

Ren mobilis
Adrenalektomie
Ureterstein (groß)
Retroperitonealfibrose (Ureterolyse, Intraperitonealisierung)
Lymphozele
Bauchhodensuche
Varikozele
- Maligne
Tumornephrektomie
Adrenalektomie
Nephroureterektomie
Retroperitoneale Lymphadenektomie
Pelvine Lymphadenektomie
Radikale Prostatektomie
Radikale Zystektomie mit Rekto-Sigmoid-Pouch

Aber auch andere Techniken wie der transrektale Ultraschall und die Entwicklung schneller Rechner mit integrierten Imagingsystemen und ferngesteuerter Computertechnik („remote control") waren Voraussetzung für die moderne High-Dose-Rate-(HDR-)Brachytherapie mit radioaktiven Isotopen wie Iridium 192 beim lokalisierten Prostatakarzinom, nachdem die diagnostische Staging-Lymphadenektomie durch Laparoskopie möglich geworden war (Henkert et al. 1993; Deger 1998).

Eine weitere Innovation in der Behandlung des lokalisierten Prostatakarzinoms stellte die Implantation von nichtradioaktiven Seeds aus einer Kobalt-Palladium-Legierung mit selbstregulierendem Temperaturabgleich bei etwa 50–52 °C dar (Abb. 8).

Über eine sich außerhalb des Körpers befindende Induktionsspule werden die Seeds in der Prostata erhitzt (Hyperthermie) und führen zur Destruktion des Prostatakarzinomgewebes. Diese als interstitielle Hyperthermie mit CoPd-Seeds bezeichnete Therapieoption wird mit einer perkutanen Strahlentherapie kombiniert und derzeit in einer Phase-II-Studie an der Charité untersucht (Franke 2000; Deger et al. 2001).

Auch diese Therapie wurde erst optimiert durch das laparoskopische pelvine Lymphknotenstaging mit Stratifizierung von Behandlungsgruppen nach Staging, Grading und PSA-Wert in High- und Low-Risk-Gruppen. Ein großer Anteil urologisch-onkologischer Operationen wird mittelfristig in den nächsten 5–10 Jahren als laparoskopischer Ein-

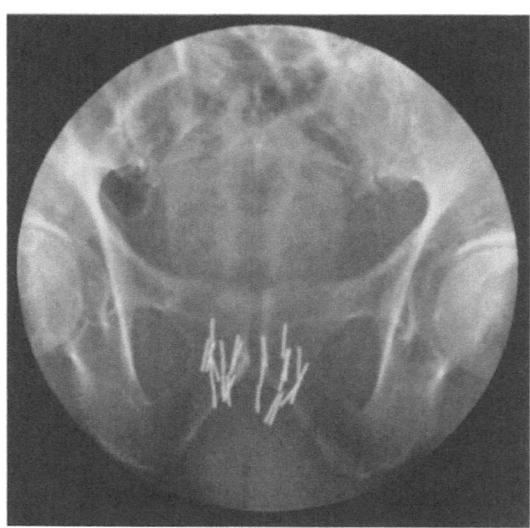

Abb. 8. Implantierte Kobalt-Palladium-Seeds in der Prostata

griff und nicht mehr als offene Schnittoperation vorgenommen werden. Dabei ist die handassistierte laparoskopische Operation meiner Auffassung nach lediglich als Zwischenstufe zwischen offener und rein laparoskopischer Operation zu betrachten, um auch der älteren Chirurgengeneration, die bisher nur offen operiert hat, eine Chance im Wettbewerb einzuräumen. In Wissenschaft und Technik wird die Fortschrittsrate alle 10 Jahre verdoppelt. Wir werden den Fortschritt von 100 Jahren daher in 25 Kalenderjahren erleben. Innerhalb dieses Szenariums scheint es realistisch, dass mittelfristig (5–10 Jahre) in medizinischen „centers of excellence" mehr als 90% der radikalen Prostatektomien (Türk et al. 2001a), mehr als 90% der T1- und T2-Tumornephrektomien und mehr als 90% der pelvinen Staging-Lymphadenektomien beim Prostatakarzinom zur Stratifizierung in Risikogruppen und systemischen Kankheitsbefall bei Vorliegen von Lymphknotenmetastasen laparoskopisch operiert werden können. Auch können mehr als 80% der Staging-Lymphadenektomien bei Hodentumoren im Stadium I laparoskopisch operiert werden anstelle eines großen Bauchschnitts, der üblicherweise vom Sternum bis zum Schambein reicht.

Beim Blasenkarzinom deutet sich eine ähnliche Entwicklung an, wenn eine kontinente Harnableitung als Rekto-Sigmoid-Pouch indiziert und vom Patienten bevorzugt wird. Mehr als 20% der radikalen Zystektomien könnten dann laparoskopisch operiert werden. Die Urologie an der Charité verfügt bisher als einzige Einrichtung in Europa über Erfahrungen mit diesem laparoskopischen Eingriff (Türk et al. 2001b).

Die Entwicklung von exzellenten operativ-laparoskopischen Techniken ist nicht nur vom Instrumentarium, von technischen Entwicklungen und von Vorteilen für die Patienten abhängig, sondern wird auch von Kreativität, schöpferischer Intelligenz, Mut und Risikobereitschaft bei sorgfältiger Wahrung der ethischen Richtlinien des Arztberufs geprägt.

Als eine weitere Triebkraft bei der Durchsetzung von Innovationen in der minimal invasiven Chirurgie erweist sich die leistungsfähige und demokratisierende Kraft des Internets auf das Verhältnis von Ärzten und Patienten. Durch das Internet und andere moderne Medienoptionen sind Patienten heute besser informiert als jemals zuvor und treten ihren Ärzten gegenüber mit Sachkenntnis und umfangreichem Wissen auf.

Laparoskopische Eingriffe werden sich v.a. dort durchsetzen, wo bei größeren Operationen (radikale Prostatektomie, Zystektomie, Tumornephrektomie, Nephroureterektomie) mit intraoperativen Blutverlusten über 500 ml zu rechnen ist, wo Wundinfektionen und v.a. wo postoperative Schmerzen auftreten. Intraoperativer Blutverlust, Wundinfektionen und postoperativer Schmerz werden bei laparoskopischen Operationen extrem minimiert. Gegen die Laparoskopie sprechen gelegentlich noch längere Operationszeiten bei einigen Eingriffen. Das scheint jedoch mehr eine Frage der Lernkurve bei den Operateuren zu sein. Das Hauptproblem wird wohl eher im Widerstand auf der Leitungsebene chirurgischer Einrichtungen gegen die Umsetzung und Einführung innovativer minimal invasiver Operationstechniken zu suchen sein. Selbstverständlich spielen auch die finanziellen Ressourcen eine Rolle. Auch müssen Änderungen in den Facharztausbildungen und Weiterbildungsordnungen angesichts des weltweit erkennbaren Trends zur minimal invasiven Chirurgie vorangetrieben und nicht abwartend behandelt werden.

3
Realität und Zukunftsperspektiven

Welche Innovationen sind bei laparoskopischen Eingriffen in der Urologie in einem überschaubaren Zeitraum von 3–10 Jahren zu erwarten?

Menschen vermögen ihre Intelligenz durch formal nicht biologische Intelligenz zu steigern, indem Apparate, Techniken und Hilfsmittel zur Beseitigung von angeborenen und/oder erworbenen Schwächen und Behinderungen in den menschlichen Körper implantiert werden. Andererseits werden intelligente Roboter entwickelt, um von außerhalb des menschlichen Körpers im Menschen selbst Operationen vorzunehmen mit Operationswerkzeugen, die dreidimensionale Handlungsfreiheiten und Bewegungen vergleichbar der menschlichen Hand erlauben und von Computern gespeist, gelenkt und gesteuert werden. Die Ideen und Entwicklungen dazu sind in ihrem Ursprung im Militärwesen zu suchen und dort mit dem Ziel versehen, in für Menschen unzugängliche Gebiete vordringen zu können und ferngelenkt menschenspezifische Handlungen zu verrichten. Die Dualität von wünschenswerter und nicht wünschenswerter Technologie liegt dabei in der menschlichen Natur begründet und vermag kreativ, aber auch zerstörerisch zu sein. Das Wissen über zerstörerische Technologien impliziert aber auch die Entwicklung von Schutztechnologien für Computer, Internet und Computernetzwerke, die für Robotereingriffe eine Voraussetzung darstellen.

Entwicklungen werden sich bei minimal invasiven Operationstechniken einmal auf die Instrumente selbst und zum anderen auf die Robotertechnik projizieren.

Die erste Generation der *Sprachroboter*, bei der intraoperative Kamerabewegungen durch Sprachkommandos des Operateurs vom Roboter simuliert und vollzogen werden, scheint bereits veraltet und zu träge bei schnellerer Abfolge von Operationsschritten. Der Vorteil besteht in der Einsparung eines assistierenden Arztes, so dass nur zwei Ärzte für derartige laparoskopische Eingriffe benötigt werden.

Laparoskopisches Operieren mit einem *3-D-Kopfmonitor* ermöglicht ein dreidimensionales Sehen als Vorstufe der virtuellen Realität. Die Mehrzahl der laparoskopisch tätigen Ärzte hat diese körperlich belastende Methode, die höchste Konzentration beim Operieren erfordert, aufgegeben. Es fehlten bisher zur Vervollständigung des dreidimensionalen Sehens auch die sich dreidimensional bewegenden Instrumente, die menschliche Handbewegungen nachahmen können. Über derartige

Instrumente verfügen jedoch bereits verbesserte *Operationsroboter*. Hier werden am Operationstisch entsprechende Halterungsarme angebracht, die die Roboter aufnehmen können. Die Trokarzugänge in den Bauchraum müssen weiterhin als operative Eingriffe vom Arzt selbst gelegt werden. Mehrere Arbeitstrokare mit den entsprechenden Instrumenten (Greifer, Schere, Zange etc.) und die Operationskamera, die alle Instrumentenbewegungen begleitet und dem Operateur das Operationsfeld zeigt, werden mit dem Roboter verbunden. Der Operateur selbst sitzt dann allein und räumlich entfernt vom Patienten mit den roboterarmierten Instrumenten und steuert 3-D-konformal mit koordinierten Fuß- und Fingerbewegungen die einzelnen operativen Schritte wie Gewebe weghalten, schneiden, Blut stillen, nähen und Gewebe entfernen. Die Dimensionen von derzeit existierenden Operationsrobotern sind räumlich noch zu groß, die Bewegungsabläufe für den Operateur unergonomisch und die Operationszeiten im Vergleich zu handoperierten laparoskopischen Eingriffen mit ergonomisch-individuellen Instrumenten und Horizont selbsteinstellender Kamera noch zu lang. Diese Einschränkungen dürften jedoch angesichts der beschriebenen Geschwindigkeit in Forschung und Entwicklung nur eine zeitlich begrenzte Limitierung darstellen, denn gerade der Einsatz von Operationsrobotern stellt eine Voraussetzung für die Nutzung von *Telechirurgie* dar. Dabei kann eine Steuerung per Glasfaserkabel oder per Satellit erfolgen. Eine Gefahr der Satellitenübertragung bei laparoskopischen Operationen besteht derzeit noch in der zeitlichen Verzögerungsfrequenz von 1–3 s bei den einzelnen Operationsschritten.

Bereits in naher Zukunft könnten von einem laparoskopischen „center of excellence" aus komplizierte laparoskopische Operationen mit schwierigen/atypischen Gefäßverhältnissen, seltenen Organanomalien oder ungewöhnlichen, unbekannten oder unerwarteten Organveränderungen telechirurgisch beraten, begleitet oder durchgeführt werden. Virtuelle Realität kann sich dann als Kommunikation zwischen Boston, Berlin und Tokyo abspielen.

Aber auch in der Funktion als operative Weiterbildung in Laparoskopie ist die Telechirurgie denkbar anstelle aufwendiger Hospitationen oder Operationskurse innerhalb Deutschlands oder Europas. Vor der Erfindung des Telefons im 19. Jahrhundert war es auch unvorstellbar, mit einem Menschen zu sprechen, der viele Hundert Kilometer entfernt war – das Telefon ist akustische virtuelle Realität geworden (Kurzweil 1999).

Die allgemeine Entwicklung in der Medizin wird jedoch künftig neben der Vervollkommnung in Diagnostik und Therapie – hier stehen die minimal invasiven Techniken im Mittelpunkt – stärker die Prävention von Krebserkrankungen zum Ziel haben. Molekulare, endokrinologische und umwelteinbeziehende Bereiche des Lebens bedürfen der koordinierenden Zuordnung. Genomics, Proteomics und Metanomics durchdringen Krankheitsprozesse, synchronisieren biologische Vorgänge und werden immer wichtiger in der Erforschung von Krankheiten.

Neben Operationen, Strahlentherapie und Chemotherapie werden zunehmend auch in der Urologie Immuntherapieoptionen, der Einsatz von monoklonalen Antikörpern und die Gentherapie mit HLA-identischen Zellen die Forschung und Krebsbekämpfung befruchten und zum Inhalt haben. Dazu bedarf es auch künftig großzügiger Förderungen und enormer Anstrengungen aller Wissenschaftler.

Literatur

Alken P, Hutschenreiter G, Günther R, Marberger M (1981) Percutaneos stone manipulation. J Urol 125:463–466

Brandt L (Hrsg) (1997) Illustrierte Geschichte der Anästhesie. Wissenschaftliche Verlagsgesellschaft, Stuttgart

Chaussy Ch, Brendel W, Schmiedt E (1980) Extra-corporally induced destruction of kidney stones by shock waves. Lancet 1:1265

Deger S (1998) Stellenwert der interstitiellen Bestrahlung bei der kurativen Behandlung des lokal fortgeschrittenen Prostatakarzinoms. Dissertation, Humboldt-Universität Berlin

Deger S, Böhmer D, Türk I, Franke M, Roigas J, Budach V, Loening SA (2001) Thermoradiotherapie mit interstitiellen Thermoseeds bei der Behandlung des lokalen Prostatakarzinoms: erste Ergebnisse einer Phase-II-Studie. Urologe A 40:195–198

Fahlenkamp D, Loening SA, Winfield HN (1995) Advances in laparoscopic urology. Blackwell, Berlin

Franke M (2000) Interstitielle Hyperthermie bei der Behandlung des Prostatakarzinoms. Dissertation, Humboldt-Universität Berlin

Guddat H-M (1996) Nitze in Berlin – Zum 90. Geburtstag von Maximilian Nitze, 1848–1906. In: Schnorr D, Loening SA, Guddat H-M (Hrsg) Das oberflächliche Harnblasenkarzinom – eine lebenslange panurotheliale Erkrankung? Logos, Berlin

Henkert M, Schnorr D, Loening SA (1993) Alternative Behandlung des lokoregionären Prostatakarzinoms – Iridium-192-Afterloading plus perkutane Hochvoltbestrahlung. TW Urologie Nephrologie 5:117–120

Korth K (1984) Perkutane Nierensteinchirurgie. Springer, Berlin Heidelberg New York Tokyo

Kurzweil R (1999) Homo s@piens – Leben im 21. Jahrhundert. Kiepenheuer & Witsch, Köln

Perez-Castro E, Pineiro JA (1982) Ureteral and renal endoscopy. Eur Urol 8:17

Scholz A, Starke Ch (1996) Nitze in Dresden. In: Schnorr D, Loening SA, Guddat H-M (Hrsg) Das oberflächliche Harnblasenkarzinom – eine lebenslange panurotheliale Erkrankung? Logos, Berlin

Schuessler WW, Vancaillie TG, Reich H, Griffith DP (1991) Tansperitoneal endosurgical lymphadenectomy in patients with localized prostate cancer. J Urol 145:988

Türk I, Deger S, Winkelmann B, Schönberger B, Loening SA (2001a) Laparoscopic radical prostatectomy – technical aspects and experience with 125 cases. Eur Urol (in press)

Türk I, Deger S, Winkelmann B, Schönberger B, Loening SA (2001b) Laparoscopic radical cystectomy with continent urinary diversion (rectum-sigma pouch) performed completely intracorporeally: the initial 5 cases. J Urol 165:186

Minimal invasive thorakoskopische Eingriffe an der Wirbelsäule

Rudolf Beisse

Inhalt

1	**Historische Vorbemerkungen**	200
1.1	Endoskopie und Wirbelsäule	200
1.2	Entwicklung der Wirbelsäulenchirurgie	201
1.3	Einführung videoendoskopischer Verfahren	203
2	**Operationsplanung**	205
2.1	Indikation, Kontraindikation und Zeitpunkt der Operation	205
2.2	Diagnostik	206
2.2.1	Klinische Untersuchung	206
2.2.2	Apparative Diagnostik	207
2.3	Technische Voraussetzungen	208
2.3.1	Bildübertragung	208
2.3.2	Instrumente und Implantat	208
2.4	Anästhesie	210
2.5	Lagerung und Anzeichnen der Zugänge	210
2.5.1	Lagerung	210
2.5.2	Anzeichnen der Zugänge	211
3	**Operationsdurchführung**	214
3.1	Anlage der Zugänge	214
3.2	Endoskopische Anatomie	214
3.3	Endoskopische Versorgung einer Wirbelfraktur	216
4	**Operationsvarianten**	220
4.1	Thorakolumbale Eingriffe mit Zwerchfellinzision	220
4.2	Zwei-Höhen-Eingriff	222
4.3	Spinale Dekompression von vorn	222
4.4	Wirbelkörperersatz	223

5	Nachbehandlung	224
5.1	Postoperative Phase	224
5.2	Mobilisation und Krankengymnastik	224
6	Eigene Ergebnisse	225
7	Zusammenfassung	226
Literatur		227

1
Historische Vorbemerkungen

1.1
Endoskopie und Wirbelsäule

Im Jahre 1910 berichtete der Chirurg Jacobaeus in der Münchener Medizinischen Wochenschrift als Erster über den erfolgreichen Einsatz eines optischen Instruments zur Spiegelung der Brusthöhle. Er verwendete eine starre, röhrenförmige Optik, die üblicherweise zur Spiegelung der Harnblase eingesetzt wurde und führte sie in den Brustkorb ein. 1978 wurde in Fachzeitschriften eine endoskopische Methode der Durchtrennung und Verödung von Strukturen des vegetativen Nervensystems über der Wirbelsäule zur Behandlung krankhaft gesteigerter Schweißsekretion der Hände und Achseln publiziert. Es sollten jedoch fast 90 Jahre seit der ersten Veröffentlichung von Jacobaeus vergehen, bis Mitte der 90er Jahre die ersten endoskopischen Eingriffe an der Brust- und Lendenwirbelsäule vorgenommen wurden. Dabei handelte es sich fast ausschließlich um die Beschreibung von minimal invasiven Eingriffen zur Behandlung degenerativer Erkrankungen (z.B. Berichte über die endoskopische Entfernung von Bandscheibengewebe). 1995 berichteten amerikanische Chirurgen über die ersten 100 endoskopischen Eingriffe an der Wirbelsäule, die im Rahmen einer Multicenterstudie aus mehreren Kliniken der Vereinigten Staaten zusammengetragen wurden. Im deutschsprachigen Raum war es der Neurochirurg Daniel Rosenthal, der 1994 über den Einsatz der endoskopischen Mikrochirurgie zur Entfernung von Bandscheibengewebe berichtete.

1.2
Entwicklung der Wirbelsäulenchirurgie

Die operative Behandlung von Wirbelverletzungen ist im Vergleich zu anderen Verfahren der Chirurgie des Bewegungsapparates eine noch sehr junge Disziplin. Zunächst wurden Methoden der Aufrichtung und Stabilisierung der Wirbelsäule über Stab- oder Plattensysteme bevorzugt, die über einen Zugang am Rücken des Patienten an der Wirbelsäule befestigt wurden. Diese Stabilisatoren wurden mit Haken in den Wirbelbögen oder mit Schrauben in den Bogenwurzeln und Wirbelkörpern unter Schonung des Rückenmarkkanals verankert. Wenn möglich wurde auf den direkten Zugang auf den vorne gelegenen Wirbelkörper verzichtet, um den hierfür erforderlichen offenen Zugang und die ausgedehnte Freilegung der Wirbelsäule in Brust- und Bauchraum zu vermeiden. Dabei wich man notgedrungen von einem biomechanisch bewährten Prinzip der Unfallchirurgie ab, die tragenden Strukturen des Skeletts dort zu rekonstruieren, wo sie nicht nur den höchsten Belastungen ausgesetzt sind, sondern insbesondere auch die größte Zerstörung im Verletzungsfall aufweisen. Im Bereich der Wirbelsäule sind dies die Wirbelkörper mit den dazwischen liegenden Bandscheiben, die bei aufrechter Haltung 80% der einwirkenden Last tragen. Langfristig gesehen konnten die hier erzielten Ergebnisse die gewachsenen Ansprüche an die Wiederherstellung der Form und Funktion der Wirbelsäule nicht befriedigen.

Andererseits erforderte der offene Zugang zum vorderen Abschnitt der Wirbelsäule aufgrund des tief im Inneren des Menschen gelegenen Operationsgebietes eine trichterförmige Anordnung von Zugang und Operationsgebiet, um eine ausreichende Sicht zu gewährleisten und den manuell-instrumentellen Zugriff zu ermöglichen (Abb. 1). Die mit dem ausgedehnten, bis zu 40 cm langen Zugang verbundene Traumatisierung von Haut, Weichteilen, Rippen und den darunter ziehenden Gefäß-Nerven-Straßen hinterließ nicht selten bleibende Beeinträchtigungen (Abb. 2), deren Häufigkeit in einer großen amerikanischen Sammelstudie mit 14,7% angegeben wurde (Faciszewski et al. 1995).

Eine Verbesserung dieser Situation konnte durch eine Verkleinerung des konventionellen Zugangs auf 5–10 cm erzielt werden. Hierfür wurden spezielle Wund- und Rippensspreizer entwickelt, die einen tubusförmigen Zugang schufen. Die Ausleuchtung des Operationsfeldes wurde zunächst mit einer Stirnlampe bewerkstelligt, die den Einblick

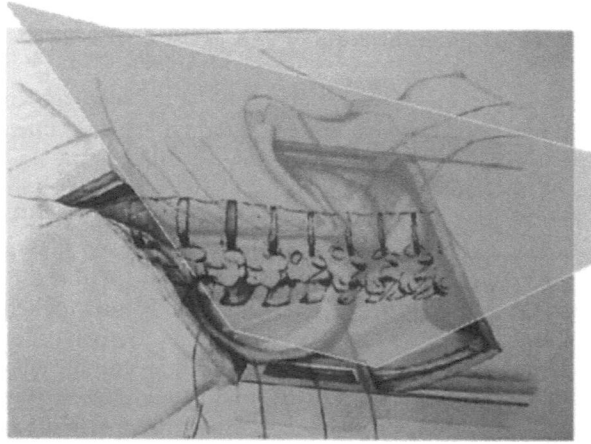

Abb. 1. Typische trichterförmige Anordnung von Zugang und Operationsgebiet beim offenen Verfahren

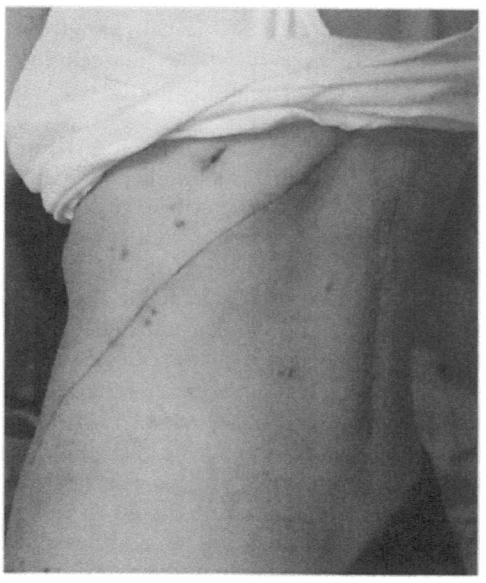

Abb. 2. Narbe nach Thorakophrenolumbotomie als Zugang zum 1. Lendenwirbel

auf den Operateur selbst beschränkte. Später kamen dann Staboptiken und das Operationsmikroskop zum Einsatz, die eine Bildübertragung auf einen Monitor ermöglichten. Diese Techniken werden nach wie vor als Alternative zum minimal invasiven videoendoskopischen Verfahren durchgeführt.

1.3
Einführung videoendoskopischer Verfahren

Den erfolgreichen Entwicklungen der endoskopischen Chirurgie auf anderen Gebieten der Chirurgie folgend, war die Zeit Mitte der 90er Jahre reif, um auch für den unfallchirurgischen Indikationsbereich nach entsprechenden operationstechnischen Lösungen zu suchen. Das Ergebnis dieser Bemühungen stellt die inzwischen an mehreren Kliniken in Deutschland, Europa und den USA als Standardmethode eingeführte thorakoskopische Operationsmethode an der Wirbelsäule dar.

Die Berufsgenossenschaftliche Unfallklinik im oberbayerischen Murnau führte als eine der ersten Kliniken in Deutschland das als VATS („video-assisted thoracoscopic surgery") bezeichnete thoraxchirurgische Verfahren für die Versorgung von Wirbelsäulenverletzten ein und entwickelte es weiter. Bei der VATS wird der Eingriff ausschließlich auf endoskopischem Weg über 4 in die Brustwand eingelassene Trokarhülsen mit einem Durchmesser von 5–11 mm vorgenommen. Die flexiblen Röhren werden über 1,5 cm lange Hautschnitte seitlich in den Brustkorb zwischen die Rippen gesetzt (Abb. 3). Auf die sonst erforderliche Entfernung einer Rippe als auch auf den dauerhaften Einsatz von Rippenspreizern kann dabei vollständig verzichtet werden, um die empfindlichen Strukturen der zwischen den Rippen verlaufenden Gefäß-Nerven-Bündel so weit als möglich zu schonen. Dabei dient eine der Hülsen, die in einer Achse mit einer zweiten über der Wirbelsäule angeordnet wird, als Gleitröhre für eine 30° abgewinkelte Optik, die das Bild aus dem Brustraum über eine hochauflösende Videokamera auf zwei den Operateuren gegenüberstehende Fernsehmonitore überträgt. Das Operationsteam besteht aus dem die Kamera führenden Assistenten und den beiden Operateuren. Drei Trokarhülsen dienen der Aufnahme der Operationsinstrumente. Dazu gehört ein fingerartig geformter Stab, dessen vorderes Drittel im Brustraum zu einem Fächer aufgespreizt werden kann, um Teile der Lunge und das Zwerchfell vom eigent-

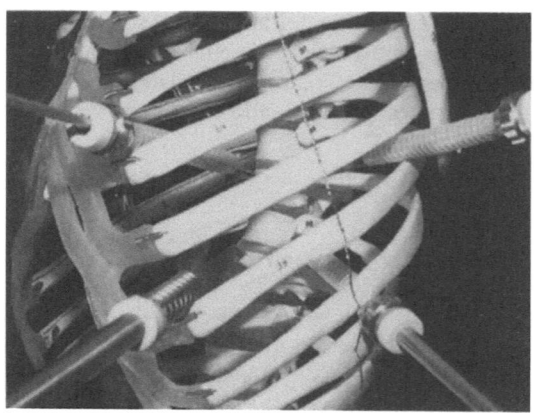

Abb. 3. Anlage der Trokare in den Zwischenrippenräumen der seitlichen Thoraxwand

lichen Operationsgebiet fernzuhalten. Über eine weitere Trokarhülse wird ein röhrenförmiges Instrument mit einem Durchmesser von 5 mm eingeführt, über das Blut abgesaugt und das Operationsgebiet gespült werden kann. Ein unmittelbar über dem verletzten Wirbel gesetzter Trokar dient der Aufnahme der Operationswerkzeuge, z.B. Meißel, Zange oder Fräse. Alle Instrumente, von denen die meisten speziell für das Verfahren entwickelt wurden, weisen eine Länge zwischen 20 und 30 cm auf, um damit das Operationsgebiet erreichen zu können.

Insbesondere gilt dies für ein endoskopisches Distanzmessgerät, das eine exakte Messung von Strecken innerhalb des Körpers ermöglicht und somit die Passgenauigkeit von Implantaten und Knochenersatzmaterialien wesentlich verbesserte.

Einen wesentlichen Fortschritt bedeutet darüber hinaus die Entwicklung des ersten an die endoskopische Technik adaptierten winkelstabilen Platten-Schrauben-Implantats aus Titan (Abb. 4), das stabile Osteosynthesen und Fusionen von Wirbelsäulenabschnitten ermöglicht, wie dies bisher nur in offener Technik möglich war.

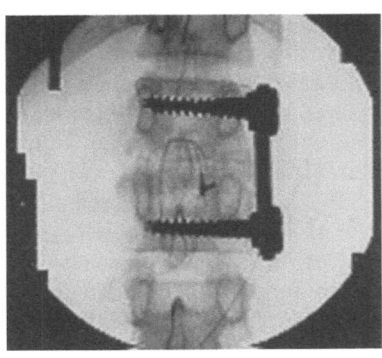

Abb. 4. Winkelstabiles Implantat für die endoskopische Fusionstechnik an der Wirbelsäule im Röntgenbild

2
Operationsplanung

2.1
Indikation, Kontraindikation und Zeitpunkt der Operation

Thorakoskopische Eingriffe an der Wirbelsäule stellen aufgrund des hohen technischen und operativen Aufwands in der Regel keine Notfalleingriffe dar. Sie werden zum Zeitpunkt der Wahl nach Ausschluss von Begleitverletzungen bei stabilen Kreislaufverhältnissen und ausreichender Lungenfunktion vorgenommen. Gegen den notfallmäßigen ventralen Eingriff sprechen auch die häufig mit der Wirbelsäulenverletzung vergesellschafteten Traumen der Thoraxwand und der intrathorakalen Organe, deren Ausmaß sich häufig erst in den Folgetagen nach dem Unfall manifestiert.

Instabile Verletzungen der Wirbelsäule sind dringlich zu operieren, wohingegen das Vorliegen neurologischer Ausfälle eine Indikation zum Notfalleingriff darstellt. Zu bevorzugen ist in diesen Fällen eine primär dorsale Stabilisierung mit einem Fixateur interne mit evtl. ergänzender dorsaler Dekompression des Spinalkanals. Ist im Rahmen des thorakoskopischen Eingriffs zusätzlich zum Wirbelkörper(teil)ersatz mit Span die Stabilisierung mit einem Metallimplantat vorgesehen, so ist bereits beim Ersteingriff auf eine korrekte Platzierung der Pedikelschrauben zu achten, um eine Kollision der eingebrachten Pedikelschrauben mit den Verankerungsschrauben des ventralen Implantats beim Zweiteingriff zu vermeiden. Instabile Situationen anderer Ätiologie, wie degenerative Erkrankungen des Bandscheibengewebes oder entzündliche, tumoröse oder metastatische Prozesse der Rumpfwirbelsäule, stellen weitere Indikationen zur Durchführung der endoskopischen Operation dar.

Die Korrektur älterer, meist frakturbedingter Fehlstellungen erfordert nicht selten ein kombiniertes dorsal offenes und ventral endoskopisches Vorgehen. Bei den Selektiveingriffen sollte trotz des beim endoskopischen Eingriff deutlich geringeren Blutverlusts an die Möglichkeit der präoperativen Eigenblutspende gedacht werden, um das Risiko der Fremdblutgabe zu minimieren.

Vorbestehende Erkrankungen mit wesentlicher pulmokardialer Einschränkung stellen ebenso eine Kontraindikation zum offenen und endoskopischen Vorgehen dar wie ein akutes posttraumatisches Lungenversagen und Störungen der Blutgerinnung. Die Dringlichkeit des Eingriffs, insbesondere bei Vorliegen oder Zunahme neurologischer Ausfälle, ist gegen mögliche Einschränkungen der Operationsfähigkeit abzuwägen.

2.2
Diagnostik

2.2.1
Klinische Untersuchung

Im Vordergrund der Diagnostik von traumatischen, anlagebedingten und degenerativen Veränderungen der Wirbelsäule stehen radiologische Verfahren, so dass sich die klinische Untersuchung, insbesondere bei Verdacht auf eine Verletzung der Rumpfwirbelsäule, auf die Erhebung des neurologischen Status beschränken kann. Begleitverletzungen gilt es auszuschließen.

2.2.2
Apparative Diagnostik

Röntgen, CT und MRT

Bei bestimmten Unfallmechanismen (Hochrasanztrauma, Sturz aus >2,50 m Höhe) sollte eine Traumaserie mit Röntgenaufnahmen der gesamten Wirbelsäule in beiden Ebenen, des Beckens und des Thorax angefertigt werden.

Konventionell nicht eindeutig beurteilbare Übergangssegmente oder Abschnitte mit eindeutigen Verletzungszeichen werden mittels Computertomographie (CT) weiter abgeklärt. Die computertomographischen Schichtaufnahmen des verletzten Wirbelkörpers stellen eine wesentliche Grundlage für die Entscheidung für oder gegen eine kurzstreckige monosegmentale interkorporelle Fusion dar. Um eine sichere Verankerung des Spans und der grundplattennah zu platzierenden Schrauben zu erreichen, muss mindestens die Hälfte des Wirbelkörpers computertomographisch eine intakte und tragfähige Knochenstruktur aufweisen. Im Einzelfall ist für die Operationsplanung eine 3-D-Rekonstruktion hilfreich (Abb. 5). Neurologische Ausfallerscheinungen ohne ein entsprechendes knöchernes Äquivalent im konventionellen Röntgenbild oder CT erfordern zum Ausschluss einer spinalen Kontusion oder Einblutung eine erweiterte Diagnostik mittels Magnetresonanztomographie (MRT).

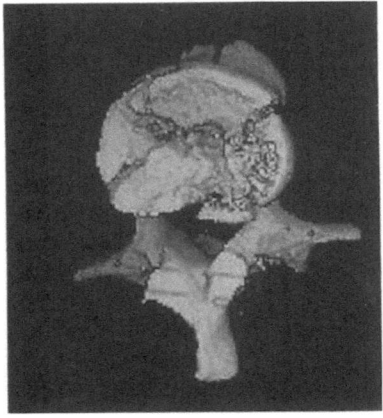

Abb. 5. 3-D-Rekonstruktion eines hochgradig instabilen Bruchs des 1. Lendenwirbels mit zusätzlicher Rotation des Wirbels (sog. C-Verletzung)

Vor rekonstruktiven Eingriffen sind das Ausmaß der Fehlstellung und die erforderliche Korrektur exakt zu vermessen.

Lungenfunktionsprüfung und Blutgasanalyse
Die Indikation zur präoperativen Beurteilung der Lungenfunktion trägt dem Umstand Rechnung, dass sowohl Fehlstellungen als auch Verletzungen der Wirbelsäule durch ein direktes Trauma der intrathorakalen Organe eine Beeinträchtigung der Lungenfunktion nach sich ziehen können. Der thorakoskopische Eingriff selbst, der die weitgehende Ausschaltung einer Lungenhälfte voraussetzt, kann hier zu einer Verschlechterung der pulmonalen Ausgangssitutation führen.

2.3
Technische Voraussetzungen

2.3.1
Bildübertragung

Die Bildkette besteht aus einer 30°-Winkeloptik mit daran angekoppelter hochauflösender 3-Chip-Videokamera. Die Ausleuchtung des verhältnismäßig großen intrathorakalen Operationsraums erfordert eine lichtstarke (Xenon-)Kaltlichtquelle. Das Bild wird auf zwei dem Operateur und dem Assistenten gegenüberstehende Monitore übertragen. Da der Assistent „gegen die Kamera" arbeitet, wird ihm ein in zweifacher Hinsicht gespiegeltes Bild angeboten, das eine sichere Instrumentenführung erschwert und auf Dauer außerordentlich ermüdet. Hier empfiehlt sich die Verwendung eines Gerätes mit optionaler digitaler Umkehrfunktion des Bildes. Eine digitale Bildaufzeichnungseinheit und ein Videorecorder ergänzen den Videoturm (Abb. 6).

2.3.2
Instrumente und Implantat

Neben einem konventionellen Instrumentarium für die Anlage und den Verschluss der endoskopischen Portale werden zusätzlich eine oszillierende Säge und eine Hochfrequenzturbinenfräse verwendet.

Minmal invasive thorakoskopische Eingriffe an der Wirbelsäule 209

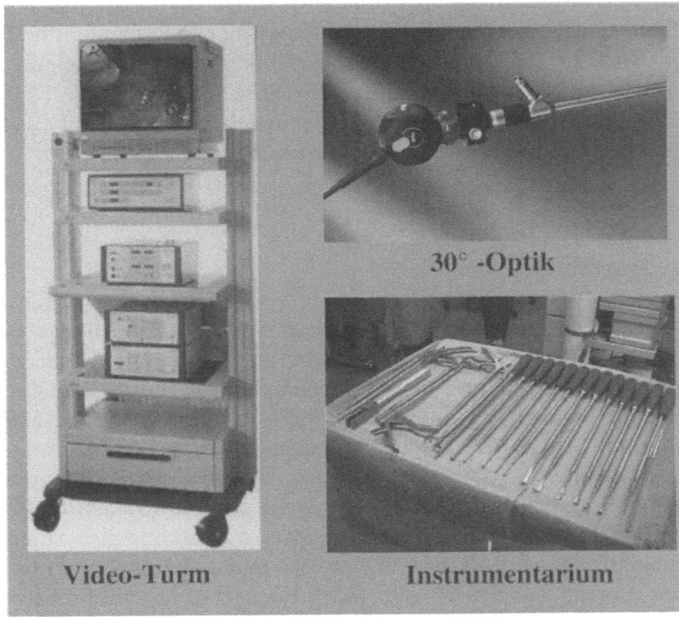

Abb. 6. Videoeinrichtung, Optik und Instrumente. (Aus Beisse 2000)

Das endoskopische Instrumentarium besteht aus Instrumenten für die minimal invasive Weichteil- und Gefäßpräparation, wie sie auch in der endoskopischen Viszeralchirurgie Verwendung finden: Präparierhaken, Taststab, scharfe Haltezange 5 mm, Overholt 10 mm 90° abgewinkelt, Overholt gebogen 5 mm und Saug-Spül-Instrument. Für die Eröffnung der Pleura und des Zwerchfells verwenden wir bevorzugt ein Ultraschallmesser. Aufgrund der möglichen Komplikationen im Zusammenhang mit der Anwendung monopolaren Stroms in unmittelbarer Nähe des Rückenmarks und der Nervenwurzeln favorisieren wir die Verwendung von Ultraschall zur Blutstillung und Gewebedurchtrennung.

Für die minimal invasive Knochen- und Bandscheibenresektion werden extralange Instrumente verwendet, die eine Länge zwischen 20 und 30 cm aufweisen. Die Instrumente sind massiv ausgeführt und liegen gut in der Hand. Sie werden überwiegend beidhändig geführt:

„Eine Hand führt, die andere sichert." Dazu gehören ein Osteotom, ein Bandscheibenmesser, gerade und abgewinkelte Rongeure und Stanzen, Stößel, Cloward-Löffel, Küretten, Tasthaken und ein Dissektor.

Für die Montage des Implantats (MACS TL®, Aesculap, Tuttlingen, Germany) stehen die vom Hersteller angebotenen und auf das Implantat abgestimmten Instrumente zur Verfügung.

2.4
Anästhesie

Die Operation erfolgt in Allgemeinanästhesie nach präoperativer Anlage eines Periduralkatheters zur postoperativen Schmerzbehandlung. Die Verwendung eines Doppellumentubus ermöglicht die weitgehende Ausschaltung einer Lungenhälfte auf der Operationsseite. In den meisten Fällen, insbesondere bei den Eingriffen an der unteren BWS und am thorakolumbalen Übergang, ist eine Teilbelüftung der linken Lunge möglich. Ein Cell-Saver-System zur Blutrückgewinnung kann installiert werden. In Anbetracht eines durchschnittlich zu erwartenden Blutverlusts zwischen 200 und 500 ml ist eine Aufbereitung nur selten sinnvoll. Für den Eingriff sind 4 Konserven Fremdblut bereitzustellen. Bei Selektiveingriffen sollte 2–3 Einheiten Eigenblut vorgesehen werden. Wird eine Thoraxdrainage mit Sog eingelegt, ist ein postoperativer Überwachungsplatz auf der Intensivstation bereitzustellen.

2.5
Lagerung und Anzeichnen der Zugänge

2.5.1
Lagerung

In Rückenlage wird zunächst die seitengetrennte Intubation vorgenommen und die einwandfreie Lage des Doppellumentubus bronchoskopisch kontrolliert. Der Patient wird dann achsengerecht in eine stabile Seitenlage gebracht, die durch eine Vierpunktabstützung durch Seitstützen über der Symphyse, dem Kreuzbein, den Schulterblättern und mittels einer Armstütze gesichert wird. Auf eine ausreichende Polsterung prominenter Körperpartien ist besonders im Hinblick auf die zumindest anfangs längere Operationszeit zu achten.

Die Lage der Aorta in Bezug zur Wirbelsäule ist entscheidend für die Wahl zwischen Rechts- und Linksseitenlagerung. Sie kann aus den computertomographischen Schnittbildern der Wirbelsäule eindeutig definiert werden. Als ungefährer Anhaltspunkt kann der 8. Brustwirbel herangezogen werden. Läsionen oberhalb werden in der Regel von rechts, die darunter befindlichen thorakolumbalen Veränderungen von links angegangen.

2.5.2
Anzeichnen der Zugänge

Das Anzeichnen der Zugänge gehört zu den wichtigsten Maßnahmen vor Beginn der eigentlichen Operation. Eine fehlerhafte und ungenaue Anlage des Arbeitstrokars kann den gesamten Operationsablauf behindern und zur Fehllage von Implantaten führen.

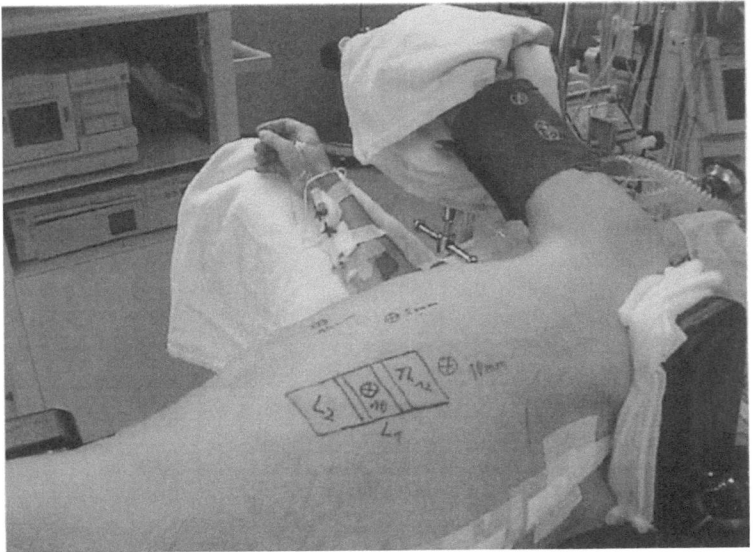

Abb. 7. Anzeichnen der Portale und der verletzten Segmente in Seitenlage des Patienten

Zunächst wird der verletzte Wirbelsäulenabschnitt mit einem Röntgenbildverstärker in seitlicher Durchleuchtung identifiziert. Jeder zu instrumentierende Wirbel wird zentral eingestellt, um Projektionsfehler zu vermeiden. Dabei ist auf eine überlagerungsfreie Darstellung sowohl der Grund- und Deckplatte als auch der Hinterkante ohne Doppelkontur zu achten. Mit einem röntgendichten Gegenstand, z.B. einem langen Raspatorium und einem Fettstift, werden nun die einzelnen Wirbelkörper schrittweise auf die laterale Thorax- oder Bauchwand übertragen und dort eingezeichnet (Abb. 7). Der Arbeitstrokar wird orthograd über dem verletzten Segment eingezeichnet, wobei der Verlauf der Rippen manchmal dazu zwingt, in den darunter oder darüber befindlichen Interkostalraum auszuweichen. Es hat sich bewährt, den Trokar für die Optik in der Wirbelsäulenachse 2–3 Interkostalräume kranial oder kaudal des Arbeitstrokars einzuzeichnen. Bei Eingriffen an der BWS liegt die Optik kaudal, bei Eingriffen an der unteren BWS und am thorakolumbalen Übergang kranial des Arbeitsportals. Die Zugänge für Spülung/Saugung und den Retraktor liegen etwa eine Handbreit ventral der zuerst genannten.

Beide Monitore werden nun am Fußende des Op-Tischs schräg gegenüber Operateur und Assistent aufgestellt (Abb. 8). Operateur und Kameramann stehen zusammen im Rücken des Patienten. Der C-Bogen wird bei Bedarf zwischen diesen positioniert. Assistent und Röntgenbildverstärkermonitor stehen gegenüber.

Minmal invasive thorakoskopische Eingriffe an der Wirbelsäule 213

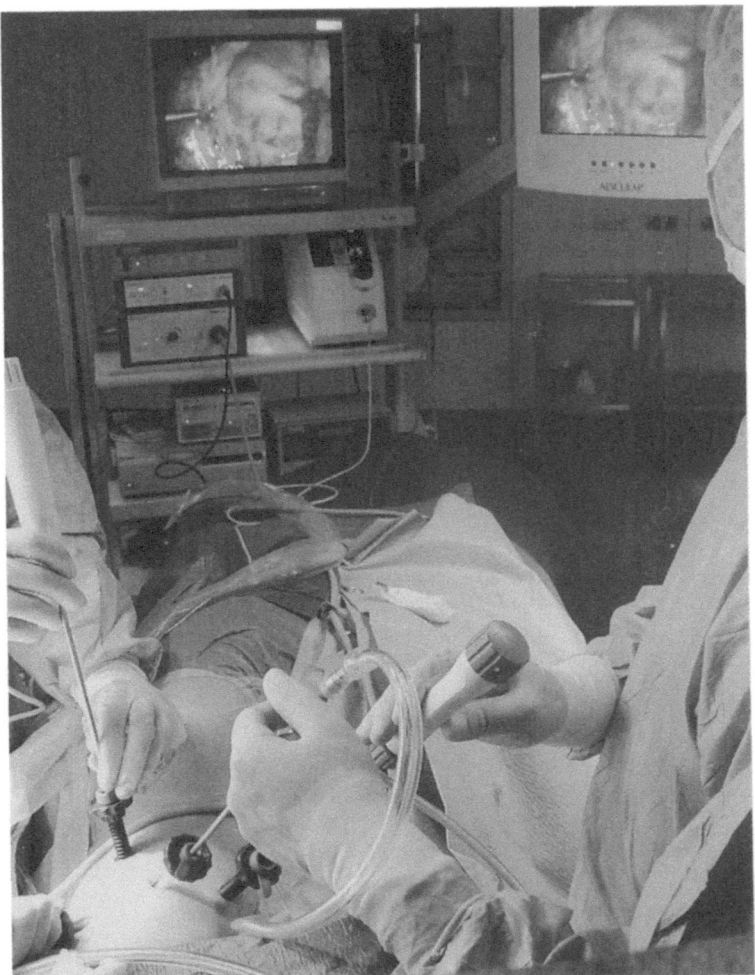

Abb. 8. Situation nach Anlage der Portale und Einführen der Optik und der Instrumente

3
Operationsdurchführung

3.1
Anlage der Zugänge

Nach Anlage des am weitesten kranial und sicher thorakal gelegenen Zugangs über eine 1,5 cm lange Hautinzision im Verlauf des Interkostalraums und Eröffnung der Pleura wird nun das sich atemsynchron verschiebende Lungenparenchym sichtbar. Wir informieren den Anästhesisten, um die Lunge kollabieren zu lassen. Dann platzieren wir den ersten Trokar. Die Optik wird flach in Richtung des zweiten Zugangs eingeführt und unter Sicht vorgeschoben. Durch Eindrücken der geplanten Eintrittsstelle des zweiten Trokars mit dem Finger kann die Durchtrittsstelle an der inneren Brustwand sichtbar gemacht werden. Dort inzidieren wir die Haut und gehen mit der Schere unter spreizenden Bewegungen bis zur gut sichtbaren Perforation der Pleura durch die Scherenspitze ein. Der zweite Trokar wird eingedreht. In gleicher Technik werden nun die weiteren Trokare eingebracht und die Portale mit den entsprechenden Instrumenten besetzt.

Drei Wirbelsäulenabschnitte der Rumpfwirbelsäule können definiert werden, die unterschiedliche Anforderungen an den endoskopisch operierenden Chirurgen stellen. So liegt die Region oberhalb Th 3 und unterhalb L 3 außerhalb thorakoskopischer Erreichbarkeit. Zum Einstieg eignet sich der Abschnitt zwischen Th 6 und L 2. Die darunter und darüber befindlichen Abschnitte sind thorakoskopisch erreichbar, stellen jedoch erhöhte Anforderungen an das operative Geschick.

3.2
Endoskopische Anatomie

Der erste Blick nach Einführen des Endoskops zeigt die Brustwand von innen (Abb. 9). Die Rippen sind leicht als quer verlaufende, weißliche Bänder auszumachen, die zwischen der Interkostalmuskulatur eingebettet liegen und von einer dünnen Fettschicht bedeckt sind. Das zu jeder Rippe gehörende Gefäß-Nerven-Bündel verläuft an der Unterkante der Rippe.

Minmal invasive thorakoskopische Eingriffe an der Wirbelsäule

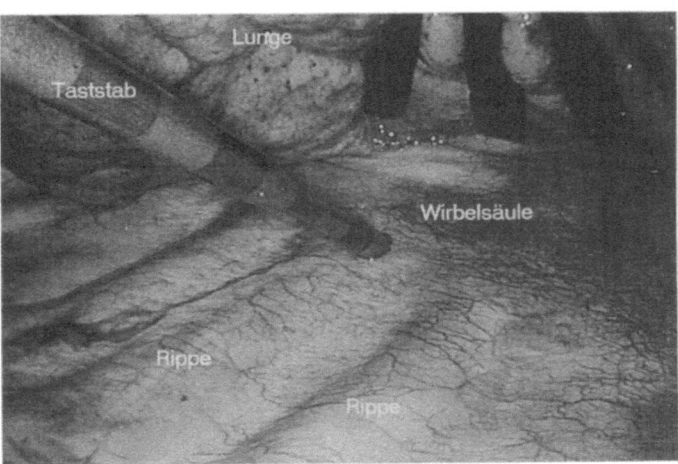

Abb. 9. Blick auf mittlere Brustwirbelsäule und Brustwand

Nach weiterem Kollabieren der Lunge erscheinen beim Blick nach unten die atelektatisch veränderte Lunge, die Brustwand und das Zwerchfell, das als dünne, flächenhafte Muskel- und Sehnenplatte vom Schwertfortsatz des Brustbeins und den unteren 6 Rippen entspringt und etwa auf Höhe des 1. Lendenwirbels an der Wirbelsäule ansetzt.

Der Blick nach oben zeigt die muskulär-sehnigen Verstrebungen der Pleurakuppe mit der hier austretenden A. subclavia.

Beim Blick in die rechte Thoraxhöhle findet sich im Bereich der oberen Brustwirbelsäule ein kräftiger Venenplexus, der den oberen Anteil der Segmentalvenen bildet und direkt in die V. azygos abfließt (Abb 10). Die erste Interkostalvene mündet hingegen direkt in die V. brachiocephalica.

Die Präparation der Venen ist auch unter endoskopischen Bedingungen möglich und erforderlich, um die obere Brustwirbelsäule zu exponieren. Die Unterbindung der Venen erfolgt mit einem rechtwinklig gebogenen Clipapplikator.

Die mittlere Brustwirbelsäule liegt bedeckt von Pleura. Gut erkennbar sind die Interkostalgefäße und die Rippenköpfchen sowie der Vorderrand der Wirbelsäule, der in Abb. 10 mit einem stumpfen Tasthaken markiert ist.

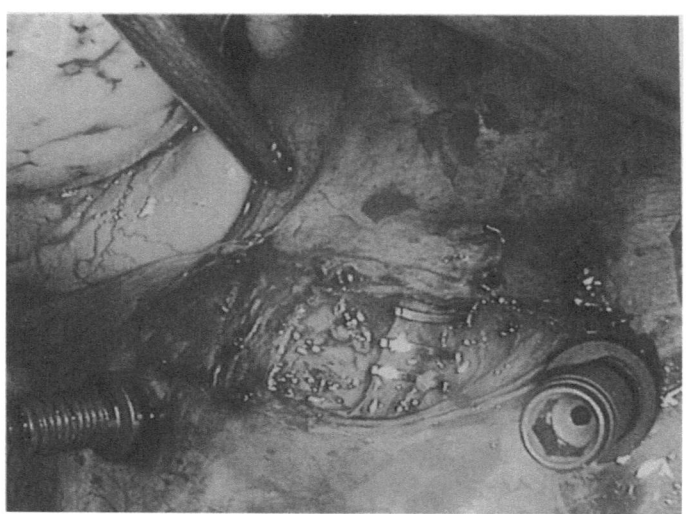

Abb. 10. Gefäßsituation an der oberen Brustwirbelsäule

Die Situation am thorakolumbalen Übergang bedarf einer gesonderten Darstellung. Hier sind die meisten Verletzungen lokalisiert, die Inzision des Zwerchfells eröffnet dem Wirbelsäulenchirurgen die Region bis hinunter zum 2. Lendenwirbel. Wird ein Portal unmittelbar unter dem Zwerchfellansatz gesetzt, kann sogar der 3. Lendenwirbel thorakoskopisch kontrolliert instrumentiert werden. Abbildung 11 zeigt den Einsatz des fächerartigen Retraktors, der das Zwerchfell samt Bauch- und Retroperitonealorganen nach kaudal weghält. Die Aorta liegt unmittelbar der vorderen Begrenzung der Wirbelsäule an. Der Einschnitt im Zwerchfellansatz wird nach Abschluss des Eingriffs an der Wirbelsäule endoskopisch genäht und verschlossen.

3.3
Endoskopische Versorgung einer Wirbelfraktur

Verletzungen der Wirbelsäule führen nicht selten zu tief greifenden Zerstörungen der Wirbelkörperstruktur und der angrenzenden Band-

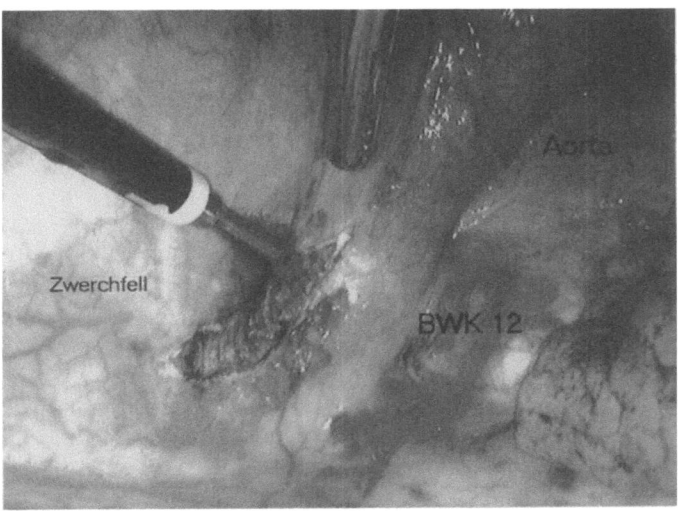

Abb. 11. Anatomische Situation am thorakolumbalen Übergang. Der Verlauf der randständigen Zwerchfellinzion ist gestrichelt, ebenso die Lage der Wirbelkörper des thorakolumbalen Übergangs

scheiben, die ohne rekonstruktive Maßnahme zu Fehlstellungen und bleibender Instabilität führen.

Die Rekonstruktion und Fusion von Wirbelkörpern vollzieht sich in folgenden Schritten:

- Ausräumung zerstörter Bandscheiben- und Wirbelkörperanteile,
- Auffüllen des Defektes durch einen soliden Knochenspan oder einen Titankäfig, der mit Knochenmaterial aufgefüllt wird,
- Stabilisierung mit einer winkelstabilen Titanplatte und Schrauben, die das Rekonstruktionsergebnis bis zur Einheilung des eigenen Knochens sichern.

Im Folgenden wird anhand einer Fraktur des 1. Lendenwirbels das typische Vorgehen beschrieben.

In einem ersten Schritt wird das Zwerchfell inzidiert und Spickdrähte werden in den Wirbeln platziert, die in Fusion einbezogen werden sollen. Es folgt die Platzierung von Schrauben als Landmarken, die während des gesamten operativen Ablaufs eine Orientierung im Situs gewährleisten und die Belastung durch Röntgenkontrollen auf ein Minimum reduzieren. Diese Schrauben gehören bereits zum später einzubringenden Platten- und Schraubensystem. Die Bandscheiben werden mit einem feinen Messer eröffnet und das Ausmaß der partiellen Wirbelkörper- und Bandscheibenresektion wird mit einem scharfen Osteotom markiert.

Das Entfernen des zerstörten Bandscheiben- und Knochenmaterials geschieht mit Rongeuren oder einer Turbinenfräse (Abb. 12). Der Defekt wird ausgemessen und ein Knochenspan entsprechender Länge vom gleichseitigen Beckenkamm entnommen. Alternativ kann auch bei schlechter Knochenqualität ein Titankorb in die Lücke eingesetzt werden.

Die Ränder des Spans können, soweit erforderlich, mit der oszillierenden Säge geglättet werden. Um den Durchtritt des Spans durch die Thoraxwand zu erleichtern, verwenden wir eine Kunststoffummantelung als Gleithülle. In der Brusthöhle wird der Span mit einem Halteinstrument verbunden. Der Spanhalter erleichtert ein passgenaues Einsetzen des Spans in den Wirbelkörperdefekt.

Abb. 12. Entfernen der zerstörten Wirbelkörper- und Bandscheibenanteile

Abb. 13. Montage der Titanplatte

Der Span wird pressfit in das Spanlager eingeschlagen und schließt damit mit der benachbarten Grund-und Deckplatte ab.

Die zuvor ausgewählte Platte wird auf die dorsalen Schrauben aufgelegt, fest damit verbunden und auch die ventralen Schrauben werden winkelstabil besetzt (Abb. 13). Die Wirbelkörperfraktur ist damit sofort belastungsstabil.

Nach dem Verschluss des Zwerchfells durch endoskopische Nähte wird eine Drainage eingelegt, um Wundsekret und Luft aus der Brusthöhle unter leichtem Sog zu extrahieren. Die kleinen, bis zu 1,5 cm großen Hautinzisionen werden schichtweise verschlossen. Das Operationsergebnis zeigt Abb. 14.

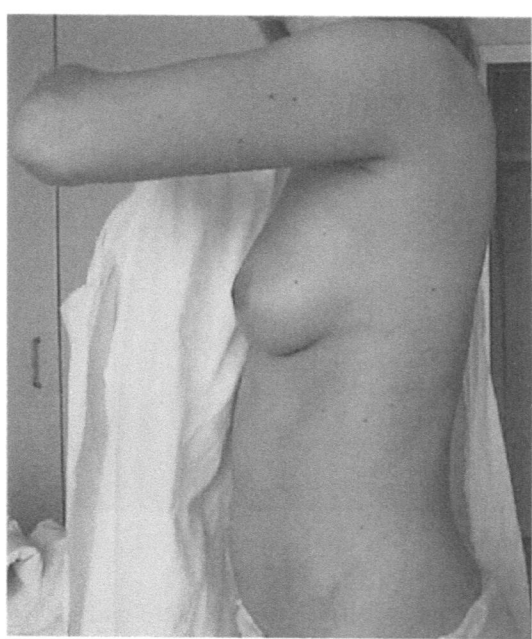

Abb. 14. Kosmetisches und funktionelles Ergebnis nach Abschluss der Wundheilung

4 Operationsvarianten

4.1 Thorakolumbale Eingriffe mit Zwerchfellinzision

Eingriffe auf Höhe des thorakolumbalen Übergangs erfordern häufig eine Ablösung des Zwerchfellansatzes. Im Gegensatz zu der früher üblichen ausgedehnten Ablösung des gesamten linksseitigen Zwerchfells genügt für Interventionen am 12. Brust- und 1. Lendenwirbel in der Regel ein 2–3 cm langer Einschnitt in das Zwerchfell unmittelbar über der Wirbelsäule. Für den Zugang zum 2. Lendenwirbel ist eine randständige Schnitterweiterung mit teilweiser Ablösung des Zwerchfells auch von den angrenzenden Rippen erforderlich.

Dabei wird nach Einstellen des Situs der tiefste zu instrumentierende Punkt des Wirbelsäulenabschnitts unter Bildverstärkerkontrolle bei noch intaktem Zwerchfell mit einem röntgendichten Taststab lokalisiert, um die Ausdehnung der erforderlichen Zwerchfellinzision abschätzen zu können. Durch Zug und Entlastung des Diaphragmas mit dem Retraktor können dann der Zwerchfellansatz und die Vorderkante der Wirbelsäule durch Betasten mit einem Taststab identifiziert werden. Im Abstand von 1 cm vom Ansatz setzen wir mit der Hochfrequenzdiathermie oder dem Ultraschallmesser Markierungen, die der späteren Zwerchfellinzision entsprechen. Das Gewebe wird dann schichtweise unter Koagulation der Gefäße durchtrennt, bis in der Tiefe die Faszie des M. psoas erscheint. Das retroperitoneale Fettgewebe und der Peritonealsack können dann stumpf mit einem Präpariertupfer abgeschoben werden.

Die Inzision wird nach Beendigung des Eingriffs an der Wirbelsäule genäht (Abb. 15).

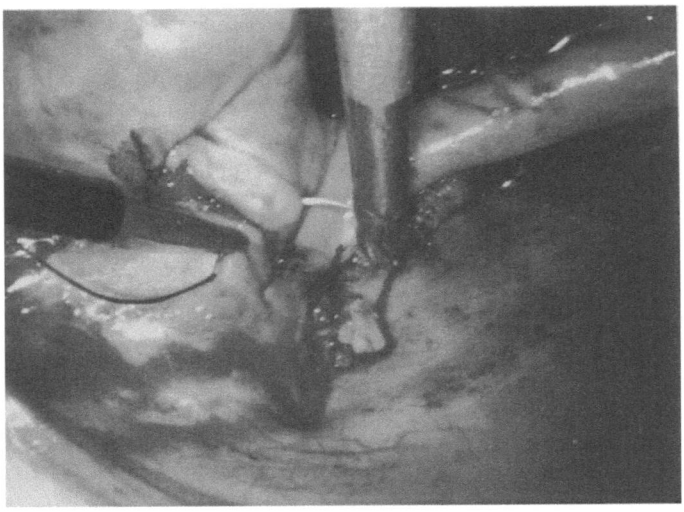

Abb. 15. Verschluss des Zwerchfells durch endoskopische Naht. (Aus Beisse et al. 2000)

4.2
Zwei-Höhen-Eingriff

Der Zwei-Höhen-Eingriff eignet sich in idealer Weise zur Versorgung von Läsionen auf verschiedenen Höhen der Rumpfwirbelsäule. Hierzu werden zu Beginn des Eingriffs der Optik- und der Arbeitszugang über jeweils einer der Läsionshöhen eingezeichnet und entsprechend mit Trokaren besetzt. Nach der Versorgung der ersten Fraktur werden der Arbeits- und der Optiktrokar gegeneinander ausgetauscht und der zweite Eingriff wird durchgeführt. Bei erheblicher Distanz der Frakturen kann es erforderlich sein, ein fünftes Portal zu besetzen.

4.3
Spinale Dekompression von vorn

Bei jedem fünften Patienten führt der Wirbelbruch selbst oder versprengte Bandscheibenanteile zur Verlegung des Wirbelkanals mit der Folge schwerwiegender Nervenausfälle bis hin zur Querschnittslähmung. Hier lässt sich durch die endoskopische Entfernung der in den Rückenmarkkanal verlagerten Wirbelkörperhinterwand und der angrenzenden Bandscheibe die Voraussetzung für eine mögliche Erholung der Nervenstrukturen schaffen. Eine hochwertige Optik und ein technisch darauf abgestimmtes Kamerasystem vermitteln dem Operateur eine dem Operationsmikroskop ähnliche Bildqualität, die derart subtile Eingriffe in unmittelbarer Nähe des Rückenmarks erst möglich macht.

Die Indikation zur Dekompression des Spinalkanals wird nicht einheitlich gestellt. Wir sehen die Indikation bei jeder neurologischen Symptomatik im Zusammenhang mit einer signifikanten Einengung des Spinalkanals und gehen wie folgt vor: Zunächst werden die dorsal gelegenen Schrauben als Landmarken gesetzt und die Segmentgefäße des Wirbelkörpers geclipt und durchtrennt. Mit einem Raspatorium schieben wir die Weichteile mitsamt der Nervenwurzel auf Höhe des Ansatzes der Bogenwurzel nach dorsal ab und legen die Bogenwurzel frei. Nachdem wir die Unterkante der Bogenwurzel mit einem Tasthaken unter Schonung der austretenden Nervenwurzel identifiziert haben, wird der Wirbelbogen an seinem Ansatz am Wirbelkörper in kaudal-kranialer Richtung mit der Stanze und dem Rongeur abgetra-

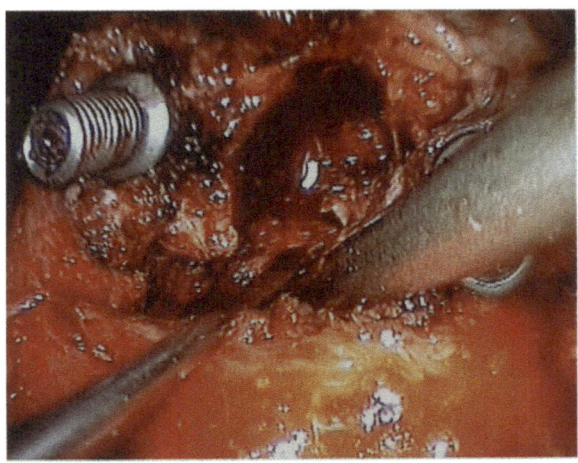

Abb. 16. Abgeschlossene Dekompression des Spinalkanals von vorn. (Aus Beisse 2000)

gen. Die Dura erscheint dann in der Tiefe. Unter guter Sicht durch Saugen und Spülen des Situs und eindeutiger Darstellung des Duralsacks wird die Wirbelkörperhinterkante von der Dura aus nach ventral hin abgetragen (Abb. 16).

4.4
Wirbelkörperersatz

Liegt der Fehlstellung oder Fraktur eine Osteolyse infolge Tumor oder metastatischer Absiedlung des Wirbelkörpers oder eine ausgeprägte osteoporotische Komponente zugrunde, ist die Indikation zum Wirbelkörperersatz zu stellen. Wir verwenden hierbei den Titankorb nach Harms oder einen seit 1999 gebräuchlichen Titankäfig (Synex®), der, mit Spongiosa gefüllt, durch den Interkostalraum in die Thoraxhöhle eingeführt werden kann. Das gegenüber dem Beckenkammspan deutlich größere Volumen des Titankorbs erfordert eine ausgedehntere (Teil-)Korporektomie des Wirbels, um beim Einstößeln des Korbs keine Hinterkantenanteile in Richtung Spinalkanal zu verlagern. Die Lage des Korbs ist mehrfach während des Einbringens in den Wirbelkörperdefekt mit einem Röntgenbildwandler in beiden Ebenen zu kontrollieren, um eine möglichst zentrale Position zu erzielen.

Es ist bekannt, dass Metastasen bestimmter Tumoren (Nierenzell- oder Schilddrüsenkarzinom) pathologische Gefäßstrukturen aufweisen und dass es deshalb bei ihrer Beseitigung zu hohen, manchmal lebensgefährlichen intraoperativen Blutverlusten kommen kann. Hier ist es möglich, die zuführenden Gefäße bereits im Vorfeld der Operation durch eine gezielte Embolisierung auszuschalten.

5
Nachbehandlung

5.1
Postoperative Phase

Noch im Operationssaal wird eine postoperative Abschlusskontrolle des instrumentierten Wirbelsäulenabschnitts in zwei Ebenen mit Röntgenbildverstärker und Photodokumentation vorgenommen. Der Patient kann in der Regel unmittelbar postoperativ extubiert werden. Eine Nachbeatmung über 24 h ist bei Patienten mit erhöhtem Operationsrisiko (Alter, chronische Lungenerkrankung, kardiovaskuläre Grunderkrankung, ausgedehnte Lungenkontusion) empfehlenswert.

Eine medikamentöse Thromboseprophylaxe durch subkutane Gabe eines für den Hochrisikobereich zugelassenen niedermolekularen Heparinpräparats ist indiziert.

Nach Entfernung der Thoraxdrainage am 1. postoperativen Tag und Anfertigung einer Röntgenthoraxkontrolle kann der Patient auf die Allgemeinstation verlegt werden.

5.2
Mobilisation und Krankengymnastik

Ein Aufstehen über die gesunde Seite ist ab dem 1. postoperativen Tag unter Vermeidung von Kyphose und Torsion erlaubt. Wesentlich ist eine effektive Atemgymnastik unter Anleitung und mit Atemtrainer (Salvia-Gerät®). Für die Zeit nach der Operation gilt:

- 1. und 2. postoperative Woche: ab 2. Tag aktive und passive Krankengymnastik über etwa 1 h mit Aufstehen, Gehübungen und Rückenschule; eigenständige Atemgymnastik; Verwendung eines Toilettenaufsatzes und eines Stehstuhls;
- 3. und 4. postoperative Woche: Intensivierung der Krankengymnastik auf 2–3 h pro Tag, Wassertherapie mit Brust- und Rückenschwimmen; Sitzen nur mit Sitzkeil erlaubt;
- ab 6. postoperativer Woche: Freigabe der Torsion und des Sitzens; Krankengymnastik noch bis zum Ende der 12. postoperativen Woche.

Die Aufnahme einer sportlichen Tätigkeit ist nach etwa 12 Wochen möglich. Kontaktsportarten sollte frühestens nach 6 Monaten wieder aufgenommen werden. In jedem Fall ist vorher das Ausheilungsergebnis klinisch und radiologisch zu kontrollieren. Mit dem Eintritt der Arbeitsfähigkeit kann nach 12–16 Wochen gerechnet werden.

6
Eigene Ergebnisse

An der Berufsgenossenschaftlichen Unfallklinik Murnau wurden in der Zeit von Mai 1996 bis Dezember 2000 324 endoskopische Eingriffe an der Wirbelsäule durchgeführt, ein Beispiel dafür zeigt Abb. 17. Unter den Indikationen führten traumatische Instabilitäten und Frakturen, gefolgt von veralteten posttraumatischen Fehlstellungen, Spondylodisziitis und Tumor. Läsionen des thorakolumbalen Übergangs überwogen. Die Konversionsrate zum offenen Verfahren betrug 1,2% (4 von 324 vorgenommen). Die durchschnittliche Operationszeit, in die auch die Zeiten komplexer Eingriffe an der Wirbelsäule einflossen, lag bei 170 min. Der durchschnittliche Blutverlust wurde mit 340 ml bestimmt.

Die Analyse der Versorgungskonzepte zeigt ein Überwiegen dorsoventraler Versorgungen in etwa 2/3 der Fälle, wobei sich mono- und bisegmentale Versorgungen in etwa die Waage halten. Die Mortalität betrug 0%, schwere, beherrschbare Komplikationen (Gefäßverletzung, neurologische Ausfälle, Infektion, Verletzung der Milz) traten in 1,2% der Fälle auf.

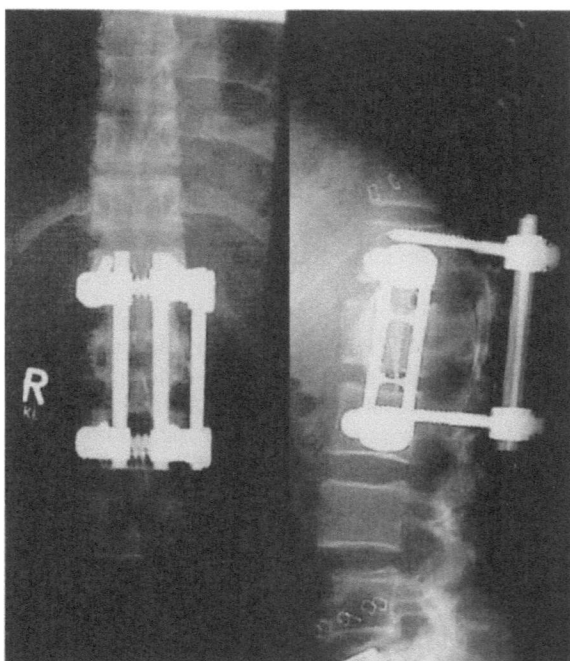

Abb. 17. Beispiel einer thorakoskopischen bisegmentalen Fusion Th 12–L 2 nach primär dorsaler Reposition eines LWK-1-Bruchs

7
Zusammenfassung

Die Einführung minimal invasiver Operationsmethoden an der Wirbelsäule hat zu einer Verringerung der Zugangsmorbidität geführt, die sich in einer Reduktion des postoperativen Schmerzmittelbedarfs niederschlägt. Weitere Vorteile sind in der schnelleren Erholung des Patienten nach dem Eingriff mit der Möglichkeit der frühfunktionellen Mobilisierung zu sehen. Die anfangs gegenüber den offenen Verfahren längeren Operationszeiten konnten mit zunehmender Standardisierung des Eingriffs verkürzt werden und liegen jetzt im Bereich der konventionellen Methode oder bereits darunter. Möglich wird dies zum einen durch den Einsatz von Instrumenten und Implantaten, die speziell im Hinblick auf die endoskopische Operationstechnik entwickelt wurden und das Indikationsspektrum der minimal invasiven Wirbelsäulenchirurgie bereits heute vollständig abdecken, zum anderen durch die Möglichkeiten moderner Bildübertragungssysteme. Nach einer kurzen Zeit der Adaptation an die ungewohnte Form der zweidimensionalen Bildübertragung auf Monitore kommen die Vorteile der hohen Detailauflösung der Kamera- und Videosysteme in Verbindung mit der Winkeloptik zum Tragen, die die Möglichkeiten des bloßen Auges im Hinblick auf Vergrößerung und Sichtwinkel weit übertreffen und eine hohe Genauigkeit in der Ausführung des Eingriffs ermöglichen. Eingriffe selbst in unmittelbarer Nähe des Rückenmarks können mit entsprechender Präzision vorgenommen werden. Durch die Verwendung winkelstabiler Rekonstruktionssysteme für den vorderen Abschnitt der Wirbelsäule kann dem Patienten bei bestimmten Verletzungsformen ein zusätzlicher Eingriff von dorsal her erspart und die funktionell wichtige Rückenstreckmuskulatur geschont werden. Die über 300 Eingriffe an unserer Klinik mit wenigen, beherrschbaren Komplikationen zeigen nicht nur die prinzipielle technische Durchführbarkeit derartiger Eingriffe, sondern auch deren Sicherheit und minimale Invasivität. Die bisherige Entwicklung lässt erwarten, dass das endoskopische Verfahren die offene Operationstechnik als Standardeingriff in vergleichsweise kurzer Zeit ablösen wird.

Literatur

Beisse R (2000) Thorakoskopische Eingriffe an der Wirbelsäule. In: Pfeil J, Siebert W, Janousek A, Josten C (Hrsg) Minimal-invasive Verfahren in der Orthopädie und Traumatologie. Springer, Berlin Heidelberg New York Tokyo, S 3-12

Beisse R, Potulski M, Bühren V (1998) Das endoskopisch kontrollierte Zwerchfell-Splitting- ein minimal invasiver Zugang zur ventralen Versorgung thorakolumbaler Frakturen der Wirbelsäule. Unfallchirurg 101:619-627

Beisse R, Potulski M, Bühren V (1999) Thorakoskopisch gesteuerte ventrale Plattenspondylodese bei Frakturen der Brust- und Lendenwirbelsäule. Operat Orthop Traumatol 11:54-69

Beisse R, Potulski M, Bühren V (1999) Thorakoskopische Behandlung von Frakturen der Brust- und Lendenwirbelsäule - Operationstechnik und Frühergebnisse von 100 Fällen. Arthroskopie 12:92-97

Beisse R, Potulski M, Bühren V (2000) Thoracoscopic-assisted anterior approach to thoracolumbar fractures. In: Mayer HM (ed) Minimally invasive spine surgery. Springer, Berlin Heidelberg New York Tokyo, pp 175-187

Bühren V, Beisse R, Potulski M (1997) Minimal-invasive ventrale Spondylodesen bei Verletzungen der Brust-und Lendenwirbelsäule. Chirurg 68:1076-1084

Faciszewski T, Winter RB, Lonstein JB et al. (1995) The surgical and medical perioperative complications of anterior spinal fusion. Surgery in the thoracic and lumbar spine in adults. Spine 20:1592-1599

Huang TJ, Hsu WW, Liu HP et al. (1997) Technique of video-assisted thoracoscopic surgery for the spine: new approach. World J Surg 21: 358-362

Liljenquist U, Steinbeck J, Halm H et al. (1996) Thorakoskopischer Zugang zur Brustwirbelsäule. Arthroskopie 9:267-273

Mack MJ, Regan J, Bobechko WP et al. (1993) Applications of thoracoscopy for diseases of spine. Ann Thorac Surg 56:736-738

Mc Afee PC, Regan JR, Zdeblick T et al. (1995) The incidence of complications in endoscopic anterior thoracolumbar spinal reconstructive surgery. A prospective multicenter study comprising the first 100 consecutive cases. Spine 20:1624-1632

Regan JJ, Mc Afee P, Mack M et al. (1995) Atlas of endoscopic spine surgery. Quality Medical Publishing, St.Louis

Rosenthal D, Rosenthal R, Simone A et al. (1994) Removal of a protruded disc using microsurgery endoscopy. Spine 19:1087-1091

Rosenthal D, Marquardt G, Lorenz R et al. (1996) Anterior decompression and stabilization using a microsurgical endoscopic technique for metastatic tumors of the thoracic spine. J Neurosurg 8:565-572

Minimal invasive Therapie in der Neuroradiologie

Martin Schumacher

Inhalt

1 Einleitung ... 229

2 Einsatzbereiche der minimal invasiven Therapie ... 230
2.1 Schmerztherapie ... 232
2.2 Okkludierende interventionelle Therapie ... 233
2.2.1 Endovaskuläre Embolisation
von arteriovenösen Malformationen ... 234
2.2.2 Endovaskuläre Embolisation von Aneurysmen ... 238
2.3 Rekanalisierende Behandlung von Gefäßstenosen
und -verschlüssen ... 242
2.3.1 Minimal invasive Verfahren
in der akuten Schlaganfallbehandlung ... 243
2.3.2 Lokale intraarterielle Fibrinolyse ... 243
2.3.3 Laserrekanalisation ... 247
2.3.4 Ultraschallrekanalisation ... 250
2.4 Minimal invasive Verfahren der Schlaganfallprophylaxe ... 251

3 Ausblick ... 253

Literatur ... 254

1
Einleitung

In den letzten 2 Jahrzehnten haben sich die Einsatzbereiche für die nicht operative Behandlung von Erkrankungen des zentralen Nervensystems explosionsartig erweitert. Möglich wurde dies durch die technische Weiterentwicklung diagnostischer Verfahren wie Schnittbilduntersuchungen – Computertomographie (CT) und Kernspintomographie (MRT) – sowie die Verfeinerung angiographischer Methoden. Durch höhere räumliche Auflösungen sowohl bei der Durchleuchtung als auch bei der Gefäßdarstellung in der digitalen Subtraktionsangiographie (DSA) lassen sich anatomische Details in einer Genauigkeit und Qualität erfassen, die Voraussetzung für die Anwendung von Mikrosystemen ist, die in Form von Mikrokathetern, Mikrodrähten, miniaturisierten Ultraschallköpfen und Laserquellen inzwischen Eingang gefunden haben.

Die Anwendung von Mikrosystemtechniken bezieht sich zwar in erster Linie auf neurochirurgische und neurologische Erkrankungen, andere Fachbereiche profitieren jedoch ebenso von den Möglichkeiten der sog. endovaskulären Technik, z.B. plastische Chirurgie, Hals-Nasen-Ohrenheilkunde, Augenheilkunde, Neuropädiatrie, Unfallchirurgie, Kieferchirurgie und Orthopädie. Parallel zur Optimierung der technischen Voraussetzungen und zu prozeduralen Verbesserungen entwickelte sich eine Kultur des interdisziplinären Teamworks zwischen den beteiligten Disziplinen, da die minimal invasive Therapie neben ihrer Funktion als Ersatz operativer Behandlungsverfahren auch in Kombination mit chirurgischem Vorgehen eingesetzt wird. Die gemeinsame Indikationsstellung zu einer Behandlung, insbesondere wenn sie alternativ zu bisherigen Verfahren eingesetzt werden soll, wie auch die Patientenversorgung vor und nach dem Eingriff setzen eine gute interdisziplinäre Zusammenarbeit voraus und spiegeln mehr als andere Disziplinen den modernen Standard eines offenen Systems in der Patientenbetreuung ohne abteilungsabschottendes Denken wider.

2
Einsatzbereiche der minimal invasiven Therapie

Prinzipiell können Verfahren der minimal invasiven Therapie (MIT) sich des Gefäßsystems bedienen, d.h. über Katheter unter Benutzung von Arterien und Venen an den Ort der Erkrankung gelangen oder direkt durch die Haut als perkutane Punktion, sofern der Prozess über diesen Weg zu erreichen ist.

Die Ziele der endovaskulären Therapie sind:

- Okklusion oder Rekanalisation von Gefäßen (Tumorgefäße, Gefäßmalformationen, arteriovenöse Fisteln, Aneurysmen etc.),
- Rekanalisation von Gefäßen (akuter Schlaganfall, akute Erblindung, Gefäßeinengung etc.) oder
- Applikation von verschiedenen Substanzen (Lysemedikamente, Chemotherapeutika etc.).

Die perkutanen Behandlungstechniken ermöglichen:

- Okklusion größerer Gefäßareale (direkte Tumorpunktionen) oder Zysten,
- Applikation bestimmter Medikamente (lokale Schmerztherapeutika, Sklerosierungssubstanzen) oder
- Ersatz für eine Operation beispielsweise beim Bandscheibenvorfall.

Die häufigsten Anwendungsbereiche der MIT in der Neuroradiologie sind:

- arteriovenöse Malformationen,
- Aneurysmen,
- Schlaganfall,
- Blutungen,
- Tumoren,
- Bandscheibenvorfall,
- Abszesse, Zysten,
- Schmerztherapie.

Für perkutane Behandlungsmethoden werden unter 1.1.1 2 Beispiele genannt: die Schmerztherapie durch medikamentöse Blockade bei chronischen Schmerzzuständen, ausgehend von den kleinen Wirbelgelenken (sog. Facettensyndrom), und die Stabilisierungsbehandlung von Wirbelkörperdefekten bei schwerer Osteoporose, Frakturfolgen oder Destruktionen durch maligne Tumoren (Vertebroplastie).

Ansonsten werden im Folgenden vornehmlich Verfahren beschrieben, die das Gefäßsystem zur Therapie benutzen (endovaskuläre interventionelle Neuroradiologie).

2.1
Schmerztherapie

Minimal invasive Verfahren lösen zunehmend operative Verfahren in der Schmerztherapie ab, da sie durch weitgehend fehlende Eingriffsfolgen auf dem Zugangsweg zu den schmerzauslösenden Strukturen postoperative Sekundärschäden oder sogar eine Schmerzverstärkung vermeiden. Die MIT kann strukturerhaltend oder destruierend eingesetzt werden, wobei – wann immer möglich – die strukturerhaltenden Eingriffe Therapie der Wahl sein sollten. Hauptsächlich angewandt werden schmerztherapeutische Eingriffe bei Blockaden der Gelenkfacetten (Abb. 1) und Nervenwurzeln der Wirbelsäule sowie des Grenzstrangs zervikal, thorakal oder lumbosakral.

Verschiedene bildgebende Verfahren können für die Punktion benutzt werden, am einfachsten ultraschallkontrollierte oder durchleuchtungsgesteuerte Punktionen. Lasersysteme sind ebenfalls für die Festlegung der Punktionsrichtungen einsetzbar; sie können frei über Winkeleinstellungen oder CT- bzw. MRT-adaptiert verwendet werden. Die CT- oder MRT-Steuerung lässt sich darüber hinaus mit einem auf-

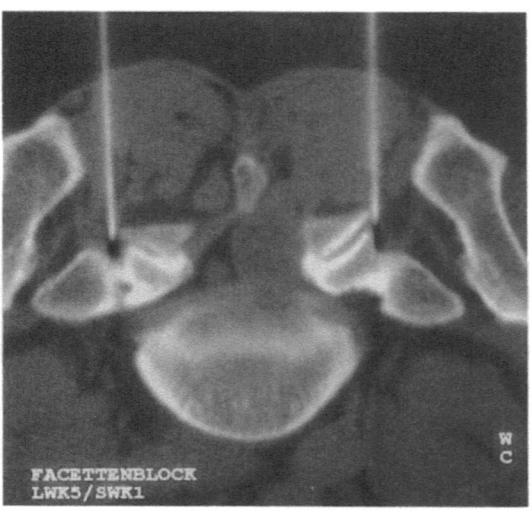

Abb. 1. Computertomogramm der kleinen Wirbelgelenke LW 5/SW 1 mit beidseitiger Punktion der Gelenkfacetten zur Schmerztherapie

wändigeren Neuronavigationsverfahren kombinieren und ist dann allen anderen bildgebenden Verfahren an Genauigkeit überlegen. Bei exakter Nadellage an den Gelenkflächen der kleinen Wirbelgelenke (s. Abb. 1) wird die Gelenkkapsel mit einem Lokalanästhetikum umspült, das zur Verstärkung des Effektes bei ausgeprägten degenerativen Veränderungen mit Kortison versetzt wird. Nicht selten sind Schmerzblockaden wiederholt durchzuführen, um Mechanismen der Schmerzchronifizierung zu durchbrechen. Kommt es zu keiner bleibenden, deutlichen Schmerzreduktion oder Schmerzfreiheit, müssen die strukturerhaltenden Blockadebehandlungen mit destruierenden Eingriffen wie Thermo- oder Elektrokoagulation kombiniert werden.

Eine zunehmend häufiger praktizierte Behandlung zur Stabilisierung von Wirbelkörpern und damit einhergehender Reduktion chronischer Schmerzzustände ist die Vertebroplastie. Diese wird bei hochgradiger Osteoporose erfolgreich eingesetzt und kann den chronischen Osteoporoseschmerz mindern oder beseitigen und gleichzeitig Spontanfrakturen der Wirbelkörper vorbeugen oder schon eingetretene Frakturen ohne operative Maßnahmen stabilisieren. Die Stabilisierung wird durch Auffüllen der Knochendefekte mit Knochenzement (Methylmetacrylat) erreicht, der über die Wirbelbögen durch eine großlumige Punktionsnadel injiziert wird. Als erwünschtes Behandlungsergebnis sind dann die frakturgefährdeten und schmerzauslösenden Hohlräume mit Knochenzement ausgefüllt.

2.2
Okkludierende interventionelle Therapie

Gefäßverschließende Maßnahmen finden neben der Devaskularisation sehr gefäßreicher Tumoren am häufigsten Anwendung beim Verschluss von arteriovenösen Malformationen (Angiome oder AV-Fisteln) und arteriellen Aneurysmen. Die Prinzipien und die Entwicklung moderner Mikromethoden werden im Folgenden anhand der Krankheitsbilder von zerebralen Angiomen (AVM) und zerebralen Aneurysmen erläutert, da sich an ihnen moderne endovaskuläre Techniken mit hohen Ansprüchen an Sicherheit und atraumatische Anwendung am besten aufzeigen lassen. Auch die Erfordernisse an zukünftige Weiterentwicklungen minimal invasiver Techniken werden an diesen Krankheitsbildern deutlich.

2.2.1
Endovaskuläre Embolisation von arteriovenösen Malformationen

In die Therapie der meist durch Hirnblutungen symptomatisch werdenden arteriovenösen Gefäßmalformationen (Angiome) sind neben der neurochirurgischen Entfernung der Blutungsquelle (Nidus) die Radiochirurgie und die interventionelle Neuroradiologie alternativ oder additiv eingebunden. Durch moderne Schnittbildtechniken ist ihre Diagnose in CT oder MRT sicher zu stellen, wobei zwischen angiomversorgenden Arterien und drainierenden Venen insbesondere durch die Anwendung neuer MR-angiographischer Techniken gut zu differenzieren ist. Für die dezidierte Therapieentscheidung sind jedoch weitere Detailinformationen erforderlich, so dass in der Regel eine digitale Subtraktionsangiographie (DSA) durchgeführt und danach eine Therapieindikation gestellt wird. Der Anteil chirurgisch versorgter Angiome hat in den letzten Jahren abgenommen, zugunsten der Kombinationsbehandlung durch endovaskuläre Embolisation und chirurgische Entfernung und/oder der radiochirurgischen Verödungsbehandlung von Angiomen. Die Radiochirurgie ist jedoch Angiomen vorbehalten, die in der Regel einen Maximaldurchmesser von 3 cm nicht überschreiten sollten. Generelles Therapieziel ist die vollständige Ausschaltung des gesamten Angiomgeflechts, wobei für die einzelnen Therapieverfahren unterschiedliche Behandlungsindikationen und -ziele definiert werden müssen. Für die Embolisation von Angiomen lassen sich 4 verschiedene Therapieziele anführen:

- Reduktion von Angiomen, die durch progrediente klinische Symptome auffallen, bei denen eine Gesamtheilung aufgrund der Angiomgröße auch unter Einsatz aller Verfahren jedoch nicht erreicht werden kann;
- vollständige Ausschaltung (Abb. 2), was bei gut definierten kleineren Angiomen embolisatorisch möglich ist;
- prächirurgische Reduktion von Angiomanteilen in für die Operation besonders risikoreichen Arealen oder um überhaupt ein Angiom durch Ausschaltung von Teilen für die Operation behandelbar zu machen;
- Vorbehandlung zu einer stereotaktischen radiochirurgischen Behandlung bei Angiomen, die aufgrund ihrer Größe für eine derartige Behandlung nicht in Frage kommen würden.

Minmal invasive Therapie in der Neuroradiologie 235

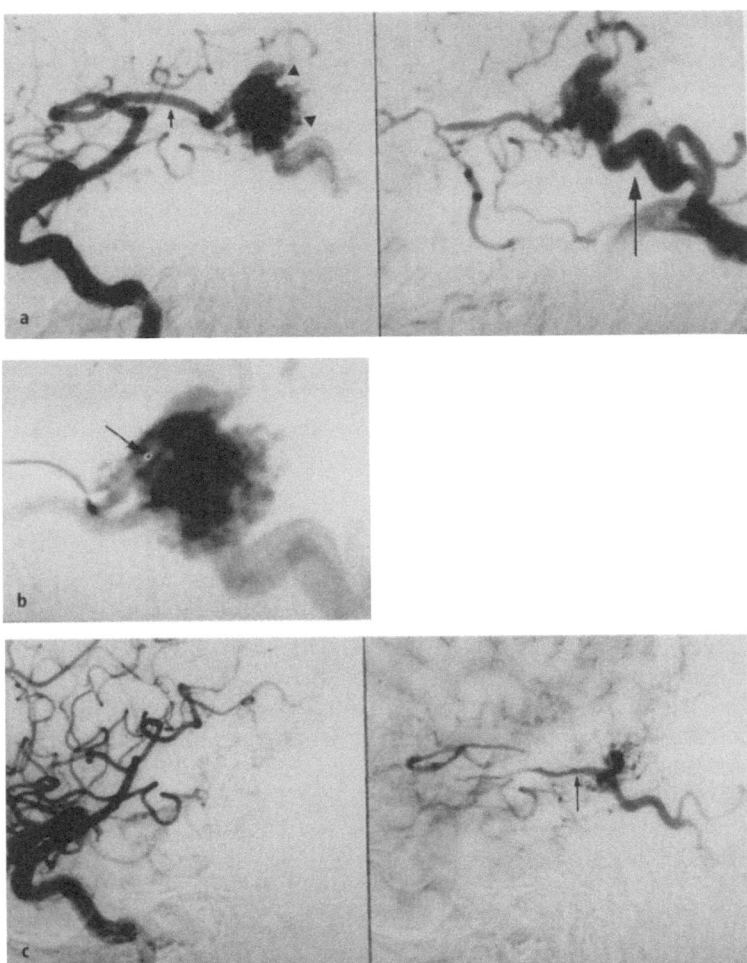

Abb. 2. a. Digitale Subtraktionsangiographie (DSA) einer schnell durchflossenen arteriovenösen Gefäßmalformation mit arteriellem Zufluss *(kleiner Pfeil)*, Nidus *(Pfeilspitzen)* und venöser Drainage *(großer Pfeil)*; **b** Mikrokatheter unmittelbar im Nidus *(Pfeil)*; **c** Zustand nach Embolisation mit Histoacryl, vollständiger Verschluss des Angioms und Stase von Kontrastmittel im ehemals angiomversorgenden Ast der mittleren Hirnarterie *(Pfeil)*

Tabelle 1. Prinzipien der Navigation von Mikrokathetern

Katheterart	Effekt	Vorteil	Nachteil
Kalibrierter Ballonkatheter	Flussverstärkung Sondierung	Flusseffekt	Gefäßmanipulation ↑ Kontrolle ↓ Ruptur
Flussgesteuerter Mikrokatheter	Flussnavigation Injektionsnavigation	Geringe Gefäßirritation Einfach Schnelligkeit	Kontrolle ↓ Friktion ↑ Instabilität bei Injektion
Drahtgesteuerter Mikrokatheter	Statische Navigation	Kontrolle ↑	Gefäßmanipulation ↑
Fluss-/Drahtgesteuerter Hybridmikrokatheter	Fluss- und Sondierungstechnik	Variabilität	Hybridkompromiss

Bei der Embolisationsbehandlung von AV-Angiomen spielen 2 unterschiedliche Navigationsprinzipien eine Rolle: die Ausnutzung von raschem Blutfluss (flussgesteuerte Navigation) oder die Sondierung des Angioms unter Zuhilfenahme von Mikrodrähten (drahtgesteuerte Navigation). Aus den allerersten Formen einer Flussnutzung über aufblasbare kalibrierte, d.h. endständig offene Ballonmikrokatheter wurden die derzeit gebräuchlichen flussgesteuerten Mikrokatheter und Hybridformen entwickelt. Diese sind vielseitig verwendbar, da sie aufgrund ihrer hohen Flexibilität durch den Fluss und zusätzlich über Mikrodrähte navigiert werden können. Die Vor- und Nachteile der unterschiedlichen Systeme sind in Tabelle 1 zusammengefasst.

Die Vorteile der hoch flexiblen Mikrokathetersysteme mit Flusssteuerung sind in erster Linie ihre atraumatische Platzierung auch in sehr kleinen distalen Gefäßabschnitten und die Nutzung des Flusses ohne stärkere Gefäßmanipulation durch Mikrodrähte. Ein Beispiel für die hohe Flexibilität moderner Mikrokatheter zeigt Abb. 3.

An die Materialeigenschaften der für den Angiomverschluss eingesetzten Embolisationssubstanzen werden hohe Ansprüche gestellt: leichte Injizierbarkeit durch den Mikrokatheter, gute Eindringbarkeit in feinste Gefäße, fehlende Toxizität, Sterilisierbarkeit und Biokompatibi-

Abb. 3. Vielfältige Kurven und Schlingenbildungen eines flussgesteuerten Mikrokatheters in einer angiomversorgenden Arterie; frontale Röntgennativaufnahme des Schädels

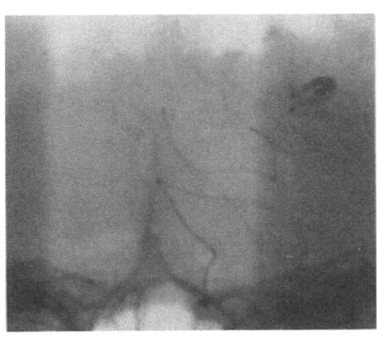

lität, Röntgendichte und vor allem eine permanente Okklusion. Für flüssige Embolisationsmaterialien gilt außerdem die Forderung, dass bei schnell polymerisierenden Substanzen die Gefahr des Katheteranklebens an die Gefäßwand so gering als möglich sein sollte. Entsprechend hoch ist die Vielfalt der verschiedenen Embolisationsmaterialien, die generell unterteilt werden können in feste und flüssige Embolisate (Übersicht).

Embolisationsmaterialien zur Behandlung von arteriovenösen Malformationen

- Feste Embolisate
  Silikonsphären
  PVA-Partikel, Gelfoam, Microbeads
  SAP (superabsorbierende Polymerisierende)
  Mikrosphären
  Seide, Dura mater
  Injectable Coils (Platinspirale)
  Ballon
- Flüssige Embolisate
  Acrylate (IBCA, BCA)
  Ethanol
  Avitene
  Ethibloc
  CAP (Zelluloseacetatpolymer)
  EVAL (Äthylenvinylalkohol)
  Poly-HEMA
  Onyx

Derzeit vorwiegend in Gebrauch sind Flüssigembolisate wie Acrylate, Ethibloc (eine Substanz auf Proteinbasis) und Onyx. Die vielversprechende Substanz Poly-HEMA ist in experimenteller Erprobung und erfüllt die Hauptvoraussetzungen an ein optimiertes Embolisationsmaterial wie fehlendes Risiko der Katheterverklebung oder vorzeitige Polymerisation ohne intranidale Gefäßokklusion.

Künftige Bemühungen zur Verbesserung der endovaskulären minimal invasiven Therapie zerebraler Gefäßmissbildungen werden sich konzentrieren auf die Entwicklung noch flexiblerer Materialien für Mikrokatheter und die Optimierung des Verhältnisses von Außen- und Innenlumen für bessere Injektionsbedingungen, auf die mögliche Erschließung anderer endovaskulärer Behandlungsverfahren (z.B. intranidale Lasertherapie, intravasale Bestrahlungstechniken) wie auch auf die Fortentwicklung von Embolisationsmaterialien hin zu ultraschnell polymerisierenden Substanzen ohne Kleberisiko und die Injektion anderer Substanzklassen, z.B. zur Antiangiogenese oder Kontaktsklerosierung pathologischer Gefäße.

2.2.2
Endovaskuläre Embolisation von Aneurysmen

Aneurysmen stellen innerhalb der zerebralen Gefäßerkrankungen eine besonders wichtige Gruppe dar, da sie die häufigste Ursache der spontanen Subarachnoidalblutungen sind und etwa $^1/_4$ aller intrakraniellen Blutungen verursachen. Nicht behandelt ist ihre Prognose ungünstig mit einer bis zu 20%igen Mortalität nach der ersten Blutung und dem Risiko einer Rezidivblutung innerhalb von 6 Monaten um 50%, die dann wiederum eine hohe Mortalität von 30–40% aufweist. Daher gilt die Regel, dass rupturierte Aneurysmen ausgeschaltet werden müssen. Ihre Diagnose bereitet in der Regel keine Probleme, indirekt zeigen sie sich durch eine Subarachnoidalblutung an, die in der Frühphase am sichersten in der Computertomographie nachgewiesen werden kann, später dann nur durch Liquorpunktion oder bestimmte Sequenzen im MRT. Die primäre Gesamtmortalität liegt zwischen 42 und 50%, so dass die Erkrankung bei einer Inzidenz von 1%, bezogen auf die Gesamtbevölkerung, ein nicht unbedeutendes Gesundheitsrisiko bedeutet. Die Schnittbilddiagnostik kann zwar die primäre Blutung, zerebrale Sekundärblutungen sowie weitere Folgen wie Hydrocephalus malresorptivus oder spasmenbedingte Ischämien mit hoher Sicherheit nachweisen und ab etwa 3 mm Größe auch das Aneurysma selbst, die Indikationsstellung für die Therapie hängt jedoch von weiteren Detailinformationen ab. Obligatorisch ist daher immer eine Viergefäßangiographie mit vollständiger Darstellung des Circulus Willisii einschließlich Kompressionstests mit Darstellung der anatomischen Details des Aneurysmas wie Größe des Corpus, des Halses, der Lagebeziehung zu den Nachbargefäßen und evtl. Rupturstellen. Die Methode der Wahl ist derzeit die digitale Subtraktionsangiographie, die als Rotationsangiographie mit der Möglichkeit der dreidimensionalen Rekonstruktion des Aneurysmas durchgeführt werden muss (Abb. 4a).

Durch die multidirektionale Sicht auf das Aneurysma kann mit hoher Sicherheit das optimale Vorgehen, chirurgisch oder endovaskulär-interventionell, ausgewählt werden. Die Genauigkeit der Darstellung entspricht der 3-D-Rekonstruktion durch CT-Angiographie, bedarf jedoch wesentlich geringerer Mengen an Kontrastmittel und ist innerhalb von wenigen Minuten durchführbar. Virtuell-endoskopische Gefäßdarstellungen zur Beurteilung von in die Aneurysmawand einbezogenen Gefäßabgängen verbessern weiter die Detailkenntnisse der Aneurysmaanatomie und machen heutzutage einen explorativen operativen Eingriff verzichtbar.

Über Jahrzehnte wurden Aneurysmen ausschließlich neurochirurgisch durch Clippung des Aneurysmahalses behandelt. Alternativ entwickelten sich endovaskuläre Therapieverfahren, die in den letzten 20 Jahren zunehmend verfeinert wurden. Initial stand endovaskulär lediglich die Ausschaltung des Aneurysmasacks durch Auffüllen mit einem ablösbaren Ballon zur Verfügung. Seit 1991 existiert eine neue Technik, die darin besteht, elektrisch oder mechanisch ablösbare Platinspiralen (sog. Coils) über einen Mikrokatheter in den Aneurysmasack zu platzieren und diesen möglichst komplett auszufüllen (Abb. 4b).

Durch dieses Verfahren hat sich das Behandlungskonzept bei Aneurysmen gewandelt. Wurden 1991 noch ausschließlich nicht rupturierte Aneurysmen und solche mit besonders schwierigem chirurgischem Zugang in der hinteren zerebralen Zirkulation durch Coilverschluss behandelt, werden nunmehr auch Aneurysmen im Stadium der akuten Subarachnoidalblutung des ersten Tages endovaskulär behandelt und auch solche, die operativ angehbar wären. Entscheidend für die Auswahl des Aneurysmas für ein sog. Coiling (Verschluss mit Mikrospiralen über einen Mikrokatheter) ist seine Anatomie, d.h. das Ver-

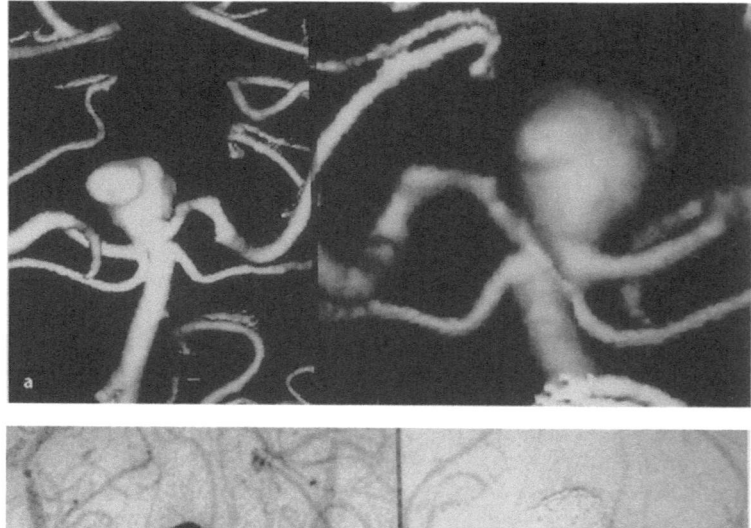

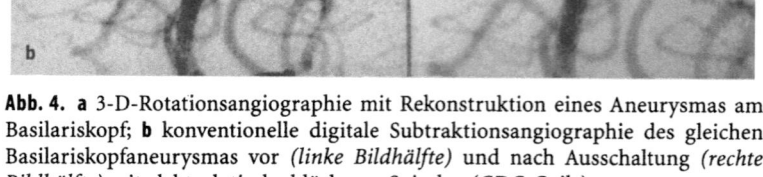

Abb. 4. a 3-D-Rotationsangiographie mit Rekonstruktion eines Aneurysmas am Basilariskopf; **b** konventionelle digitale Subtraktionsangiographie des gleichen Basilariskopfaneurysmas vor *(linke Bildhälfte)* und nach Ausschaltung *(rechte Bildhälfte)* mit elektrolytisch ablösbaren Spiralen (GDC-Coils)

hältnis von Aneurysmasack und Durchmesser des Aneurysmahalses. Bei günstigen Bedingungen mit engem Aneurysmahals lassen sich fast alle Aneurysmen mit dieser Konfiguration endovaskulär ausschalten. Von einer Ausschaltung eines Aneurysmas von der Blutzirkulation wird dann gesprochen, wenn das Lumen des Aneurysmasacks so weit als möglich mit Platinspiralen aufgefüllt ist.

Die technischen Möglichkeiten wurden mit der Entwicklung von zwei- und dreidimensionalen Coilkonfigurationen weiter optimiert, da durch die Formung eines Körbchens, z.B. durch 3-D-Coils, auch Aneurysmen behandelbar wurden, die etwas ungünstigere Abgangsverhältnisse mit breiterem Hals besitzen. Eine weitere Verbesserung stellen protektive Maßnahmen dar, indem während des Auffüllens des Aneurysmas vor den Abgang des Aneurysmas ein Mikroballon platziert und aufgeblasen wird, der ein Austreten von Spiralschlingen verhindert (temporäre Ballonprotektion). Ein ähnlicher Effekt wird erreicht durch die Kombination von Metallendoprothesen (Stents), die ebenfalls vor den Abgang des Aneurysmas platziert werden und mit ihrem Maschenwerk für den Mikrokatheter zwar durchgängig sind, ein Austreten von Platinschlingen jedoch verhindern (Abb. 5).

Die künftige Aneurysmabehandlung wird 4 weitere Verfahren einbeziehen, die derzeit in experimenteller Erprobung und teilweise bereits in erster klinischer Anwendung sind:

- Einsatz ummantelter Stents, die als direkte Wandabdeckung fungieren und damit den Aneurysmahals komplett überstenten und verschließen;

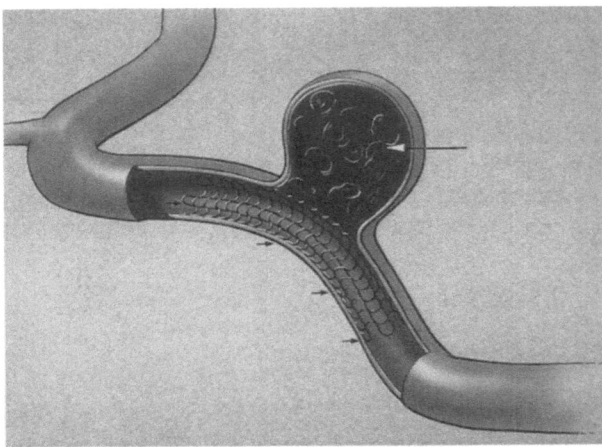

Abb. 5. Modellzeichnung eines Aneurysmas der A. carotis interna mit breitem Hals. Durch Einlage eines Stents (Metallendoprothese, *Pfeile*) wird verhindert, dass im Aneurysmasack abgesetzte Coils *(großer Pfeil)* in das Gefäßlumen austreten

- Beschichtung von Platinspiralen mit thrombosierenden Oberflächensubstanzen;
- Auffüllung von Aneurysmen mit polymerisierenden Substanzen unter protektiven Maßnahmen (s.o. temporäre Ballonokklusion, Stent),
- laserinduzierte Thermookklusion des Aneurysmasacks.

Schon jetzt lassen sich unbestreitbare Vorteile der endovaskulären Behandlung von Aneurysmen erkennen. Diese sind z.b. der Verzicht auf Kraniotomie, die Vermeidung komplexer chirurgischer Zugangswege mit Verlagerung von Hirnstrukturen und der dadurch bedingten Schädigungsmöglichkeit und die fehlende Manipulation am Gehirn selbst, die geringe Manipulation an den Hirngefäßen und die weitgehend von Gefäßspasmen unabhängig anwendbare Behandlung. Die immer noch zu hohe Rate von Rezidivrekanalisationen wird durch Realisierung der beschriebenen jüngsten Weiterentwicklungen zu lösen sein.

2.3
Rekanalisierende Behandlung von Gefäßstenosen und -verschlüssen

Interventionelle neuroradiologische Verfahren dienen auch der Wiedereröffnung von okkludierten zerebralen Gefäßen (z.B. Thrombolyse) oder der Flussnormalisierung bei hämodynamisch relevanten Gefäßstenosen der Halsgefäße, insbesondere der Karotiden (PTA/Stentbehandlung). Beide Erkrankungen können zu manifesten Schlaganfällen führen, die eine enorme Bedeutung für die Volksgesundheit haben:

- 300.000 Patienten pro Jahr in Deutschland,
- jede Minute ein Schlaganfall in den USA,
- dritthäufigste Todesursache,
- häufigste Ursache für Behinderung,
- über 70% dauerhaft arbeitsunfähig,
- Schlaganfallkosten in den USA pro Jahr 30 Mrd. USD.

2.3.1
Minimal invasive Verfahren in der akuten Schlaganfallbehandlung

Wie für den Herzinfarkt wurden auch für die Akutbehandlung des Schlaganfalls in den letzten Jahren Strategien entwickelt und durch die Einrichtung von sog. Stroke-Units strukturiert und praktisch umgesetzt. Diese Behandlungseinheiten haben die Reduktion der Letalverläufe und die Schaffung günstigerer Vorbedingungen für eine erfolgreiche Rehabilitation zum Ziel. Bestandteil solcher breit über die gesamte Republik gestreuten Stroke-Units sind neuroradiologische Einrichtungen, die im 24-h-Betrieb Behandlungsverfahren garantieren, um akute Gefäßverschlüsse wiederzueröffnen. Dies ist besonders bei den Patienten von größter Bedeutung, die die kurze Behandlungsphase (Therapiefenster) von 3 h für die systemische intravenöse Thrombolyse überschritten haben. In diesen Fällen greifen moderne interventionelle Verfahren wie die lokale intraarterielle Fibrinolyse über Mikrokatheter (LIF), die Laserrekanalisation und die ultraschallunterstützte Fibrinolyse.

2.3.2
Lokale intraarterielle Fibrinolyse

Ziel der lokalen intraarteriellen Fibrinolyse (LIF) ist die möglichst frühzeitige Gefäßrekanalisation, indem lokal höhere Dosen des Thrombolytikums angeboten werden, ohne systemischen Effekt. Durch die mehr thrombusselektive Wirkung ist das Risiko einer Hämorrhagie nach Reperfusion des Gefäßes vermindert und gleichzeitig verlängert sich das Zeitfenster für eine lokale Behandlung im Vergleich zur systemischen Gabe, die aufgrund der höheren Dosierung in kürzerer Applikationszeit häufiger Blutungen nach sich zieht. Nur die frühe Rekanalisation des Gefäßes schafft die Möglichkeit, dass Hirngewebe nach einer Ischämie überleben kann, bevor es zu einem Zusammenbruch des Funktionsstoffwechsels kommt und bei Ausfall des Strukturstoffwechsels ein permanenter Gewebeuntergang resultiert. In allen Gefäßterritorien macht man sich zunutze, dass eine komplette Ischämie aufgrund vorhandener und beim Gefäßverschluss aktivierter Kollateralgefäße eher die Ausnahme darstellt. Das Behandlungsergebnis einer intraarte-

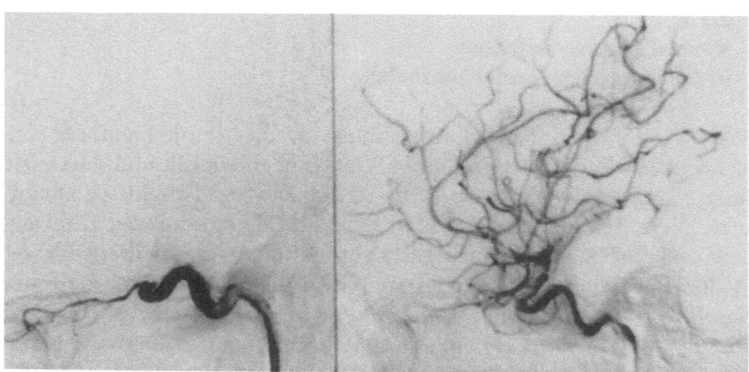

Abb. 6. Lokale intraarterielle Fibrinolyse bei akutem embolischem Verschluss der Karotisarterie unmittelbar distal vom Abgang der A. ophthalmica vor *(linker Bildteil)* und nach Rekanalisation *(rechter Bildteil)*; seitliche DSA

riellen Rekanalisation hängt daher im Wesentlichen von dieser Reservekapazität des Kollateralnetzes ab, zum anderen auch von dem Volumen des embolischen oder thrombotischen Materials, das zum Gefäßverschluss geführt hat und lysiert werden muss. Eine nicht unwesentlich unterstützende Funktion kommt auch der spontanen intrinsischen Fibrinolyse zu, die sehr unterschiedlich ausgeprägt sein kann und spontane Rekanalisationen erklärt.

Die lokale intraarterielle Fibrinolyse wurde mit der Entwicklung flexibler Mikrokatheter und Führungssysteme auch in den zerebralen Gefäßen einsetzbar, zunächst 1982 im vertebrobasilären Territorium und bereits 1983 im Karotisstromgebiet (Abb. 6).

Dass die intraarterielle Fibrinolyse eine besonders hohe Effektivität hat, wurde bereits 1958 von Sussman u. Fitch belegt, obwohl diese noch nicht die Möglichkeiten der verschlussnahen lokalen Lyse hatten und das Thrombolytikum von peripher arteriell appliziert wurde. Mit weiterer Verbesserung der Mikrokathetertechnik wurde 1999 die Methode auch bei der Behandlung der akuten Blindheit zur Rekanalisation von Zentralarterienverschlüssen eingesetzt (Abb. 7).

Diese Ausweitung der Indikation ist ein treffendes Beispiel für die Übertragung von bekannten Behandlungsmethoden auf neue Einsatzgebiete, wenn dazu technisch die Voraussetzungen geschaffen worden sind.

Minmal invasive Therapie in der Neuroradiologie 245

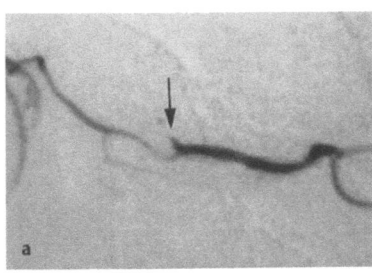 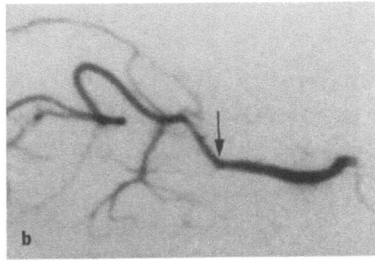

Abb. 7a,b. Lokale intraarterielle Lyse mit Urokinase über Mikrokatheter in der A. ophthalmica *(Pfeil)* bei akuter Blindheit. Embolus in der Augenarterie vor Lysetherapie *(Pfeil in* **a***)* mit Rekanalisation *(Pfeil in* **b***)* nach Lysetherapie; seitliche DSA

Erfahrungen mit der supraselektiven Sondierung kleinerer Gefäße bei akutem Verschluss wurden im vertebrobasilären Gefäßsystem bearbeitet, wo wegen der besonders schlechten Prognose der Basilarisverschlüsse eine besondere therapeutische Dringlichkeit besteht. Die früher häufig praktizierte „Wait-and-see-Einstellung" ist zugunsten eines ultrafrühen Eingreifens bei den Gefäßverschlüssen verlassen worden, was die Mortalität der Basilarisverschlüsse von über 90% nach konservativer Therapie auf etwa 40% bei lokaler intraarterieller Lyse senken konnte. Entscheidend ließen sich die Ergebnisse verbessern, wenn zu Beginn der Lyse noch keine längere Bewusstlosigkeit oder länger bestandene Tetraparese vorlag.

Angesichts des Zeitdrucks beschränkt sich die prätherapeutische Diagnostik bei dringendem Verdacht auf Basilarisverschluss auf eine Computertomographie zum Ausschluss von Blutungen oder schon manifester größerer Infarkte und auf eine unmittelbar anschließende diagnostische Angiographie ohne zeitkonsumierende andere Untersuchungstechniken wie Kernspintomographie oder Ultraschall. Bei angiographischem Nachweis des Gefäßverschlusses erfolgt über den gleichen Katheter die supraselektive Sondierung des verschlossenen Gefäßes, wobei der frische Thrombus oder Embolus mit dem Mikrokatheter bzw. dem voraussondierenden Mikrodraht bis zum distal freien Gefäßabschnitt überwunden werden kann. Anschließend wird unter sukzessivem Zurückziehen des Katheters permanent das Thrombolytikum (Urokinase oder rt-PA) in und um den Embolus injiziert. Die

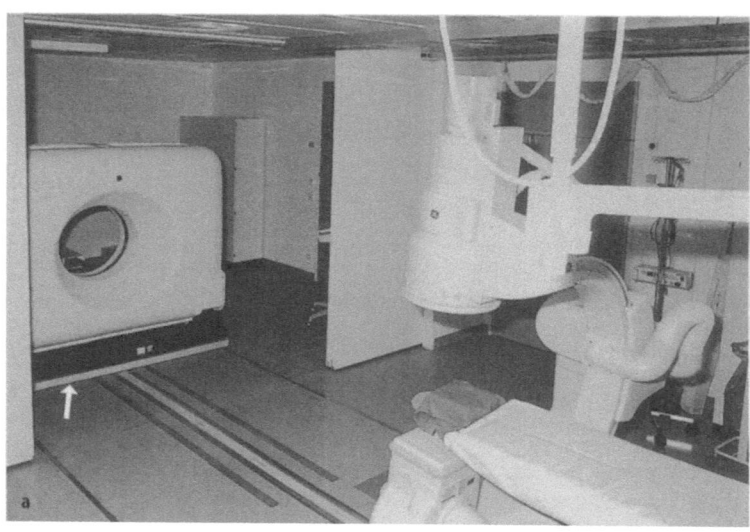

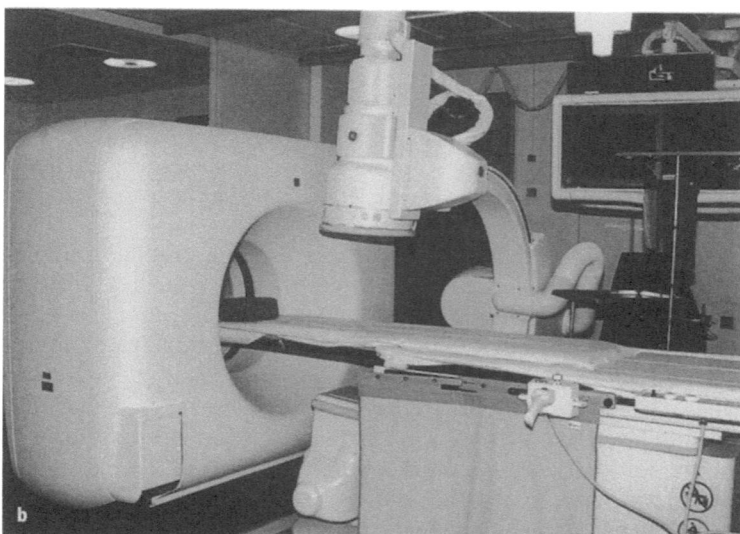

Abb. 8a,b. CT-Angiographie-Kombinationsanlage zur Andockung des CT-Geräts an die Angiographieanlage. **a** CT auf hydraulisch fahrbarer Plattform (↑) bei verschiebbaren geöffneten Bleiwänden auf dem Weg zur Angiographieanlage *(rechts im Bild)*; **b** CT an den Angiographietisch angedockt

Maßnahmen werden durch eine Vollheparinisierung unterstützt, die auch nach Erreichen des Lyseziels, nämlich des wieder einsetzenden Flusses, fortgesetzt wird, um einen Wiederverschluss zu verhindern. Der Lyseeffekt kann vor Ort durch Angiographiekontrollen über den Führungskatheter oder den Therapiemikrokatheter kontrolliert werden und bestimmt letztlich die Gesamtmenge des erforderlichen Thrombolytikums (bis max. 0,8 mg/kg KG rt-PA oder 1,5 Mio. IE Urokinase). Um während der Lysetherapie neue Ischämien oder komplizierende Parenchymblutungen auszuschließen, sind nicht selten CT-Kontrollen erforderlich. Optimale Untersuchungsbedingungen sind gegeben, wenn die CT-Kontrolle über Ankopplung des Angiographietischs an die CT-Einheit erfolgen kann, was jede Umlagerung oder Manipulation am Patienten vermeidet (Abb. 8).

Moderne CT-Programme ermöglichen darüber hinaus auch die Überprüfung der Perfusionssituation mittels Perfusions-CT ebenfalls während der partiellen oder kompletten Gefäßrekanalisation, was wiederum hilfreich ist für die Prognosestellung und die Entscheidung, die Lyse zu beenden. Auf Blutungen nach Wiedereröffnung der Gefäße muss besonders im Karotisstromgebiet geachtet werden, da sie dort häufiger auftreten als im vertebrobasilären Stromgebiet. Das Blutungsrisiko nach Rekanalisation hat generell 2 Konsequenzen: zum einen die Beschränkung des Therapiebeginns auf ein therapeutisches Fenster von max. 3 h für die systemische Lyse und 5 h für die lokale intraarterielle Fibrinolyse, zum anderen die Suche nach alternativen Behandlungsmethoden, die das Risiko der Blutung (meistens durch Ruptur der lentikulären Arterien) nach Rekanalisation reduzieren können. Dies führte zur Entwicklung der genannten neuen Techniken der Laserrekanalisation und der durch additiven Ultraschall beschleunigten Fibrinolyse über Mikrokatheter.

2.3.3
Laserrekanalisation

Die Rekanalisation von Gefäßverschlüssen mit Laser, die sog. Laseremulsifikation, erfolgt mithilfe eines YAG-Lasers (EPAR-Lasersystem, EPAR für „endovascular photo-acustic recanalization") mit Wellenlänge Nd-532 nm. Dieser ist in ein 2,2-F-Mikrokathetersystem (Abb. 9) mit einer multimodalen transmissiven Fiberoptik integriert, die eine

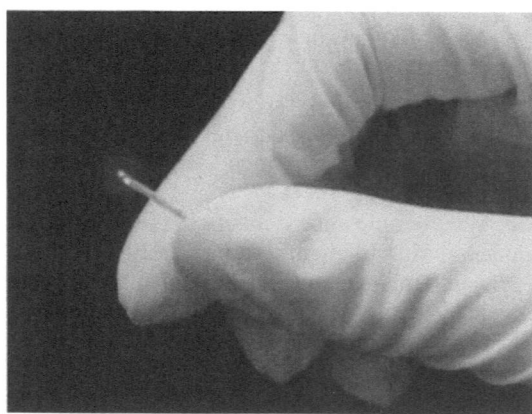

Abb. 9. Mikrokatheter mit Fiberoptik zur Emission von Laserenergie; sog. EPAR-Lasersystem („endovascular photo-acustic recanalization")

Energie von 200–300 mW pro Impuls mit einer Impulsdauer von 5–30 ns als photoakustische Energie ausstrahlt.

Durch die im Vergleich zur konventionellen Laserangioplastie geringe Energie in sehr kurzen Applikationszeiten kommt es nicht zu einer phototonen Thrombuszerstörung. Vielmehr entstehen direkt an der Katheterspitze Druckwellen und Kavitationen von Blasen, die den Blutclot emulsifizieren. Die für eine komplette Behandlung bis zur Auflösung des Embolus erforderliche Gesamtenergie liegt zwischen 300 mW und 1,5 Watt, je nach Volumen des Blutclots (Abb. 10).

Die Laserenergie wird potenziert durch gleichzeitige Applikation einer Kühlflüssigkeit (Indigo Carmine). Die Imission der Laserenergie beträgt 50 µ und wird wegen Benutzung der grünen Wellenlänge hauptsächlich im roten Teil des Farbspektrums absorbiert, d.h. von Blut, so dass eine Selektivität auf embolisches und thrombotisches Material gewährleistet ist. Durch die Laserbehandlung von max. 10–12 min kommt es zu einer Fragmentation und Emulsifikation des thrombotischen Materials mit Endpartikelgröße zwischen 15 und 70 µ. Der entscheidende Vorteil der photoakustischen Rekanalisation mit Laser ist der Verzicht auf ein Thrombolytikum und damit die Vermeidung eines zusätzlichen Blutungsrisikos durch Antikoagulation. Durch die Platzierung der Laserspitze im Thrombus/Embolus (Abb. 11) und die Eindringtiefe ist eine Schädigung der Gefäßwand durch Laserenergie nicht zu befürchten.

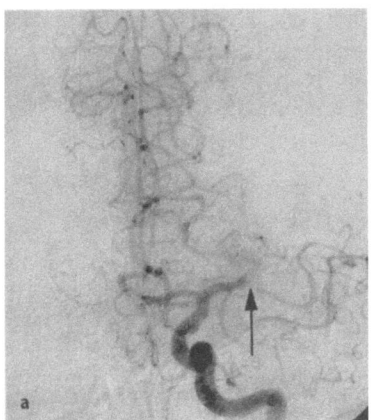 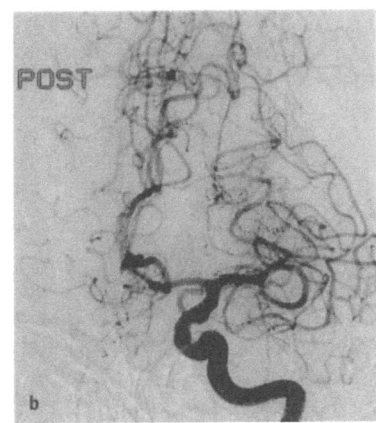

Abb. 10a,b. Digitale Subtraktionsangiographie der A. carotis links vor und nach Laserbehandlung eines Verschlusses der mittleren Hirnarterie *(Pfeil in* **a***)* mit guter Rekanalisation nach 180 s Impulsgebung **(b)**. (Mit freundlicher Genehmigung von Herrn St. Barnwell MD, Oregon Health Sciences University/Portland)

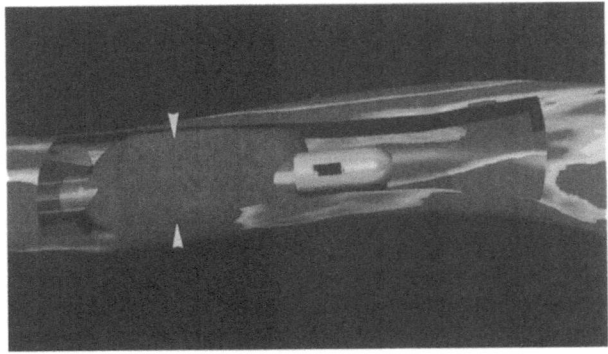

Abb. 11. EPAR-Lasersystem in Schemazeichnung mit Platzierung der Laserspitze im Blutclot *(weiße Pfeilspitzen)*, der beim Bewegen der Katheterspitze durch den Embolus emulsifiziert wird

Weitere Sicherheit gegenüber einer Wandschädigung bietet die Absorption der Energie im roten Wellenbereich, d.h. nur im Blut und nicht an der hellen Endothelwand der Arterien. Das Kühlungssystem hält außerdem die Temperaturentwicklung intravasal auf Werten unterhalb von 50°, was eine thermische Schädigung verhindert.

2.3.4
Ultraschallrekanalisation

Das Prinzip der Ultraschallfibrinolyse („us accelerated fibrinolysis", USAF) bedient sich der Möglichkeit, einen Thrombus /Embolus über einen Ultraschallkopf mit 1,1 Mhz zu beschallen, der als Kranz von zylindrischen Piezoelektroden am Ende eines 2,5-F-Mikrokatheters angebracht ist. Dies bewirkt eine Tunnelung oder Kanalisierung des Thrombus nach dem „Schweizer-Käse-Prinzip", woraus eine größere Kontaktoberfläche und Eindringtiefe für das gleichzeitig applizierte Thrombolytikum (Urokinase oder rt-PA) resultiert (Abb. 12).

Durch die 360°-radiale Emission wird innerhalb des Thrombus ein in alle Richtungen gehendes Tunnelsystem erzeugt. Gegen Überhitzung der Gefäßwand schützt auch hier eine permanente Temperaturkontrolle mit Abschaltmechanismus. Die optimale Durchmischung des Thrombolytikums mit dem Embolus spart erhebliche Mengen von Urokinase oder rt-PA ein (Bedarf ca. $^{1}/_{3}$), so dass trotz der höheren Lyseeffekte das Blutungsrisiko geringer ist.

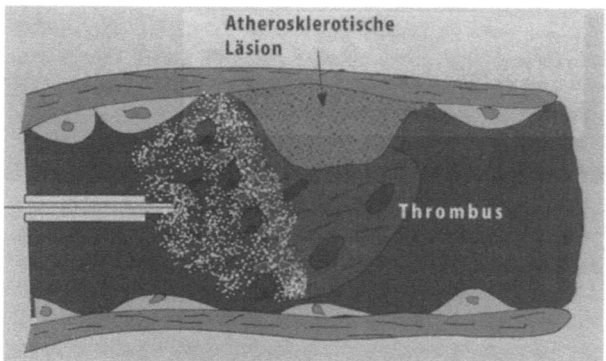

Abb. 12. Schemazeichnung der ultraschallgestützten Thrombolyse eines Embolus mit Tunnelung des Blutclots

2.4
Minimal invasive Verfahren der Schlaganfallprophylaxe

Die Blutversorgung des Gehirns kann auf 2 Wegen reduziert werden und zu einem zerebralen Infarkt führen: entweder durch Entwicklung einer lokalen Gefäßstenose durch Atheromatose und Thrombose oder durch arterioarterielle Embolien ausgehend von lokalen Stenosen. Zur Behandlung umschriebener Stenosen bietet sich die Gefäßrekanalisation an, um entweder die hämodynamisch relevante Flussminderung oder die lokale thromboembolische Quelle auszuschalten. Beide Behandlungsziele dienen rein prophylaktisch dazu, einen Schlaganfall zu verhindern.

Die medikamentöse Emboliepropylaxe ist nur bei niedriggradigen Stenosen sinnvoll. Bei Stenosen von über 70%iger Lumeneinengung ergibt sich nach großen Multicenterstudien (NASCET, ECST) eine eindeutige Überlegenheit der mechanischen Beseitigung der Gefäßstenose gegenüber der rein medikamentösen Behandlung. Sind diese Stenosen symptomatisch geworden, müssen sie nach heutiger Auffassung saniert werden. Dazu bieten sich 3 Behandlungsarten an: operativ die seit langem praktizierte Karotisendarterektomie (CEA) und endovaskulär die perkutane transluminale Angioplastie (PTA) sowie seit jüngster Zeit die Kombination dieses Verfahrens mit primärer Endoprothesebehandlung (Stent).

Die PTA hat sich erst in den letzten Jahren als echte Alternative zur Stenoseoperation entwickelt, obwohl die Ballondilatation schon in den 60er Jahren von Dotter u. Judkins (1964) an den peripheren Gefäßen eingeführt wurde. Wegen des potenziellen Risikos von thromboembolischen Komplikationen entwickelte sich das Verfahren an den hirnversorgenden Arterien erst sehr verzögert (erste Behandlung 1980 durch Kerber et al.). Die Bereitschaft, endovaskuläre Behandlungsverfahren einzusetzen, wurde nicht zuletzt durch die Ergebnisse der großen Multicenterstudien (NASCET, ECST) gestützt, bei denen höhere Komplikationsraten der chirurgischen Verfahren zutage traten, als in bis dahin nicht randomisierten kleineren Studien berichtet worden waren. Die Akzeptanz der endovaskulären Behandlung wurde durch Vergleich mit diesen Studien deutlich erhöht, da nun die Komplikationsraten mit denen der operativen Verfahren vergleichbar waren. Hinzu traten die Vorteile des endovaskulären Vorgehens, nämlich Verzicht auf eine Narkose (und damit Behandlung auch nicht narkosefähiger Patienten), geringere Patientenbelastung, fehlendes Operationstrauma, Möglichkeit der Simultanbehandlung mehrerer Stenosen und kürzere stationäre Aufenthaltszeiten.

Die Verbesserung der Kathetertechniken und insbesondere die Einführung der Stentimplantation brachte für die Behandlung auch bei den Halsgefäßen den Durchbruch. Die Stentimplantation wird derzeit als Primärmaßnahme als stentgestützte perkutane Angioplastie durchgeführt.

Die primäre PTA mit Stentapplikation gilt daher als beste endoluminale Behandlungsart. Kontrollierte Studien konnten zeigen, dass das Ziel einer wirksamen Schlaganfallprophylaxe mit gutem klinischem Ergebnis und einer Restenosierungsrate unter 4% inzwischen erreicht wurde. Eine weitere Reduktion der thromboembolischen Komplikationen brachte die Entwicklung einer ballongeschützten Stentapplikation, bei der das distale Stromgebiet der A. carotis interna mit einem kleinen Ballon während der Manipulationen im Stenosebereich blockiert werden kann, insbesondere während der Aufdehnung des Stents auf seine definitive Größe.

Bei dieser ballonprotektiven Methode wird nach Abschluss der Manipulationen Blut aus der Karotis abgesogen, das Gefäß wird kräftig mit Kochsalz gespült und somit werden die evtl. vor dem Protektionsballon liegenden Emboli entfernt. Erst danach wird der Fluss in der Karotis durch Ablassen des Ballons wiederhergestellt (Abb. 13).

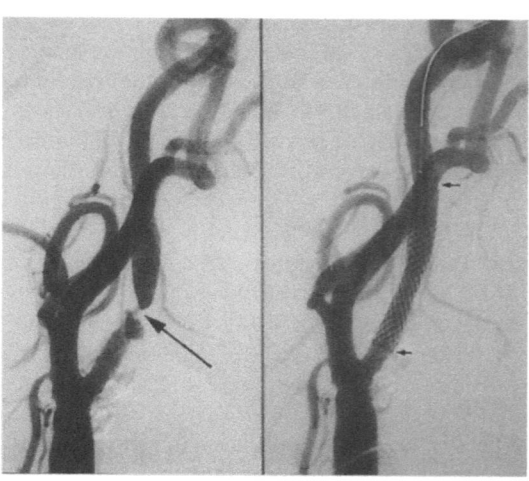

Abb. 13. Höchstgradige Stenose der Karotis *(großer Pfeil, linke Bildhälfte)* nach Rekanalisierung durch Stent *(kleine Pfeile, rechte Bildhälfte)*; laterale DSA

Die Verfeinerung von Ballons und Stents ermöglicht inzwischen auch ihren Einsatz an Stenosen intrakranieller Gefäße, insbesondere der A. vertebralis, der A. basilaris und des Mediahauptstamms. Damit sind erstmals auch degenerative Veränderungen an intrakraniellen kleineren Gefäßen behandelbar, die trotz medikamentöser Prophylaxe Ischämien oder Embolien hervorrufen.

Entscheidend für gute Behandlungsergebnisse ist zum einen die exakte Indikationsstellung für die Therapie, die in engster Zusammenarbeit von klinisch erfahrenen Neurologen und Neuroradiologen gestellt werden muss. Derzeit werden 37% der Stenosebehandlungen bei asymptomatischen Stenosen vorgenommen. Diese unkritisch weite Indikationsstellung belegt eindrucksvoll, dass die Erkrankung Karotisstenose in fachspezifische Verantwortung gehört. Zum anderen obliegt die Durchführung der Stentbehandlung Neuroradiologen, die in der endovaskulären Therapie erfahren sind, intime Kenntnisse der zerebrovaskulären Physiologie und Pathophysiologie besitzen und Komplikationen wie beispielsweise periprozedurale Embolien adäquat behandeln können.

3
Ausblick

Aus einer primär diagnostischen Disziplin hat sich die Neuroradiologie v.a. in den letzten 3 Jahrzehnten zu einem auch interventionell-therapeutisch aktiven Fach entwickelt, das mit minimal invasiven Methoden alternative Behandlungsverfahren zu chirurgischem Vorgehen anbietet. Ähnlich wie sich die Neurochirurgie durch Verwendung des Mikroskops zu einer mikrochirurgischen Disziplin entwickelt hat, ist die interventionelle Neuroradiologie durch Miniaturisierung ihres Instrumentariums und die zunehmend bessere räumliche Auflösung ihrer bildgebenden Systeme auf dem Weg zu einer mikrointerventionellen Neuroradiologie. Die künftige technische Entwicklung wird zum Ziel haben, in diesem Jahrhundert extrem miniaturisierte Systeme zu entwickeln, um z.B. auch kleinste indirekte Versorgungsgefäße einer arteriovenösen Malformation sicher aufsuchen zu können, zerebrale Tumoren über piale Mikrogefäße zu erreichen und gezielt lokal chemotherapeutisch anzugehen, oberflächenaktivierte Stents zur Thromboseprophylaxe einzusetzen, katheterapplizierte endovaskuläre Elektrokoagulation zu verwenden und schließlich bildgebende Methoden einzusetzen, die ohne Strahlenbelastung auskommen, wie etwa die Online-MR-Angiographie oder virtuelle endoskopische angiographische Verfahren. Voraussetzung für den sinnvollen Einsatz hochtechnisierter Mikroverfahren auch im 21. Jahrhundert bleibt der klinische Nutzen für den Patienten und damit die klare Behandlungsindikation auf dem Boden klinisch-neurowissenschaftlich gesicherter Daten, ohne therapiefremden Verlockungen der reinen Machbarkeit zu erliegen.

Literatur

Beck A, Schumacher M (1989) PTA of subclavian artery: a special technique, short and long term results 2-6 years after treatment. In: Nadjmi M (ed) Imaging of brain metabolism. Spine and cord. Interventional neuroradiology. Springer, Berlin Heidelberg New York Tokyo, pp 337-340

Berenstein A, Lasjaunias P (1992) Endovascular treatment of cerebral lesions. Surgical neuroangiography, vol 4. Springer, Berlin Heidelberg New York Tokyo

Brown MM (1992) Balloon angioplasty for cerebrovascular disease. Neurol Res 14:159-163

Byrne JV, Guglielmi G (1998) Endovascular treatment of intracranial aneurysms. Springer, Berlin Heidelberg New York Tokyo

Cotton A, Boutry N, Cortet B et al. (1998) Percutaneous vertebroplasty: state of the art. Radiographics 18:311-320

Dotter CT, Judkins MP (1964) Transluminal treatment of arteriosclerotic obstruction: description of a new technique and a preliminary report of its applications. Circulation 30:654-670

European Carotid Surgery Trialists' Collaborative Group (1991) MRC European Carotid Surgery Trial: interim results for symptomatic patients with severe (70-99%) or with mild (0-29%) carotid stenosis. Lancet 337:1235-1243

Freitag G, Freitag J, Koch R (1986) Percutaneous angioplasty of carotid artery stenoses. Neuroradiology 28:126-127

Guglielmi G, Vinuela F, Sepetk J et al. (1991) Electrothrombosis of saccular aneurysms via endovascular approach. Part 1: Electrochemical basis, technique and experimental results. J Neurosurg 75:1-7

Hasso AN, Bird CD (1981) Fibromuscular dysplasia of the internal carotid artery: percutaneous transluminal angioplasty. Am J Neuroradiol 136:955-960

Kerber CW, Cromwell LD, Leohdenol D (1980) Catheter dilatation of proximal stenosis during distal bifurcation endarterectomy. Am J Neuroradiol 1:348-349

Koch C, Eckert B, Grzyska U, Zeumer H (1999) Die stentgestützte Karotisangioplastie. Klin Neuroradiol 9:30-44

Mathias K (1987) Katheterbehandlung der arteriellen Verschlusskrankheit supraaortaler Gefäße. Radiologe 27:547-554

Moret J, Cornard C, Weil L et al. (1997) The „re-modelling technique" in the treatment of wide necked aneurysms. Angiographic results and clinical follow-up in 56 cases. Interv Neuroradiol 3:21–35

North American Symptomatic Carotid Endarterectomy TC (1991) Beneficial effect of carotid endarterectomy in symptomatic patients with high-grade carotid stenosis. N Engl J Med 325:445–453

Ohki T, Marin ML, Lyon RT et al. (1998) Ex vivo human carotid artery bifurcation stenting: correlation of lesion characteristics with embolic potential. J Vasc Surg 27:463–471

Rasmussen PA, Perl J, Barr JD et al. (2000) Stent-assisted angioplasty of intracranial vertebrobasilar atherosclerosis: an initial experience. J Neurosurg 92:771–778

Schumacher M (1991) Wirbelsäulenerkrankungen – Radiologische Gesichtspunkte für den Arbeitsmediziner. In: Hofmann F, Stössel U (Hrsg) Arbeitsmedizin im Gesundheitsdienst, Bd 5. Genter, Stuttgart, S 53–72

Schumacher M (2000) Diagnostic workup in cerebral aneurysms. In: Nakstad PH (ed) Cerebral aneurysms. Centauro, Bologna, pp 13–24

Schumacher M (2001) Krankheiten der Blutgefäße. In: Sartor K (Hrsg) Neuroradiologie. Thieme, Stuttgart

Schumacher M, Horton JA (1991) Treatment of cerebral arteriovenous malformations with PVA. Neuroradiology 33:101–105

Schumacher M, Husstedt H (1999) Stents in der Therapie von supraaortalen Gefäßstenosen. Holler, Karlsruhe, S 39–50

Schumacher M, Radü W (1992) Endovascular treatment of basilar bifurcation aneurysma. In: Piscol U, Klinger M, Brock M (eds) Advances in neurosurgery, vol 20. Springer, Berlin Heidelberg New York, Tokyo, pp 52–57

Schumacher M, Kutluk K, Ott D (1989) Digital rotational radiography in neuroradiology. Am J Neuroradiol 10:644–649

Schumacher M, Schmidt D, Wakhloo AK (1991) Intraarterielle Fibrinolyse bei Zentralarterienverschluß. Radiologe 31:240–243

Schumacher M, Siekmann R, Radü W, Wakhloo AK (1994) Local intra-arterial fibrinolytic therapy in vertebrobasilar occlusion. In: Bauer BL, Brock M, Klinger M (eds) Advances in neurosurgery, vol 22. Springer, Berlin Heidelberg New York Tokyo, pp 30–34

Schumacher M, Wakhloo AK, Radü W, Hammen A, Seeger W (1994) Endovascular treatment of intracranial aneurysms with electrically detachable coils. In: Bauer BL, Brock M, Klinger M (eds) Advances in neurosurgery, vol 22. Springer, Berlin Heidelberg New York Tokyo, pp 238–242

Schumacher M, Siekmann R, Dieckmann M, Radü W (1996) Intra-arterial fibrinolytic therapy in acute cerebral artery occlusion. In: Taki W, Picard L, Kikuchi H (eds) Advances in interventional neuroradiology and intravascular neurosurgery. Elsevier, Amsterdam, pp 447–452

Schumacher M, Yin L, Klisch J, Hetzel A (1999) Local intra-arterial fibrinolysis without arterial occlusion? Neuroradiology 41:530–536

Szikora I, Guterman LR, Kenez J et al. (1994) Combined use of stents and coils to treat experimental wide-necked carotid aneurysms: preliminary results. Am J Neuroradiol 15:1091–1102

Sussman BJ, Fitch TSP (1958) Thrombolysis with fibrinolysis in cerebral arterial occlusion. J Am Med Assoc 167:1705–1709

Théron J (1992) Angioplasty of brachiocephalic vessels. In: Vinuela F, Halbach VV, Dion JE (eds) Interventional neuroradiology: endovascular therapy of the central nervous system. Raven, New York, pp 167–180

Théron J, Courtheoux P, Casasco A, Alachkar F, Notari F, Ganem F, Maiza D (1989) Local intraarterial fibrinolysis in the carotid territory. Am J Neuroradiol 10:753

Vitek JJ, Roubin GS, Al-Mubarek N, New G, Iyer S (2000) Carotid artery stenting: technical considerations. Am J Neuroradiol 21:1736–1743

Zanella FE, Schumacher M (1997) Perkutane transluminale Angioplastie (PTA) der A. carotis interna. In: Schumacher M (Hrsg) Diagnostik und Therapie zerebrovaskulärer Erkrankungen. Schnetztor, Konstanz, S 190–199

Zenz M, Jurna E (1993) Lehrbuch der Schmerztherapie. Wissenschaftliche Verlagsgesellschaft, Stuttgart

Zeumer H (1992) Fibrinolysis in cerebrovascular diseases of the central nervous system. In: Vinuela F, Halbach B van, Dion JE (eds) Interventional neuroradiology: endovascular therapy of the central nervous system. Raven, New York, pp 141–151

Das Mikroendoskop in der Augenheilkunde: der Blick aus dem Glaskörperraum

Frank Koch

Inhalt

1 Fragestellung 257

2 Geschichte der Glaskörperendoskopie 258

3 Faser- und GRIN-Endoskopie im Vergleich 259

4 Besondere Aufgaben der GRIN-Endoskopie 262

5 Besondere Anforderungen an die Glaskörperchirurgie 266

6 Perspektiven der Glaskörpertechnologie 267

Literatur 267

1
Fragestellung

Im Zeitalter der beidhändig durchgeführten Weitwinkelmikroskopie-Glaskörperchirurgie stellt sich die Frage: Wofür brauchen wir eigentlich ein Mikroendoskop in der Augenchirurgie?

Auf einen einfachen Nenner gebracht, lautet die Antwort: für die Behandlung jener Abschnitte im Auge, die der Beobachtung unter dem Mikroskop nicht ausreichend oder gar nicht zugänglich sind. Hierzu zählen die Glaskörperabschnitte vor der peripheren Glaskörperbasis ebenso wie der Raum hinter der Netzhaut (Abb. 1).

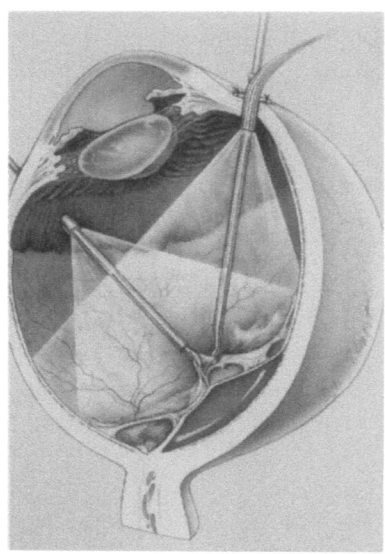

Abb. 1. Die der Beobachtung unter dem Mikroskop nicht optimal zugänglichen Bereiche sind dadurch gekennzeichnet, dass die Ausleuchtungskegel eines bekannten Deckenleuchtsystems (multiportales Illuminationssystem MIS) diese Bereiche nicht erreichen. Dies sind der periphere Glaskörperraum vor dem Ziliarkörper und der Raum unterhalb der Instrumente hinter der Netzhaut: der Subretinalraum

Auch in anderen Situationen kann die endoskopische Kontrolle die Präzision des chirurgischen Eingriffs verbessern. Dies trifft dann zu, wenn am Ende eines Eingriffs die Transparenz der Medien (Hornhaut, Linse) nachlässt, die optischen Anforderungen aber steigen, weil z.B. nach einem Austausch des Flüssigkeitsmediums gegen Luft die Löcher zur Laserkoagulation dargestellt werden müssen.

Angesichts dieser Vorteile der Mikroendoskope ist zu fragen, warum die Endoskope nicht bereits seit Jahren von der Mehrzahl der Augenchirurgen eingesetzt werden.

2
Geschichte der Glaskörperendoskopie

Bis Mitte der 90er Jahre waren die Endoskope so konstruiert, dass sie, gemessen am Standardaußendurchmesser eines Glaskörperinstruments, viel zu dick waren, um gefahrlos in das Auge eingeführt werden zu können. Angefangen von Thorpe (1934) über Norris u. Cleasby

Tabelle 1. Geschichte der Endoskopie am Auge

Jahr	Autor	Durchmesser Endoskop [mm]
1934	Thorpe	>8
1978	Norris u. Cleasby	>2,3
1986	Shields	>2,3
1992	Koch u. Spitznas	1,7 (1,2), Videoadaptation

(1978) und Shields (1986) bis zu Koch u. Spitznas (1990) reduzierten sich die Schaftdurchmesser der Endoskope, die durch die Pars plana in den Glaskörper eingeführt wurden, von 8 mm auf 1,2 mm (Tabelle 1).

Im Jahr 1991 gelang es durch Koppelung einer Minichipvideokamera an das Endoskopokular, das erzielte Bild komfortabel auf einem Monitor zu verfolgen. Doch erst Anfang der 90er Jahre wurde durch Uram (1992) und Fisher u. Slakter (1994) eine neue Endoskopgeneration in die Augenchirurgie eingeführt, die die „Norm" von 19 Gauge (1 mm) und 20 Gauge (0,9 mm) erfüllte: die sog. Faserendoskope.

Ein Nachteil dieser grundsätzlich lichtstarken Endoskope ist die durch die Bauweise bedingte limitierte Auflösung. Rol et al. konnten 1995 mit der Gradientenindexendoskopie (GRIN) eine Technologie einführen, bei der sowohl der notwendige kleine Durchmesser als auch eine hohe Auflösung gewährleistet sind (Rol et al. 1995). Ende der 90er Jahre haben wir an Design und Funktionalität dieses Endoskoptyps speziell für seinen Einsatz im Glaskörperraum gearbeitet und heute steht ein 0,9 mm dünner Endoskopschaft zur Verfügung, in den nicht nur Optik und Beleuchtung integriert sind, sondern auch ein Infusionskanal und ein weiterer Kanal zum Einführen einer Laserfaser (Koch et al. 1997 a, b, 1999).

3
Faser- und GRIN-Endoskopie im Vergleich

Da die Endoskopie grundsätzlich ein unvergleichlich gut einstellbares Bild von der äußeren Glaskörperperipherie liefert, eignen sich hier sowohl Faser- als auch GRIN-Endoskope.

Bei Faserendoskopen wird das Bild über eine Frontlinse in der Endoskopspitze und über ein Bündel zahlreicher Fasern zur außerhalb des

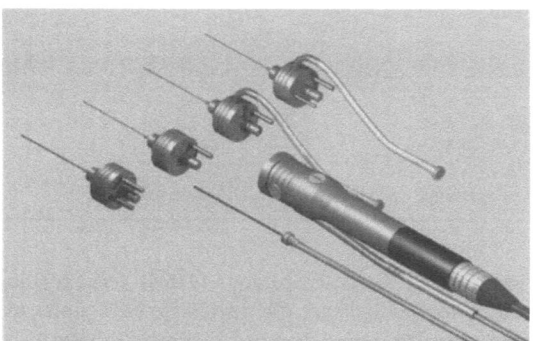

Abb. 2. Faserendoskope leiten das Bild durch eine Linse am Tip des intraokularen Endoskopstücks über ein Bündel von Lichtfasern zu dem dahinter angeordneten Kamera-Aufnahmeteil, GRIN-Endoskope, sog. „solide Stabendoskope", führen das Bild über einen 19/20 Gauge dünnen Stab direkt in die in das Handstück integrierte Kamera. GRIN-Stäbe und Handstück sind abgebildet

unmittelbaren Operationsfeldes liegenden Kamera fortgeleitet. Diese Anordnung bedingt eine begrenzte Auflösung der Faserendoskope. Insbesondere im Nahbereich, wenn die Endoskopspitze näher als 2 mm an das Objekt herangeführt wird, ist eine Bildfokussierung nur eingeschränkt möglich. Die Faserendoskope sind ausgesprochen unempfindlich und wiegen nur unwesentlich mehr als die Mehrzahl der Standardinstrumente, die für die Chirurgie im Glaskörperraum eingesetzt werden.

GRIN-Endoskope hingegen vereinen im Handstück sowohl die Aufnahmesonde als auch die Kamera und wiegen daher etwas mehr (Abb. 2). Sie bieten dafür allerdings ein abstandunabhängiges, hochauflösendes Bild, wobei die Sondenspitze das Objekt berühren kann, ohne dass die Fokussierung eingeschränkt wird. Dies ermöglicht eine maximale Detaildarstellungskapazität, die auch bei optimalen optischen Medien (klare Linse, klare Hornhaut etc.) unter dem Mikroskop so nicht erzielt werden kann.

Beide Glaskörperendoskope ermöglichen des Weiteren die zuverlässige Untersuchung des Ziliarkörpers und der Pars-plana-Sklerotomien. Beispielsweise können so iatrogen durch unabsichtliches Vorschieben der peripheren Glaskörpermembran erzeugte Netzhautforamina erkannt werden (Abb. 3).

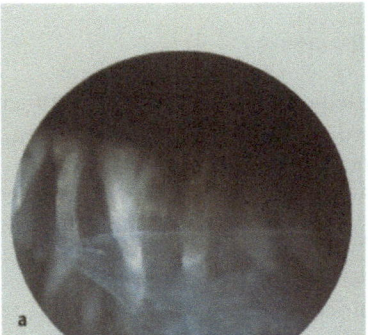 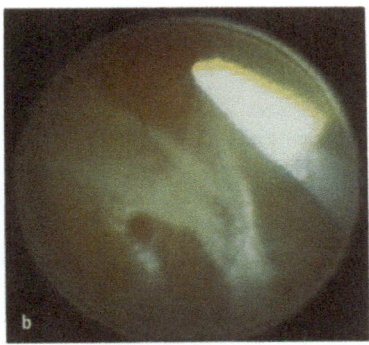

Abb. 3a,b. GRIN-Endoskopie peripherer Glaskörpertraktionsmembranen (**a**) und iatrogen erzeugter peripherer Netzhautforamina durch ungewolltes Vorschieben der peripheren Glaskörpergrenzmembran und Erzeugen peripherer Netzhautforamina mit konsekutiver Ablatio retinae (**b**)

Mithilfe der Glaskörperendoskopie konnte zudem bewiesen werden, dass eine Schienung der Glaskörperbasis die Sicherheit des Eingriffs vergrößert. Auf dieser Grundlage wurde das multiportale Illuminationssystem (MIS) entwickelt, das ein spezielles lichtleitendes, sich selbst abdichtendes Kanülensystem darstellt (Abb. 4).

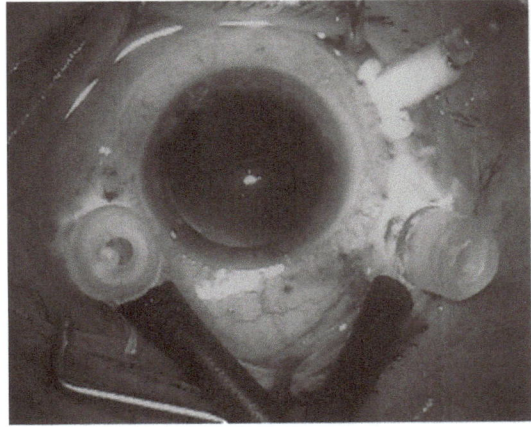

Abb. 4. Das multiportale Illuminationssystem (MIS) besteht aus Kunststoffkanülen, die beleuchtet und mit einer Silikonklappe selbstabdichtend konzipiert sind. Durch eine oder zwei dieser MIS-Kanülen werden 20-Gauge-Instrumente in den Glaskörperraum vorgeschoben und richten dabei automatisch das Licht der Kanülen in das Arbeitsfeld

4
Besondere Aufgaben der GRIN-Endoskopie

Durch den Einsatz der hochauflösenden GRIN-Endoskopie konnten wir des Weiteren Informationen über die Interaktion von Medikamententrägern im Glaskörperraum gewinnen (Abb. 5).

Medikamententräger im Glaskörperraum stellen eine zukunftsträchtige Strategie dar, die sich nicht nur zur Behandlung von Retinitiden, sondern auch zur Therapie der Uveitis, der AMD (altersabhängige Makuladegeneration) und der diabetischen Augenveränderungen sowie zur Neuroprotektion des Sehnervs anbietet. Die ausgeklügelte Strategie der gedeckelten Sklerotomieanlage zur Implantation von Langzeitmedikamententrägern muss begleitet sein von einer sorgfältigen Trägerpositionierung (Gümbel et al. 1999). Diese kann alternativ zur Endoskopie – wenngleich auch weniger präzise – durch indirekte Ophthalmoskopie erfolgen. Die einzigartige Auflösung der Endoskopie hingegen informiert uns über mehr Details, z.B. die Tatsache, dass nach mehreren Monaten Verweildauer der Medikamente im Glaskörperraum die Träger von einem bindegewebigen Kokon umgeben sind (Abb. 6).

Auf der Netzhautoberfläche (z.B. Makulalochchirurgie) werden durch das GRIN-Endoskop feinste, transparente Membranen sichtbar (Abb. 7).

Ebenfalls auf der Oberfläche der Netzhaut erleichtert das hochauflösende Endoskop die „sheathotomy" der gemeinsamen Arterien-Venen-Adventitia bei Venenastverschlüssen der Retina (Abb. 8).

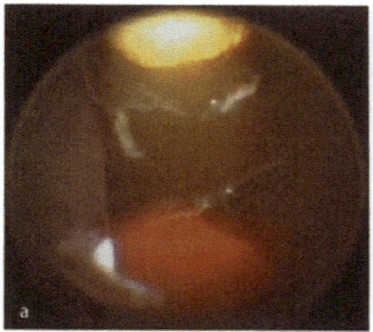 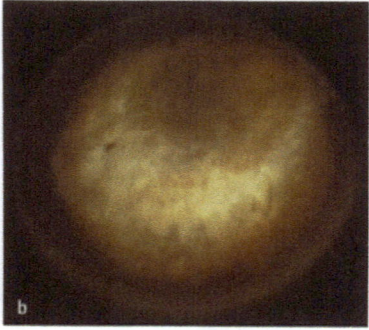

Abb. 5. a Drug Delivery Device im Glaskörperraum; **b** Medikamententräger am proximalen, glaskörperwärtigen Ende

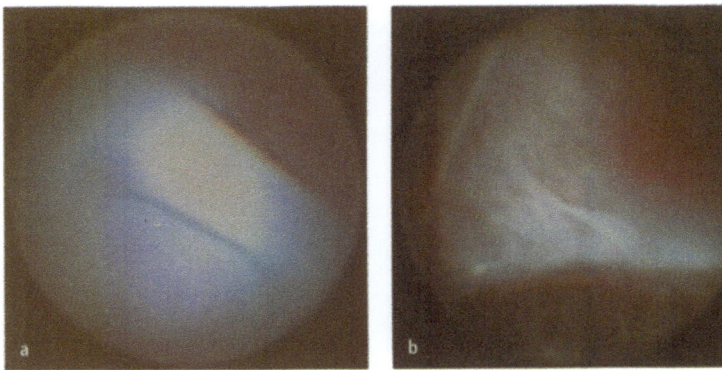

Abb. 6a,b. Bindegewebsfibrose („Kokon") um skleraseitige Fixationsnaht (**a**) und den gesamten Schaft bis über den Medikamententräger (**b**)

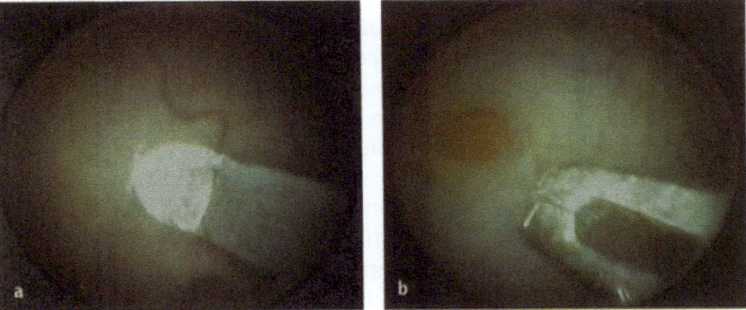

Abb. 7a,b. Darstellen feinster, durchsichtiger Membranen (**a**), angehoben mit Pinzette (**b**)

Allerdings ist die Endoskopie mit dem Mikroendoskop gewöhnungsbedürftig, denn wer hat schon Erfahrung mit einem Instrument, dass sich selbst optisch kontrolliert und zugleich nicht das gewohnte Stereosehen gewährleistet!

Ein potenzielles Risiko der Endoskopie in der Netzhautchirurgie stellt die Lichttoxizität dar. Das Endoskop sollte am hinteren Pol der Netzhautoberfläche nur kurzzeitig und lichtgefiltert eingesetzt werden, da die Nähe des Lichtaustritts zur Netzhautoberfläche ähnlich wie bei

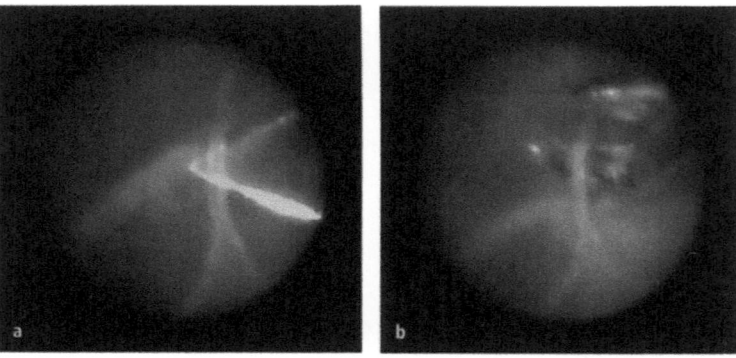

Abb. 8a,b. Unterfahren der retinalen Arterie (**a**) und Dissezieren von Arterie und Vene (**b**)

handgehaltenen Lichtleitern zu hohen Lichtbelastungen der Netzhaut führt. Die Lichttoxizitätsgefahr nimmt dabei exponentiell zu. So steigt die Bestrahlungsstärke (Irradiance in mW/cm^2) bei zunehmender Nähe zur Netzhaut (25 vs. 5 mm) von 10 mW/cm^2 auf 160 mW/cm^2 an.

Eine wirklich neue Dimension der Chirurgie durch Einsatz des GRIN-Endoskops ergibt sich für die Diagnostik und Therapie im Subretinalraum. „Viele von uns führen diese Chirurgie im Subretinalraum blind durch" ist ein provokantes Statement, das auch dadurch nicht an Bedeutung verliert, dass die Subretinalchirurgie z.B. nach 360°-Retinotomie und Zurückklappen der Netzhaut nicht blind stattfindet. Allerdings gibt es dann auch keinen Subretinalraum mehr, wodurch diese sog. Makularotation riskant wird.

Abb. 9. **a** Verschiebung der sensorischen Netzhautmitte in der Makula nach oben oder unten; **b** iatrogene Ablösung der Netzhaut durch Injektion von flüssigen Substanzen in den Subretinalraum; **c** mehrfacher Austausch von Flüssigkeit und Luft zur Erzeugung einer homogenen Netzhautablösung; **d–f** Verkürzung von Sklera und Aderhaut durch Raffnähte nach Ablösung der Netzhaut (**d**) führt zur Verlagerung der sich wieder anlegenden Netzhaut (**e, f**), im gezeigten Fall nach unten *(Pfeil in f)*. Die *grünen Kreise* markieren mögliche Retinotomien, die zur Einführung der Endoskopspitzen in den Subretinalraum dienen und dort die Verschiebung der Netzhaut oder auch andere Maßnahmen steuern (z.B. Laserkoagulation) (Abb. modifiziert nach AAO 1999)

Das Mikroendoskop in der Augenheilkunde 265

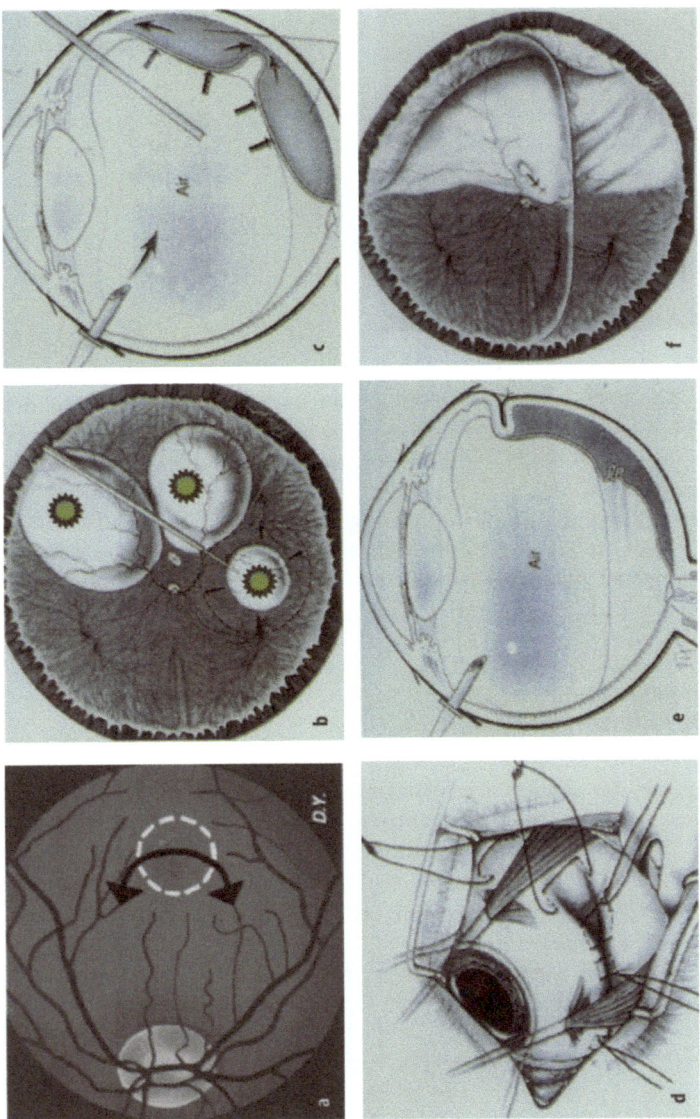

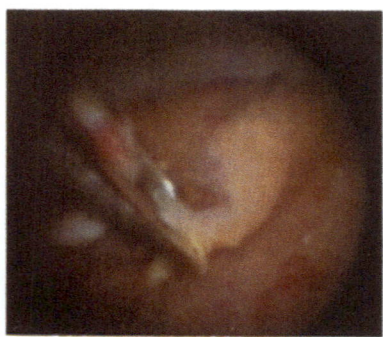

Abb. 10. Pinzette beim Entfernen einer pathogenen Gefäßmembran

Die GRIN-Endoskopie ermöglicht es, verschiedene Verfahren der Subretinalchirurgie zu unterstützen und dabei wesentliche Schritte zu kontrollieren, z. B. die Makulatranslokation (Abb. 9) oder die Membranextraktion (Abb. 10).

Auch können durch die Koppelung der hochauflösenden Endoskopie und der Laserchirurgie neue subretinale Strategien verfolgt werden, bei denen das Operationsrisiko deutlich reduziert werden kann.

5
Besondere Anforderungen an die Glaskörperchirurgie

Der Einsatz der Glaskörperchirurgie erfordert die Bereitschaft, sie zu erlernen: Führung eines sich optisch selbst kontrollierenden Instruments, Kompensationsmechanismen für fehlende Stereopsis und direkte Beobachtung von Augenstrukturen (z.B. im Subretinalraum), die wir so nicht einmal aus dem Lehrbuch kennen, sind nur einige Aspekte, die zu trainieren sind.

Möglichkeiten bieten sich hierzu beispielsweise im Rahmen von Wet-Labs anlässlich der Deutschen Ophtalmologischen Gesellschaftstagung (DOG), der Tagung der Deutschen Operierenden Augenchirurgen (DOC) oder anderer spezieller Treffen wie z.B. dem vitreoretinalen Symposium, das seit mehreren Jahren an den Universitäten Frankfurt a.M. und Marburg organisiert wird (4th vitreoretinales Symposium VRS, www.vrs-online.com).

6
Perspektiven der Glaskörpertechnologie

Zu den Perspektiven der technischen Weiterentwicklung in der Glaskörperchirurgie sei Folgendes angemerkt:

- Stereopsis in der Endoskopie lässt sich verwirklichen – angesichts der kleinen Dimensionen von maximal 1 mm Gesamtaußendurchmesser des Endoskopschafts ist der Stereowinkel allerdings zu gering, so dass die Stereoendoskopie damit z.Z. nicht effektiv sein kann.
- Es existieren zwei Roboticsysteme zur Steuerung des GRIN-Endoskops. Die Indikationen beschränken sich z.Z. allerdings auf wenige Maßnahmen, z.B. die Injektion von Medikamenten in kleinste Netzhautgefäße.
- Ersatzmechanismen für die Funktionen „Greifen" und „Schneiden", integrierbar in die o.g. Endoskopmaximalaußendurchmesser, sind Gegenstand laufender Projekte und zielen darauf ab, aus dem GRIN-Solid-Rod-Endoskop ein hochpotentes, multifunktionales, miniaturisiertes Instrument zu machen, das sich optisch selbst kontrolliert.

Literatur

Fisher YL, Slakter JS (1994) A disposable ophtalmic endoscopic system. Arch Ophthalmol 112:984–986

Gümbel HOC, Kriegelsteiner S, Rosenkranz C, Hattenbach LO, Koch FHJ, Ohrloff C (1999) Complications after implantation of intraocular devices in patients with cytomegalovirus retinitis. Graefes Arch Clin Exp Ophthalmol 2337: 824–829

Koch FHJ, Guembel H (1997) Subretinale Chirurgie. Mit Endoskopen auf dem Weg in die Zukunft. Der Ophthalmologe. Das therapeutische Prinzip 94:684–688

Koch F, Spitznas M (1990) Videoendoskopie in der Glaskörperchirurgie. Opthalmo-Chirurgie 2:70–78

Koch FHJ, Spitznas M (1992) The video-endoscope as an useful adjunct to vitreous surgery. In: Stirpe M (ed) Advances in vitreoretinal surgery. Acta of the third international congress on vitreoretinal surgery in Rome 1991. Ophthalmic Communcations Society, New York, pp 5–7

Koch FHJ, Luloh KP, Augustin A et al. (1997a) Subretinal microsurgery with gradient index endoscopes. Ophthalmologica 211:283–287

Koch FHJ, Luloh KP, Sanderson Grizzard W et al. (1997 b) Subretinal endoscopic microsurgery. Vitreoretinal online J: www.vitreous-society.org

Koch FHJ, Guembel HOC, Hattenbach LO, Ohrloff C (1999) Endoskopische Kontrolle von Pars plana implantierten Ganciclovir-Medikamententrägern zur Verbesserung der Langzeitprognose bei der Behandlung der Cytomegalievirusretinitis. Klin Monatsbl Augenheilkd 214:107–111

Norris JL, Cleasby GW (1978) An endoscope for ophthalmology. Am J Ophthalmol 85:420–422

Rol P, Jenny R, Beck D, Fankhauser F, Niederer PF (1995) Optical properties of miniaturized endoscopes for ophthalmic use. Opt Eng 34:2070–2077

Shields MB (1986) Intraocular cyclophotocoagulation. Trans Ophthalmol Soc UK 105:237–241

Thorpe (1934) Ocular endoscope. An instrument for the removal of intravitreous non-magnetic foreign bodies. Trans Am Acad Ophthalmol Otolaryngol 39:422–424

Uram M (1992) Ophthalmic laser microendoscope endophotocoagulation. Ophthalmology 99:1829–1832

Fibrinolyse bei akuter Erblindung – Ergebnisse der Mikrokathetertechnik

Dieter Schmidt, Martin Schumacher

Inhalt

1 Einleitung 270
1.1 Definition und unterschiedliche Ursachen
    eines Zentralarterienverschlusses 270
1.2 Embolie der retinalen Zentralarterie 272
1.3 Verlegung des Lumens oder Einengung der Arterie
    infolge einer arteriellen Hypertonie 273
1.4 Prognose eines ZAV 273

2 Patienten und Methode unserer Behandlung
  eines nichtentzündlichen ZAV 274
2.1 Anzahl, Alter und Geschlecht der Patienten 274
2.2 Schweregrade des ZAV 275

3 Ergebnisse 277
3.1 Ergebnisse der Fibrinolysebehandlung 279
3.2 Latenzzeit von der akuten Sehminderung
    bis zum Beginn der LIF-Behandlung 280
3.3 Ort der Behandlung in Abhängigkeit
    von dem pathologischen Befund der A. carotis interna 281
3.4 Verlaufskontrolle 282

4 Schlussfolgerungen 282
4.1 Prognose und konservative Therapie bei ZAV 282
4.2 Behandlung mit systemischer Lyse 284
4.3 Regionale Lyse mit rt-PA 284
4.4 Lokale superselektive intraarterielle Lyse
    über die A. ophthalmica 285

4.5 Bedeutung der Akutbehandlung 285
4.6 Komplikationen der LIF-Therapie 287
4.7 Ausschluss von der Therapie 287

Literatur 288

1
Einleitung

1.1
Definition und unterschiedliche Ursachen eines Zentralarterienverschlusses

Bei einem nichtentzündlichen Zentralarterienverschluss (ZAV) mit plötzlicher hochgradiger Sehminderung bzw. Erblindung, charakterisiert durch ein Ödem der zentralen Netzhaut, einen „kirschroten Fleck" der Makula und eine herabgesetzte Blutströmung retinaler Arterien und Venen (unterbrochene Blutsäule bzw. körnelige Strömung, Verengung des arteriellen Lumens, deutliche Kaliberunregelmäßigkeiten auch der Venen; Abb. 1), ist die Prognose für das Sehvermögen schlecht, wenn keine Behandlung erfolgt. Ein derart geschädigtes Auge bleibt im Falle eines subtotalen oder vollständigen ZAV blind bzw. weist eine hochgradige Sehminderung auf.

Die Patienten sind meistens älter als 50 Jahre, wenn sie einen ZAV erleiden, sehr selten aber kann ein ZAV bereits junge Menschen überraschen.

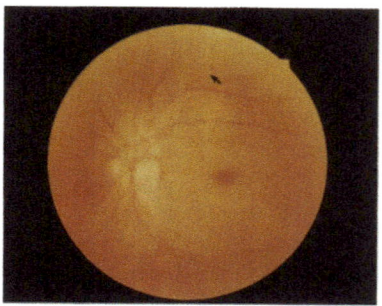

Abb. 1. Typisches Bild eines Zentralarterienverschlusses (ZAV) mit zentralem Netzhautautödem, „kirschrotem Fleck" der Makula, verengten Gefäßen mit Kaliberunregelmäßigkeiten sowie unterbrochener Blutsäule *(Pfeil)*

Es wurde festgestellt, dass unterschiedliche Krankheiten einem ZAV zugrunde liegen können. Sowohl *nichtentzündliche* als auch *entzündliche* Gefäßleiden können zu einem Verschluss der Zentralarterie der Retina führen.

Charakteristisch ist eine weißliche Färbung der zentralen Retina, gemeinsam mit einer rot oder rötlich erscheinenden Makula (bereits von Albrecht von Graefe als „kirschroter Fleck" bezeichnet). Die Hellfärbung des zentralen Netzhautareals, im klinischen Sprachgebrauch auch als „Netzhautödem" bezeichnet, wird jedoch nur zu einem geringen Teil durch eine Wasseransammlung des extrazellulären retinalen Gewebes verursacht. Es wurden histologisch beim ZAV eine Schwellung der retinalen Ganglienzellen, also intrazelluläre, ischämiebedingte Veränderungen (Kroll 1968; McLeod 1976), sowie ein Stau des retinalen Axoplasmastroms als Erklärung für die helle Farbe der Retina gefunden.

Die akute Durchblutungsstörung der Zentralarterie tritt hinter der Lamina cribrosa auf, wie einige histologische Befunde zeigten (Dahrling 1965; Garron 1952; Wolter u. Hansen 1981; Wolter u. Liddicoat 1958, Wolter u. Phillips 1959). Bei der Untersuchung des Augenhintergrunds kann die Arterie hinter der Papille jedoch nicht gesehen werden, so dass die eigentliche Ursache des Arterienverschlusses nur vermutet werden kann. Es ist Aufgabe des Augenarztes, zunächst herauszufinden, ob eine entzündliche oder eine nichtentzündliche Grunderkrankung vorliegt. Im Falle einer Entzündung der Arterien, die mit serologischen- und Allgemeinuntersuchungen festgestellt werden kann, ist es erforderlich, eine hoch dosierte Steroidtherapie, beispielsweise bei der Arteriitis temporalis Horton, umgehend einzuleiten. Ein ZAV kann aber auch im Rahmen einer infektiösen Endokarditis auftreten (Greven et al. 1995; Schmidt u. Zehender 1999). In dieser Situation ist eine Steroidtherapie kontraindiziert und stattdessen eine geeignete antibiotische Therapie angezeigt.

Eine nichtentzündliche Ursache eines ZAV tritt weitaus häufiger auf als eine entzündliche. In allen Situationen – ob entzündlich oder nichtentzündlich – ist ein rasches Handeln erforderlich, um möglichst bald eine Rekanalisierung der verschlossenen Arterie zu erreichen.

Abgesehen von lokalen arteriosklerotischen Veränderungen der Arterienwand der A. centralis retinae bzw. der A. ophthalmica durch einen *lokal* entstandenen Thrombus führt offenbar häufiger eine *Embolie* zum nichtentzündlichen ZAV, ausgehend von einer *stenosierten A. carotis* oder *Aorta*, aber auch als Folge von *Herzerkrankungen*. Am häufigsten sind hier Rhythmusstörungen, ventiloffenes Foramen ovale oder Herzklappenfehler gefunden worden (Mangat et al. 1995).

Gelegentlich findet der Augenarzt beim Spiegeln des Augenhintergrunds einen Embolus in einer retinalen Arterie. In dieser Situation ist ein embolisches Geschehen als Ursache des ZAV erwiesen.

1.2
Embolie der retinalen Zentralarterie

Nach der genauen Erstbeschreibung eines ZAV durch Albrecht von Graefe (1859), der bereits auf die kardiale Grundkrankheit seines Patienten hingewiesen hatte, wurden häufig sowohl klinisch als auch in einigen Fällen histologisch embolische Ursachen eines ZAV gefunden (Arruga u. Sanders 1982; Elschnig 1892; Gloor et al. 1985; Goldstein u. Wexler 1933; Gowers 1875; Hollenhorst 1966; Lansche 1965; McBrien et al. 1963; Nettleship 1874; Schmidt 1874; Wolter u. Ryan 1972; Würdemann 1920; Zimmermann 1965).

Die Emboli bestehen meistens aus Cholesterin und Fibrin (Arruga u. Sanders 1982) oder können kalkhaltig sein, wenn sich beispielsweise Partikel einer verkalkten Herzklappe gelöst haben. Zu den sehr ungewöhnlichen Ursachen eines Verschlusses gehören Fettemboli nach einer Fraktur eines langen Röhrenknochens. Auch eine Luftembolie oder eine Embolie nach operativem Herzklappenersatz kann – sehr selten – zur Erblindung führen (Ffytche 1974). Zusätzliche Emboliequellen sind Vorhofmyxome (Schmidt et al. 2000) oder Thromben bei einem kardialen Aneurysma. Bei drogenabhängigen Menschen wurden Talkemboli beschrieben (Atlee 1972; Friberg et al. 1979; Lee u. Shapira 1973). Greven et al. (1995) berichteten über Emboli bei insgesamt 21 jungen Erwachsenen (jünger als 40 Jahre) und fanden als häufigste Ursache eine Herzklappenerkrankung. Seltener wurde eine verstärkte intravasale Gerinnung bei Einnahme oraler Kontrazeptiva oder bei einem Protein-S-Mangel festgestellt.

1.3
Verlegung des Lumens oder Einengung der Arterie infolge einer arteriellen Hypertonie

Hayreh (1971) berichtete über die transitorische Gefäßblockade bei exzessiver arterieller Hypertonie, wahrscheinlich durch eine kurzfristige Schwellung der Gefäßwand hervorgerufen. Die arterielle Hypertonie als Hauptrisikofaktor einer Arteriosklerose – und damit einer Verlegung eines Gefäßes – wurde von mehreren Autoren als Ursache betrachtet (Appen et al. 1975; Hollenhorst 1966; McBrien et al. 1963; Ross Russell et al. 1966; Schmidt et al. 1991).

1.4
Prognose eines ZAV

Anders als in der experimentellen Situation ist ein ZAV beim Menschen selten vollständig (Augsburger u. Magargal 1980; David et al. 1967; Gass 1968; Karjalainen 1971), wie durch fluoreszenzangiographische Untersuchungen gezeigt worden ist. Wie Hayreh et al. (1980) fanden, kann die Retina eines Affen nach experimenteller Unterbindung der Zentralarterie eine Ischämie bis zu 100 min tolerieren.

Für die Prognose eines ZAV ist das *Stadium des Verschlusses* entscheidend. Dieses ergibt sich im Wesentlichen aus den klinischen Zeichen und der Dauer der Ischämie. Bedeutsam sind außerdem die folgenden Faktoren:

- Ausmaß des arteriellen Verschlusses,
- Anzahl der verschlossenen Gefäße,
- Beeinträchtigung der Makula und/oder der Chorioidea bzw. der Papille,
- verschließendes Material (z.B. Cholesterin, Fibrin),
- Behandlungsbeginn,
- Alter des Patienten,
- Veränderungen der ipsilateralen A. carotis interna.

Die Prognose eines ZAV ist v.a. dann als sehr schlecht zu beurteilen, wenn sowohl ein Verschluss des *retinalen* als auch des *chorioidalen* Kreislaufs vorliegt. Diese Situation lässt sich klinisch auch ohne Fluoreszenzangiogramm daran erkennen, dass der „kirschrote Fleck" der Makula fehlt, bei deutlichem „Ödem" der zentralen Retina. Allerdings gibt es häufig auch Durchblutungsstörungen der Chorioidea, die nur fluoreszenzangiographisch erfasst werden können.

Im Folgenden berichten wir über die Ergebnisse der lokalen intraarteriellen Fibrinolysebehandlung (LIF) bei 58 Patienten. Wir entschieden uns für eine *lokale* im Unterschied zur systemischen Fibrinolyse, um zerebrale Blutungskomplikationen zu vermeiden und um eine hohe intraarterielle Konzentration an Urokinase bzw. rt-PA vor Ort zu erreichen.

2
Patienten und Methode unserer Behandlung eines nichtentzündlichen ZAV

2.1
Anzahl, Alter und Geschlecht der Patienten

Seit 1990 behandelten wir insgesamt 58 Patienten (durchschnittliches Alter: 63,3 Jahre; jüngster Patient 18, ältester 87 Jahre; 17 Frauen, 41 Männer) mit nichtentzündlichem ZAV mit der lokalen intraarteriellen Fibrinolyse (LIF) über einen Mikrokatheter. Das rechte Auge wies bei 34 Patienten, das linke Auge bei 24 Patienten einen ZAV auf. Nach der LIF erfolgte eine mehrtägige Behandlung mit Heparin (25 000 IE/24 h). Die Technik der LIF wurde von Schumacher et al. (Schumacher u. Schmidt 1995; Schumacher et al. 1991) eingehend beschrieben.

Was das Alter der Patienten angeht, empfehlen wir wegen der größeren Wahrscheinlichkeit zerebraler Komplikationen während oder nach einer LIF-Behandlung diese Therapie nicht mehr bei Patienten, die älter als 75 Jahre sind. Die *einzige Ausnahme* stellt die Erblindung des einzig sehenden Auges dar. Hier sollte in jedem Lebensalter versucht werden, das Sehvermögen durch die LIF wieder zu bessern.

In unserem Bericht befassen wir uns zunächst mit den unterschiedlichen Schweregraden des ZAV (Stadieneinteilung) und schildern anschließend den Einfluss der LIF-Behandlung auf den Krankheitsverlauf.

Die Unterscheidung zwischen den verschiedenen Stadien des ZAV ist von großer Bedeutung, da sie der Grund dafür sind, dass eine LIF bei

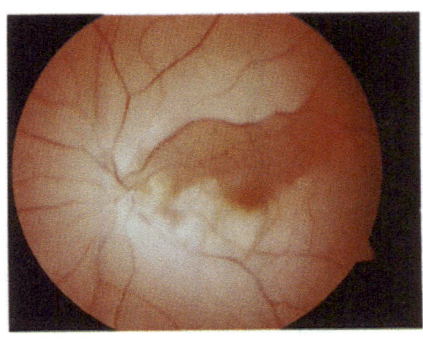

Abb. 2. Deutliches Netzhautödem *(weiß verfärbte Netzhaut)* mit erhaltenener zilioretinaler Arterie, die aus der Tiefe des Aderhautkreislaufs mit Blut versorgt wird und deshalb nicht von dem retinalen Infarkt des ZAV betroffen ist. Die von der zilioretinalen Arterie versorgte Retina (einschließich Makula) weist eine normale rötliche Farbe auf. In einer derartigen Situation sind trotz ZAV eine gute Sehschärfe und ein zentraler Gesichtsfeldrest vorhanden, so dass keine LIF-Behandlung indiziert ist

einigen Patienten erfolgreich ist, bei anderen jedoch nicht. In unsere Studie wurden Patienten mit einer deutlichen zilioretinalen Arterie (Abb. 2) nicht aufgenommen.

2.2
Schweregrade des ZAV

Es gibt unterschiedliche Ausprägungsgrade einer Durchblutungsstörung der retinalen Zentralarterie, von einer kurzfristigen Erblindung bis zum irreversiblen Verschluss. Sie sind in der folgenden Übersicht aufgelistet:

Ausprägungen einer Durchblutungsstörung der A. centralis retinae

- Reversible Sehminderung
  Amaurosis fugax (Sehminderung von Sekunden oder Minuten)
  Transitorische monokulare Blindheit (Sehminderung von mehreren Minuten bis mehrere Stunden)
- Irreversible Sehminderung (ohne Therapie)
  Inkompletter ZAV
  Subtotaler ZAV
  ZAV + Chorioidalinfarkt

In unserer Studie unterteilten wir den ZAV nach klinischen Befunden in 3 unterschiedliche Stadien (Tabelle 1):

Tabelle 1. Stadien I–III des Zentralarterienverschlusses (ZAV)

	Retinaler Spiegelbefund Makula	Retinaler Spiegelbefund Gefäße (Emboli)	Sehschärfe	Fluoreszenzangiogramm retinale Gefäße	Fluoreszenzangiogramm Chorioidea
Unterschiedliche Ausprägung eines ZAV					
Inkompletter ZAV (I)	Geringes perimakulares Ödem, kaum sichtbarer kirschroter Fleck der Makula	Schlecht durchblutete retinale Arterien	Leicht bis mittelgradig herabgesetzt	Verzögerte arterielle Füllung mit Fluoreszein	Regelrecht
Subtotaler ZAV (II)	Deutliches Ödem der zentralen Retina und kirschroter Fleck der Makula	Kaum durchblutete retinale Arterien (unterbrochene Blutsäule), herabgesetzte venöse Durchblutung (Sludgephänomen)	Hochgradig herabgesetzt bzw. blind	Erheblich verzögerte arterielle Füllung, besonders der perimakularen Arteriolen	Regelrecht
Chorioidale Hypoperfusion mit inkomplettem bzw. subtotalem ZAV (III)	Geringes oder deutliches Ödem der zentralen Retina mit fehlendem oder geringem kirschrotem Fleck der Makula	Durchblutete retinale Arterien bzw. verlangsamte Blutströmung retinaler Arterien (und Venen)	Hochgradig herabgesetzt bzw. blind	Verzögerte arterielle Füllung	Deutliche chorioidale Hypoperfusion (bzw. Infarkt)

Inkompletter ZAV. Beim inkompletten ZAV handelt es sich um ein gering ausgeprägtes perimakulares Ödem mit nur schwach erkennbarem „kirschrotem Fleck" der Makula ohne starke Visusreduktion. Zur eindeutigen Beurteilung des inkompletten Gefäßverschlusses wird ein Fluoreszenzangiogramm mit dem Scanning-Laser-Ophthalmoskop empfohlen, da eine pulssynchrone arterielle Füllungsverzögerung von einem arteriellen bzw. venösen Pendelfluss mit wesentlich schlechterer Prognose unterschieden werden sollte (Schmidt et al. 1995).

Subtotaler ZAV. Ophthalmoskopisch besteht ein deutliches Ödem der zentralen Retina mit einem „kirschroten Fleck" der Makula. Die Sehschärfe ist sehr schlecht, es besteht eine kleine Gesichtsfeldinsel. Das Auge ist in den meisten Fällen praktisch blind. Die Fluoreszenzangiographie zeigt eine hochgradig reduzierte arterielle Durchblutung, besonders der perimakularen Arteriolen. Die Blutsäule der Gefäße ist unterbrochen und häufig ist keine Blutströmung mehr vorhanden. Die Visuserholung dieser Augen ist gewöhnlich sehr schlecht.

ZAV in Kombination mit einer choroidalen Hypoperfusion. Die Diagnose erfolgt mit der Fluoreszenzangiographie. Es findet sich hierbei eine fleck- bzw. sektorförmige Hypoperfusion der Chorioidea. Bei ausgeprägter chorioidaler Hypoperfusion (oder bei einem Infarkt) kann die Diagnose klinisch gestellt werden, wenn kein „kirschroter Fleck" der Makula bei einem deutlichen Ödem der zentralen Retina zu sehen ist. Die Prognose dieser Augen ist besonders schlecht.

3
Ergebnisse

Die Ausbildung eines Gesichtsfeldes nach der LIF-Behandlung eines zuvor praktisch blinden Auges ist in Abb. 3 erkennbar.

Der Nachweis einer deutlichen Verbesserung der retinalen Durchblutung nach der LIF-Behandlung wird in Abb. 4 dargestellt.

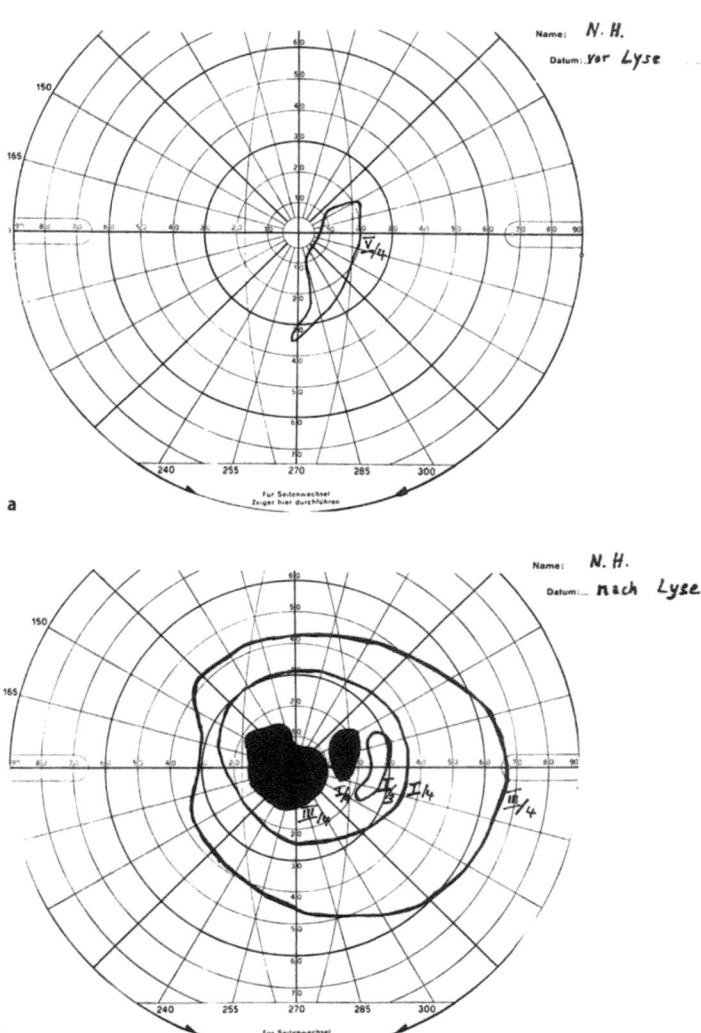

Abb. 3a,b. Gesichtsfeldausfall (Goldmann-Perimeter) bei Zentralarterienverschluss bei 65-jährigem Patienten. **a** Winzige Gesichtsfeldinsel temporal für die größte und hellste Prüfmarke (vor Behandlung); **b** deutliche Ausbildung eines Gesichtsfeldes (nach Behandlung), jedoch mit einem großen Zentralskotom

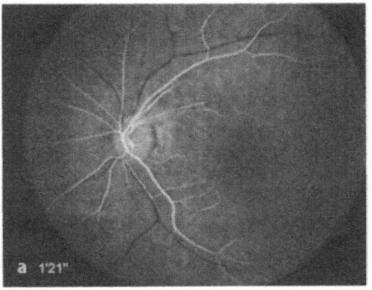 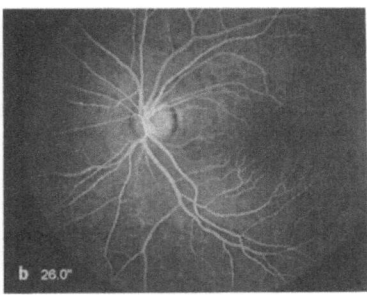

Abb. 4a,b. Fluoreszenzangiogramm bei 45-jähriger Patientin mit akuter Erblindung. **a** Vor der Behandlung zeigt sich 1 min und 21 s nach der Fluoreszeininjektion eine nur unvollständige Füllung der Netzhautarterien und noch keine Füllung der retinalen Venen. **b** Nach der Thrombolyse stellen sich alle Netzhautarterien und -venen bereits nach 26 s mit Farbstoff gefüllt dar

3.1
Ergebnisse der Fibrinolysebehandlung

Deutliche Sehverbesserung. Bei 13 Patienten (22,4%) trat eine vollständige Erholung oder eine deutliche Visusbesserung ein. Tabelle 2 zeigt die Zuordnung zu den entsprechenden Stadien.

Tabelle 2. Besserung des Sehvermögens nach intraarterieller Fibrinolyse, bezogen auf 3 unterschiedliche Stadien bei 58 Patienten

Stadium eines ZAV	Gruppe mit deutlicher Sehverbesserung bzw. Normalisierung des Sehvermögens	Gruppe mit partieller Sehverbesserung	Gruppe ohne Sehverbesserung bzw. mit Verschlechterung
	n: 13 Patienten (22,4%)	n: 24 Patienten (42,1%)	n: 21 Patienten (36,8%)
Stadium I	6	5	–
Stadium II	5	12	18
Stadium III	2	7	3

Partielle Sehverbesserung. Eine leichte Sehverbesserung trat mit einer Vergrößerung des Gesichtsfeldes und einer leichten Besserung der Sehschärfe nach der Behandlung ein. Bei 24 Patienten (42,1%) kam es zu einer leichten oder partiellen Besserung; 15 von ihnen zeigten eine Vergrößerung des Gesichtsfeldes; bei 5 Patienten stieg die Sehschärfe gering an. Die leichte Besserung des Sehvermögens war vorwiegend Stadium II zuzuordnen.

Keine Sehverbesserung. Bei 21 Patienten (36,8%) wurde trotz Therapie keine Besserung erreicht. Alle diese Patienten gehörten zu den Stadien II oder III. Die meisten dieser Patienten wiesen bereits initial ein massives retinales Ödem auf.

3.2
Latenzzeit von der akuten Sehminderung bis zum Beginn der LIF-Behandlung

Bei 56 Patienten lag die durchschnittliche Latenzzeit bei 9,1 h (zwischen $3^{3}/_{4}$ h und 21,15 h). Bei 2 weiteren Patienten betrug die Latenzzeit 2 Tage.

Bei einem Patienten kam es selbst nach 14 h Latenzzeit noch zu einer erheblichen Visusbesserung. Bei 16 der 58 Patienten (27,6%) erfolgte die LIF-Behandlung innerhalb von 6 h.

Tabelle 3. Behandlung von 58 Patienten mit intraarterieller Fibrinolyse in Abhängigkeit vom Zeitintervall nach Erblindung

	Behandlung 6 h nach Erblindung (n: 16)	Behandlung 6–14 h nach Erblindung (n: 35)	Behandlung 14 h nach Erblindung (n: 7)	Alle Behandlungen >6 h nach Erblindung (n: 41)
Deutlich gebessert	4 (6,9%)	9 (15,5%)	–	8 (13,7%)
Partiell gebessert	9 (15,5%)	12 (20,7%)	2 (3,4%)	14 (24,1%)
Insgesamt gebessert	13 (22,4%)	21 (36,2%)	2 (3,4%)	22 (37,9%)
Keine entscheidende Besserung oder	1 (1,7%)	13 (22,4%)	4 (6,9%)	17 (29,3%)
Verschlechterung	2 (3,4%)	1 (1,7%)	1 (1,7%)	2 (3,4%)

Eine Besserung des Sehvermögens wurde bei 13 Patienten (22,4%) erzielt. Bei 35 der 58 Patienten (60,3%) erfolgte die LIF-Behandlung innerhalb von 14 h nach der Erblindung. In dieser Gruppe (Tabelle 3) wurde eine Besserung bei 21 Patienten (36,2%) erreicht.

3.3
Ort der Behandlung in Abhängigkeit von dem pathologischen Befund der A. carotis interna

Hochgradige Stenosen (>70%) der A. carotis interna (ACI) wiesen 7 Patienten auf (einschließlich 2 Patienten mit Aneurysma dissecans), einen Verschluss der ipsilateralen ACI zeigten 9 Patienten. Stenosen der A. ophthalmica oder eine kongenitale Anomalie waren bei 6 Patienten vorhanden. Somit bestanden bei insgesamt 22 Patienten (37,9%) erhebliche Hindernisse der Katheterisierung der A. ophthalmica bzw. Kontraindikationen, den Katheter durch die ACI zu leiten.

Das Thrombolytikum (rt-PA bzw. Urokinase) wurde bei nicht passierbarer A. carotis interna indirekt über die *maxilloophthalmischen Anastomosen* durch Injektion in die A. maxillaris interna appliziert. Bei einem Patienten erfolgte die LIF über die ACI der Gegenseite (Urokinase) und bei einer Patientin über die A. meningea media, da in diesem Fall die A. ophthalmica aus der A. meningea media entsprang. Bei 15 Patienten wurde der Mikrokatheter in die A. maxillaris interna eingeführt: Bei 10 (17,2%) Patienten wurde Urokinase verabreicht und bei 5 (8,6%) wurde rt-PA gegeben.

Bei den meisten Patienten (38 Patienten: 65,5%) gelang es jedoch, trotz mancher lokaler Schwierigkeiten der A. carotis interna wie beispielsweise Plaques oder Elongationen bzw. Einengung des Lumens der A. ophthalmica, den Mikrokatheter in den proximalen Abschnitt der A. ophthalmica zu platzieren, so dass vor Ort Urokinase bzw. rt-PA injiziert werden konnte (Tabelle 4).

Eine ipsilaterale 30–70%ige Stenose der ACI fand sich bei 8 unserer Patienten, die über die A. ophthalmica mit Urokinase behandelt wurden. Nicht stenosierende Plaques (<30%ige Stenose) der ACI fanden sich bei zusätzlichen 10 Patienten, die ebenfalls mit Urokinase über die A. ophthalmica behandelt wurden.

Tabelle 4. Ort der intraarteriellen Fibrinolyse bei 58 Patienten

	A. ophthalmica	A. maxillaris interna
Urokinase	38 (65,5%)	Diagnose: Verschluss (oder hochgradige Stenose) der ipsilateralen ACI: 10 (17,2%)
rt-PA	5 (8,6%)	Diagnose: Verschluss (oder hochgradige Stenose) der ipsilateralen ACI: 4+1 (abnormer Abgang der A. ophthalmica): 5 (8,6%)
Insgesamt	43 (74,1%)	15 (25,9%)

3.4 Verlaufskontrolle

In etwa dieselbe Sehschärfe über mehrere Jahre Beobachtungszeit (durchschnittlich 2,2 Jahre) wurde bei 7 von 10 Patienten mit erfolgreichem Behandlungsergebnis nachgewiesen. Eine leichte Abnahme trat infolge einer Kataraktbildung bei einigen Patienten ein.

Eine deutliche Abnahme der Sehschärfe von 0,4 bis auf 0,1 nach $1^{3}/_{4}$ Jahren wurde nur bei einem 52-jährigen Patienten festgestellt, der mit Röntgenstrahlen behandelt worden war.

Die Abnahme der Sehschärfe bei einem 42-jährigen Patienten wurde bereits nach der LIF festgestellt, bevor der Patient die Klinik verließ.

4 Schlussfolgerungen

4.1 Prognose und konservative Therapie bei ZAV

Für die Prognose eines ZAV ist das Stadium des Verschlusses entscheidend. Das Stadium ist durch Zeichen und Dauer der retinalen Ischämie definiert. Als sehr schlecht ist die Prognose eines ZAV zu bezeichnen, wenn sowohl eine retinale als auch eine chorioidale Ischämie (Stadium III) aufgetreten sind (Brown et al. 1986). Am besten lässt sich die chorioidale Hypoperfusion fluoreszenzangiographisch nachweisen (Schmidt et al. 1997). In den meisten Publikationen wurde nur über eine geringe Anzahl an Patienten berichtet, so dass nur eine begrenzte statistische Auswertung der publizierten Daten möglich ist.

Die konservative Behandlung von Patienten mit einem ZAV war je nach Autor extrem unterschiedlich. Die meisten Untersuchungsergebnisse wurden als retrospektive Mitteilungen publiziert. Prospektive Untersuchungen erfolgten durch Atebara et al. (1995), Duker et al. (1991) und Wolf et al. (1989), jedoch bei geringer Patientenzahl. Außerdem wurden unterschiedliche Behandlungsmethoden bzw. Medikamente gegeben, so dass aus den Literaturmitteilungen nicht eindeutig ersichtlich ist, welche Behandlung am wirksamsten ist.

Die wichtigste Voraussetzung, um Daten der Behandlungsergebnisse zu vergleichen, ist die Einteilung des Schweregrades eines ZAV in Stadien.

Häufig ist nicht ausreichend dokumentiert, ob Patienten mit günstigem Ergebnis einen *inkompletten* ZAV aufweisen, so dass initial bereits eine günstige Prognose bestanden hat. Es ist bekannt, dass bei intensiver konservativer Behandlung eines inkompletten ZAV mit einem deutlichen Anstieg der Sehschärfe in vielen Fällen zu rechnen ist (Schmidt 1996).

Auch die Zeitdauer von der Erblindung bis zum Behandlungsbeginn ist nicht ausreichend dokumentiert worden. Die Notwendigkeit einer *frühen* Behandlung des Sehverlusts wurde nur von wenigen Autoren betont (Beiran et al. 1993; Chen u. Cheema 1994; Perkins et al. 1987; Rumelt et al. 1999).

Augsburger u. Magargal (1980) berichteten über die Behandlung von 34 unausgewählten Patienten mit einem ZAV. Folgende Verfahren wurden angewendet: Parazentese der Vorderkammer, Bulbusmassage, Inhalation eines Gemischs von 95% Sauerstoff und 5% CO_2 und Einnahme von Acetazolamid und Aspirin. Eine Besserung der Sehschärfe von 0,2 (oder besser) wurde bei 12 Patienten (35% der Fälle) erreicht; 22 Patienten (65%) zeigten keine Besserung des Sehvermögens. Als Kritik an dieser Untersuchungsserie ist anzuführen, dass keine Stadieneinteilung nach dem Schweregrad des Verschlusses (insbesondere keine Mitteilung über das Ausmaß des retinalen Ödems bzw. über Gesichtsfeld und Fluoreszenzangiographie der Retina) erfolgte, so dass anzunehmen ist, dass die Patienten mit einer signifikanten Sehverbesserung wohl eher einen inkompletten ZAV aufwiesen.

4.2
Behandlung mit systemischer Lyse

Wegen der thromboselektiven Wirkung und der kurzen Halbwertszeit wird rt-PA in letzten Jahren bevorzugt für die LIF verwendet. Die Halbwertszeit beträgt ca. 5 min.

Zeumer et al. (1989) hoben jedoch hervor, dass rt-PA der Urokinase in Bezug auf die Rekanalisierung der verschlossenen A. carotis bzw. A. basilaris nicht überlegen ist. Urokinase lässt sich leicht steuern und ist deshalb bei den meisten hier behandelten Patienten verwendet worden. Die Halbwertszeit von Urokinase ist länger als die von rt-PA, sie beträgt ca. 9–16 min.

Eine systemische Therapie mit rt-PA bzw. Urokinase hat ein höheres Risiko, da die Gefahr intrazerebraler Blutungen besteht (Barth et al. 1996; Brunner u. Arbesser 1999; Kase et al. 1990).

Der Vorteil einer intraarteriellen lokalen Fibrinolyse (also in der A. ophthalmica) gegenüber einer systemischen Lysebehandlung besteht darin, dass direkt vor dem arteriellen Verschluss eine hohe Konzentration an Urokinase erreicht wird, so dass allein hierdurch eine verbesserte Perfusion des verschlossenen Blutgefäßes bewirkt werden kann. Hinzu kommt, dass sich der Verschluss durch einen Spüleffekt der lokal behandelten A. ophthalmica leichter zurückbilden kann.

Eine systemische Lyse wurde sowohl von Wiegand et al. (1991) bei 31 Patienten mit ZAV als auch von Schinzel et al. (1992) bei 6 Patienten sowie von Sochor et al. (1994) bei 3 Patienten durchgeführt. Aus den Mitteilungen dieser Autoren über günstige Sehschärfeergebnisse können jedoch wegen der zu geringen Patientenanzahl und aufgrund fehlender Stadieneinteilung des ZAV keine Schlüsse gezogen werden.

4.3
Regionale Lyse mit rt-PA

Vulpius et al. (1996) behandelten 9 Patienten mit ZAV mit einer regionalen Lyse, indem der Katheter bis zur A. carotis communis bzw. A. carotis interna vorgeschoben wurde – nicht jedoch bis zur A. ophthalmica. Die Autoren stellten bei 5 von 8 Patienten eine Sehverbesserung fest, jedoch ist auch aus dieser Publikation nicht zu ersehen, ob die Patienten mit einem günstigen Therapieerfolg einen inkompletten ZAV aufwiesen oder initial schwere Netzhautveränderungen erkennen ließen.

Eine regionale Lyse ist nicht zu empfehlen, da hierbei ein Großteil des Lysemittels in die Hirnarterien abfließt – mit erhöhtem Risiko einer intrazerebralen Blutung – und da nur eine unzureichende Konzentration des Lysemittels vor Ort in der A. ophthalmica ankommt.

4.4
Lokale superselektive intraarterielle Lyse über die A. ophthalmica

Die LIF-Behandlung weist ein deutlich besseres Resultat auf im Vergleich zu einer Kontrollgruppe von 41 konservativ behandelten Patienten (Bulbusmassage, Pentoxifyllin und Parazentese der Vorderkammer), bei der nur in einem Fall eine eindeutige und deutliche Besserung des Sehvermögens eingetreten war (Schmidt et al. 1992). Weber et al. (1998) fanden ebenfalls, dass eine LIF zu einer statistisch signifikanten Besserung führte im Vergleich zu den mit konservativen Maßnahmen behandelten Patienten einer Kontrollgruppe.

Eine superselektive Katheterisierung und Behandlung der A. ophthalmica mit Urokinase wurde von Tsai at al. (1990) bei einem jungen Mann mit einseitiger Hemiparese und Erblindung durchgeführt, bei dem eine partielle Visusbesserung eintrat. Die ersten günstigen Ergebnisse durch LIF bei 5 Patienten mit ZAV wurden von uns mitgeteilt (Schmidt u. Schumacher 1991). Die Publikationen von Weber et al. (1998) und Richard et al. (1999) haben unabhängig von unseren Ergebnissen gezeigt, dass die LIF einen günstigen Einfluss auf das Sehvermögen aufweist, selbst wenn ein subtotaler Verschluss der Zentralarterie vorliegt.

Barth et al. (1996) betonten, dass die selektive LIF einer systemischen Fibrinolyse vorzuziehen ist.

4.5
Bedeutung der Akutbehandlung

In der Literatur werden unterschiedliche Latenzzeiten bis zum Therapiebeginn angegeben. Während in der Publikation von Weber et al. (1998) die Behandlungsgrenze bei 6 h lag, wird von Richard et al. (1999)

Tabelle 5. Ergebnisse der intraarteriellen Fibrinolyse (Latenzzeit: bis zu 6 h nach Erblindung) – Vergleich von 2 Untersuchungsgruppen

	Weber et al. 1998 (n: 17)	Unsere Ergebnisse (n: 16)
Deutlich gebessert	5 (29,4%)	4 (25%)
Partiell gebessert	6 (35,3%)	9 (56,3%)
Insgesamt gebessert	11 (64,7%)	13 (81,3%)
Keine entscheidende Besserung bzw.	6 (35,3%)	1 (6,3%)
Verschlechterung		2 (12,5%)

mitgeteilt, dass auch bei Behandlung mehrere Tage alter Verschlüsse noch eine deutliche Visusbesserung festgestellt werden konnte. Hierzu ist aber zu bemerken, dass von Richard et al. auch Patienten mit Arterienastverschlüssen mit einer lokalen Fibrinolyse behandelt wurden, von denen bekannt ist, dass auch Besserungen durch konservative Behandlungen eintreten können.

Im Vergleich zu den Ergebnissen von Weber et al. (1998), die eine LIF ausschließlich bei Patienten mit 6-stündiger Latenz bis zum Behandlungsbeginn durchführten, zeigte sich kein grundsätzlicher Unterschied der Resultate im Vergleich zu den von uns erzielten Visusbesserungen (Tabelle 5).

Weber et al. fanden eine Besserung des Visus bei 11 von insgesamt 17 behandelten Patienten. Von unseren 16 Patienten, die innerhalb von 6 h behandelt wurden, wiesen 13 Patienten (81,3%) eine Besserung des Sehvermögens auf.

Unsere Ergebnisse zeigten außerdem, dass noch bei einem 14 h alten deutlichen ZAV durch LIF eine Visusbesserung eintreten kann, vorausgesetzt, dass abgesehen von der zeitlichen Komponente relativ günstige Bedingungen des ZAV bestehen, z.B. kein hohes Alter des Patienten und keine ausgeprägten ischämischen Netzhautveränderungen. Somit konnte von uns die Beobachtung von Richard et al. teilweise bestätigt werden, dass auch noch nach vielen Stunden eine Besserung mit der LIF erreicht werden kann, die besten Ergebnisse jedoch bei einer Therapie innerhalb der ersten 14 h zu erreichen sind, nach Möglichkeit jedoch noch früher behandelt werden sollte.

Eine rt-PA-Behandlung erfolgte bei einigen unserer Patienten, da ein Verschluss oder eine hochgradige Stenose der A. carotis eine Katheterisierung der A. ophthalmica verhinderte. Die Anwendung der Thrombolyse ist bei diesen Patienten notwendig, selbst wenn die Katheterisierung der A. ophthalmica nicht durchführbar ist. Die Infusion von Urokinase in die A. maxillaris scheint ein effektiver Weg zu sein, um die A. opthalmica und die A. centralis retinae über Anastomosen zu erreichen. rt-PA wurde in diesen Fällen bevorzugt, da dieses Medikament eine stärkere thromboselektive Wirkung aufweist und eine kurze Halbwertszeit hat. Die Halbwertszeit bewirkt, dass der Katheter sofort entfernt werden kann, ohne Risiko einer lokalen Blutung. Da die Injektionszeit für Urokinase zwischen 1 und etwa 2 h liegt, ist die Gefahr einer *systemischen* Wirkung sehr gering. Zerebrale Komplikationen durch rt-PA während der systemischen Anwendung sind allerdings bei einer Bolusbehandlung von Patienten mit Herzinfarkt beschrieben worden (Kase et al. 1990).

4.6
Komplikationen der LIF-Therapie

Zerebrale thromboembolische Komplikationen entstanden zu Beginn unserer Studie bei 2 unserer Patienten, die älter als 80 Jahre waren, während der Kathetersondierung. Die Komplikationen bildeten sich nach sofortiger intraarterieller LIF ohne bleibende Schäden zurück (Schmidt u. Schumacher 1998, 1999).

Wegen dieser reversiblen zerebralen Komplikationen empfehlen wir diese Behandlung i. Allg. nicht mehr bei Patienten, die älter als 75–80 Jahre sind. Allerdings gibt es Ausnahmesituationen, z.B. bei Erblindung des einzigen Auges durch einen ZAV.

4.7
Ausschluss von der Therapie

Für entzündliche vaskuläre Veränderungen (z.B. Arteriitis temporalis Horton oder Wegener-Granulomatose) ist die Fibrinolyse kein geeignetes Therapieverfahren.

Patienten mit Myokardinfarkt, Endokarditis, Aneurysmen, Magenulkus, hämorrhagischer Diathese, Antikoagulanzientherapie oder nicht zu senkender arterieller Hypertonie sind ebenfalls von der LIF-Behandlung auszuschließen.

Literatur

Appen RE, Wray SH, Cogan DG (1975) Central retinal artery occlusion. Am J Ophthalmol 79:374-381

Arruga J, Sanders MD (1982) Ophthalmologic findings in 70 patients with evidence of retinal embolism. Ophthalmology 89:1336-1347

Atebara NH, Brown GC, Cater J (1995) Efficacy of anterior chamber paracentesis and carbogen in treating acute nonarteritic central retinal artery occlusion. Ophthalmology 102:2029-2035

Atlee WE (1972) Talc and cornstarch emboli in eyes of drug abusers. JAMA 219:49-51

Augsburger JJ, Magargal LE (1980) Visual prognosis following treatment of acute central retinal artery obstruction. Br J Ophthalmol 64:913-917

Barth H, Stein H, Fasse A, Mehdorn HM (1996) Intrazerebrale Blutung nach systemischer Thrombolyse bei Patienten mit Verschluß der A. centralis retinae. Ophthalmologe 93:739-744

Beiran I, Reissman P, Scharf J, Nahum Z, Miller B (1993) Hyperbaric oxygenation combined with nifedipine treatment for recent-onset retinal artery occlusion. Eur J Ophthalmol 3:89-94

Brown GC, Magargal LE, Sergott R (1986) Acute obstruction of the retinal and choroidal circulations. Ophthalmology 93:1373-1382

Brunner S, Arbesser M (1999) Fibrinolytische Therapie bei Zentralarterien- und Arterienastverschlüssen des Auges. Spektr Augenheilkd 13:109-114

Chen JC, Cheema D (1994) Repeated anterior chamber paracentesis for the treatment of central retinal artery occlusion. Can J Ophthalmol 29:207-209

Dahrling BE (1965) The histopathology of early central retinal artery occlusion. Arch Ophthalmol 73:506-510

David NJ, Norton EWD, Gass JD, Beauchamp J (1967) Fluorescein angiography in central retinal artery occlusion. Arch Ophthalmol 77:619-629

Duker JS, Sivalingam A, Brown GC, Reber R (1991) A prospective study of acute central retinal artery obstruction. The incidence of secondary ocular neovascularization. Arch Ophthalmol 109:339-342

Elschnig A (1892) Ueber die Embolie der Arteria centralis retinae. Arch Augenheilk 24:65-146

Ffytche TJ (1974) A rationalization of treatment of central retinal artery occlusion. Trans Ophthalmol Soc UK 94:468-479

Friberg TR, Gragoudas ES, Regan CDJ (1979) Talc emboli and macular ischemia in intravenous drug abuse. Arch Ophthalmol 97:1089-1091

Garron LK (1952) Dissecting aneurysm of the central retinal artery. A preliminary report. Transactions of the Pacific Coast Oto-Ophthalmology Society 33:157-171

Gass JDM (1968) A fluorescein angiographic study of macular dysfunction secondary to retinal vascular disease. Arch Ophthalmol 80:535-549

Gloor B, Müller HR, Vozenilek E (1985) Arterielle Verschlußkrankheit im Augenbereich. Diagnostischer Beitrag der Dopplersonographie. Klin Mbl Augenheilk 186:161–171

Goldstein I, Wexler D (1933) Embolism of the central retinal and ciliary arteries. In a case of chronic lipoid nephrosis with thrombosis of the innominate artery. Arch Ophthalmol 10:70–75

Gowers WR (1875) Simultaneous embolism of central retinal and middle cerebral arteries. Lancet 2:794–796

Graefe A von (1859) Ueber Embolie der Arteria centralis retinae als Ursache plötzlicher Erblindung. Graefes Arch Ophthalmol 5:136–157

Greven CM, Slusher MM, Weaver RG (1995) Retinal arterial occlusions in young adults. Am J Ophthalmol 120:776–783

Hayreh SS (1971) Pathogenesis of occlusion of the central retinal vessels. Am J Ophthalmol 72:998–1010

Hayreh SS, Kolder HE, Weingeist TA (1980) Central retinal artery occlusion and retinal tolerance time. Ophthalmology 87:75–78

Hollenhorst RW (1966) Vascular status of patients who have cholesterol emboli in the retina. Am J Ophthalmol 61:1159–1165

Karjalainen K (1971) Occlusion of the central retinal artery and retinal branch arterioles. A clinical, tonographic and fluorescein angiographic study of 175 patients. Acta Ophthalmol Scand Suppl 109:9–96

Kase CS, O'Neal AM, Fisher M, Girgis GN, Ordia JI (1990) Intracranial hemorrhage after use of tissue plasminogen activator for coronary thrombolysis. Ann Intern Med 112:17–21

Kroll AJ (1968) Experimental central retinal artery occlusion. Arch Ophthalmol 79:453–469

Lansche RK (1965) Central retinal artery occlusion. Am J Ophthalmol 60:716–719

Lee J, Sapira JD (1973) Retinal and cerebral microembolization of talc in a drug abuser. Am J Med Sci 265:75–77

Mangat HS, Kline LB, Brandt BM, Kimble JA, Tang R, Slavin M (1995) Retinal artery occlusion. Surv Ophthalmol 40:145–156

McBrien DJ, Bradley RD, Ashton N (1963) The nature of retinal emboli in stenosis of the internal carotid artery. Lancet 1:697–699

McLeod D (1976) Ophthalmoscopic signs of obstructed axoplasmic transport after ocular vascular occlusions. Br J Ophthalmol 60:551–556

Nettleship E (1874) Embolism of central artery of retina. Microscopic examination. Ophthalmic Rep 8:9–20

Perkins SA, Magargal LE, Augsburger JJ, Sanborn GE (1987) The idling retina: reversible visual loss in central retinal artery obstruction. Ann Ophthalmol 19:3–6

Richard G, Lerche RC, Knospe V, Zeumer H (1999) Treatment of retinal arterial occlusion with local fibrinolysis using recombinant tissue plasminogen activator. Ophthalmology 106:768–773

Ross Russell RW, Ffytche TJ, Sanders MD (1966) A study of retinal vascular occlusion using fluorescein angiography. Lancet 2:821–825

Rumelt S, Dorenboim Y, Rehany U (1999) Aggressive systematic treatment for central retinal artery occlusion. Am J Ophthalmol 128:733–738

Schinzel H, Kern M, Kelbel C, Weilemann LS, Benning H, Grehn F (1992) Fibrinolytische Therapie bei akuten Zentralarterienverschlüssen des Auges. Intensivmed 29:170–172

Schmidt D (1996) The incomplete central retinal artery occlusion (ICRAO). Visual recovery with conservative therapy. Neuro-Ophthalmology 16:171–182

Schmidt D, Schumacher M (1991) Zur Therapie des Zentralarterienverschlusses. Tagung der Berliner Augenärztlichen Gesellschaft (1./2.12.1990). Klin Mbl Augenheilk 199:380

Schmidt D, Schumacher M (1998) Stage-dependent efficacy of intra-arterial fibrinolysis in central retinal artery occlusion (CRAO). Neuro-Ophthalmology 20:125–141

Schmidt D, Schumacher M (1999) Lokale intraarterielle Fibrinolyse bei Zentralarterienverschluß (intra-arterial fibrinolysis in 51 patients with central retinal artery occlusion). Z Prakt Augenheilkd 20:205–212

Schmidt D, Zehender M (1999) Arterienverschluß des Auges bei infektiöser Endokarditis. Ophthalmologe 96:264–266

Schmidt D, Richter T, Reutern GM von, Engelhardt R (1991) Akute Durchblutungsstörungen des Auges. Klinische Befunde und Ergebnisse der Doppler-Sonographie der A. carotis interna. Fortschr Ophthalmol 88:84–98

Schmidt D, Schumacher M, Wakhloo AK (1992) Microcatheter urokinase infusion in central retinal artery occlusion. Am J Ophthalmol 113:429–434

Schmidt D, Janknecht P, Wiek J (1995) Incomplete central retinal artery occlusion (CRAO). A fluorescein-angiography investigation with the scanning-laser-ophthalmoscope (SLO). Vision Res 35 (Suppl):S128

Schmidt D, Schumacher M, Mittelviefhaus K (1997) Visual recovery after acute choroidal ischemia with partial retinal hypoperfusion, demonstrated by fluorescein angiography. Neuro-Ophthalmology 18:205–213

Schmidt D, Hetzel A, Geibel-Zehender A (2000) Retinaler Arterienverschluß bei Vorhofmyxom. Klin Mbl Augenheilk 217 (Suppl 8):7–8

Schmidt H (1874) Beitrag zur Kenntnis der Embolie der Arteria centralis retinae. Graefes Arch Ophthalmol 20:287–307

Schumacher M, Schmidt D (1995) Local fibrinolysis in central retinal artery occlusion: follow-up in 36 cases. In: Takahashi M, Korogi Y, Moseley I (eds) Proceedings of the XV. Symposium on Neuroradiology in Kumamoto, September-October 1994. Springer, Berlin Heidelberg New York Tokyo, pp 458–460

Schumacher M, Schmidt D, Wakhloo AK (1991) Intraarterielle Fibrinolyse bei Zentralarterienverschluß. Radiologe 31:240–243

Sochor GE, Daniel F, Decrinis N, Pilger E (1994) Fibrinolyse (rt-PA) als Therapie bei akuten retinalen Arterienverschlüssen. Spektr Augenheilkd 8:176–178

Tsai FY, Wadley D, Angle JF, Alfieri K, Byars St (1990) Superselective ophthalmic angiography for diagnostic and therapeutic use. AJNR 11:1203–1204

Vulpius K, Höh H, Lange H, Maercker W, Rühle H (1996) Selektive perkutane transluminale Lysetherapie mit RTPA bei retinalem Zentralarterienverschluß. Ophthalmologe 93:149–153

Weber J, Remonda L, Mattle HP et al. (1998) Selective intra-arterial fibrinolysis of acute central retinal artery occlusion. Stroke 29:2076–2079

Wiegand W, Siegert J, Scholz R, Kroll P (1991) Lysetherapie bei Zentralarterienverschlüssen. Sitzungsbericht 153. Vers Verein RW Augenärzte:383–389

Wolf S, Hoberg A, Bertram B, Jung F, Kiesewetter H, Reim M (1989) Videofluoreszenzangiographische Verlaufsbeobachtungen bei Patienten mit retinalen Arterienverschlüssen. Klin Mbl Augenheilk 195:154–160

Wolter JR, Hansen KD (1981) Intimo-intimal intussusception of the central retinal artery. Am J Ophthalmol 92:486–491

Wolter JR, Liddicoat DA (1958) Secondary glaucoma following occlusion of the central artery of the retina. Am J Ophthalmol 46:182–186

Wolter JR, Phillips RL (1959) Secondary glaucoma following occlusion of the central retinal artery. Am J Ophthalmol 47:335–340

Wolter JR, Ryan RW (1972) Atheromatous embolism of the central retinal artery. Secondary hemorrhagic glaucoma. Arch Ophthalmol 87:301–304

Würdemann HV (1920) Embolism of central artery of retina. Restoration by forcible massage. Am J Ophthalmol 3:513–514

Zeumer H, Freitag HJ, Grzyska U, Neunzig HP (1989) Local intraarterial fibrinolysis in acute vertebrobasilar occlusion. Technical developments and recent results. Neuroradiology 31:336–340

Zimmerman LE (1965) Embolism of central retinal artery secondary to myocardial infarction with mural thrombosis. Arch Ophthalmol 73:822–826

Computerassistierte Hirnoperationen

Martin Bettag, Christoph Busert, Frank Hertel

Inhalt

1 Einführung 293

2 Grundlagen der Neuronavigation 294

3 Methodik der Neuronavigation 295

4 Indikationen 298

5 Perspektive 302

Literatur 302

1
Einführung

Die Hirnchirurgie hat in den letzten Jahrzehnten rasante Fortschritte gemacht. Zwei Entwicklungen hatten daran wesentlichen Anteil. Die Einführung des Operationsmikroskops erlaubte es dem Operateur, durch die Möglichkeit der variablen Vergrößerung und der koaxialen Lichteinstrahlung Hirnstrukturen auch in der Tiefe optimal zu visualisieren. Dies war und ist eine Grundvoraussetzung für subtile neurochirurgische Operationsmaßnahmen. Seither wurden und werden spezielle neurochirurgische Mikroinstrumente entwickelt, die den Gegebenheiten einer feinmodulatorischen Arbeit gerecht werden. Eine zweite wesentliche Entwicklung, die den Fortschritt in der Neurochirurgie begründete, war die Einführung neuer diagnostischer Verfahren.

Zunächst durch die Computertomographie (CT) und später auch durch die Kernspintomographie (Magnetresonanztomographie, MRT) konnten diverse Hirnerkrankungen direkt abgebildet werden. Durch die digitale Subtraktionsangiographie (DSA) ist es möglich, bestimmte Hirngefäßerkrankungen zu diagnostizieren und deren Angioarchitektur zu beschreiben. Besonders der MRT ist es zu verdanken, dass krankhafte Prozesse im Hirn anatomisch präzise dargestellt werden können. Hierdurch kann der Neurochirurg die individuellen anatomisch-pathologischen Verhältnisse exakt analysieren und eine entsprechend angepasste Operationsstrategie entwerfen. Das Operationsergebnis beruht dabei weitgehend auf den subjektiven Entscheidungen des Operateurs und ist letztlich abhängig von dessen Talent, Ausbildung und Erfahrung. Neben mikrochirurgischen Fertigkeiten ist besonders die Fähigkeit der anatomischen Orientierung im Raum (= Gehirn) von entscheidender Bedeutung. Mit der Integration der modernen bildgebenden Verfahren (CT, MRT, DSA) in den Operationsprozess ist es dem Operateur nunmehr möglich, neben seinen subjektiven Eindrücken auch objektive Daten in den Operationsablauf miteinzubeziehen. Mittlerweile sind verschiedene sog. Neuronavigationssysteme im Einsatz, die eine computergestützte Operation erlauben. Dabei wird jedoch die chirurgische Manipulation ausschließlich vom Operateur vorgenommen, so dass nicht von einer Automatisierung oder von Roboting gesprochen werden kann. Der Computer fungiert als Assistent des für den gesamten Operationsablauf allein verantwortlichen Neurochirurgen.

2
Grundlagen der Neuronavigation

Die Grundlagen der Neuronavigation beruhen auf den stereotaktischen Verfahren. Die Stereotaxie erlaubt die Definition eines Punktes im dreidimensionalen Raum basierend auf mathematischen Berechnungen. Bei stereotaktischen Operationsverfahren wird präoperativ ein Ziel- und Trepanationspunkt berechnet und so eine hoch präzise, zielpunktgenaue instrumentierte Operation ermöglicht. Stereotaxiesysteme wurden bereits vor über 50 Jahren entwickelt und bis heute mehrfach modifiziert (Leksell 1949; Spiegel et al. 1947). Es handelt sich um rahmengestützte Präzisionsgeräte, die die vorauskalkulierte Führung von verschiedenen Sonden in das Hirn mit Genauigkeiten von bis zu 1 mm ermöglichen. Die klassischen Indikationen bestehen in der zielpunktgenauen Biopsie von Hirntumoren oder unklaren Hirnveränderungen im Sinne eines diagnostischen Verfahrens und in funktionellen Eingriffen wie der Thalamotomie und der Pallidotomie, z.b. beim Morbus Parkinson (Mundinger u. Riechert 1963). Durch die Weiterentwicklung von zwei- und dreidimensionalen computer- und kernspintomographiegestützten Planungsprogrammen konnten spezielle strahlentherapeutische Verfahren (interstitielle Radiotherapie, perkutane Einzeldosiskonvergenzbestrahlung) eingeführt werden (Sturm et al. 1983). Bei der konventionellen mikrochirurgischen Operationstechnik hat die rahmengeführte Stereotaxie zwar den Vorteil der hohen Präzision, aber gravierende mechanische Nachteile v.a. durch den Fixationsrahmen, der sowohl bei der optimalen Positionierung des Patienten als auch bei der mikrochirurgischen Maßnahme selbst hinderlich ist. Zudem ist die rahmengestützte Stereotaxie zeit- und kostenintensiv und bedarf einer genauen organisatorischen Planung, da der Fixationsrahmen vor der Durchführung der entsprechenden Diagnostik (CT, MRT) am Kopf des Patienten anzubringen ist. Somit muss man mit dem Patienten zeitraubende Transportwege zurücklegen. Intraoperativ ist es nachteilig, dass mit dieser Methode jeder berechnete Zielpunkt jeweils neu eingestellt werden muss. Auch ist die kontinuierliche Darstellung eines Instruments im Raum nicht möglich. So wurde für die mikrochirurgische Neurochirurgie, bei der eine zusätzliche intraoperative Lokalisationshilfe häufig als notwendig erachtet wird, die rahmengeführte Stereotaxie mehr und mehr von der rahmenlosen Neuronavigation abgelöst.

3
Methodik der Neuronavigation

Das methodische Prinzip der Neuronavigation ist die virtuelle Verbindung zwischen präoperativ berechneten digitalen Bilddaten und realen anatomischen Strukturen (Roberts et al. 1986; Barnett et al. 1993; Kato et al. 1991). Für die Durchführung der Neuronavigation benötigt man mehrere Komponenten. Zunächst müssen neuroradiologische Bilddaten erhoben werden, üblicherweise wird ein CT oder MRT angefertigt. Für diese Untersuchung ist der Kopf des Patienten mit mehreren, durchschnittlich 5-7 Spezialhautmarkern zu versehen (Abb. 1). Diese

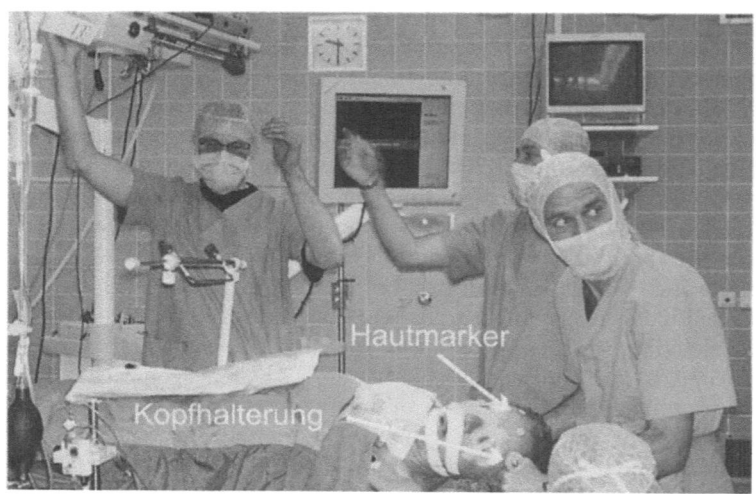

Abb. 1. Der Kopf des Patienten wird in einer festen 3-Punkt-Halterung fixiert und entsprechend dem operativen Zugang positioniert. Auf den Kopf sind mehrere Hautmarker geklebt, die zur Referenzierung der Patientendaten mit den erhobenen Bilddaten erforderlich sind

werden an verschiedenen Stellen des Kopfs in einem nicht fest definierten Abstand aufgeklebt. Die Bilddaten werden erhoben und in den Neuronavigationscomputer übertragen. Es handelt sich um hochleistungsfähige Computer, die mit einer speziellen Software für die Datenverarbeitung ausgestattet sind. Die Erstellung triplanarer 2-D-Bilder in horizontaler, sagittaler und koronaler Ebene sowie 3-D-Rekonstruktionen erlauben eine multimodale Darstellung am Monitor. Schon jetzt kann der Operateur einen chirurgischen Zugang am Monitor simulieren. Damit die Bilddaten auch intraoperativ genutzt werden können und z.B. die Darstellung der Position eines Instruments im Raum erlauben, ist es erforderlich, das Koordinatensystem des berechneten 3-D-Datensatzes des Patienten über einen Patient-Bild-Registrierungsvorgang mit der aktuellen Position des Patientenkopfs zu korrelieren. Die Koordinaten der aufgebrachten Hautmarker werden dabei den Bilddaten zugeordnet. Für diesen Registrierungsvorgang nutzen einige Navigationssysteme einen stereotaktischen Arm, andere Magnetfelder, Ultraschallimpulse oder Infrarotstrahlen (Abb. 2).

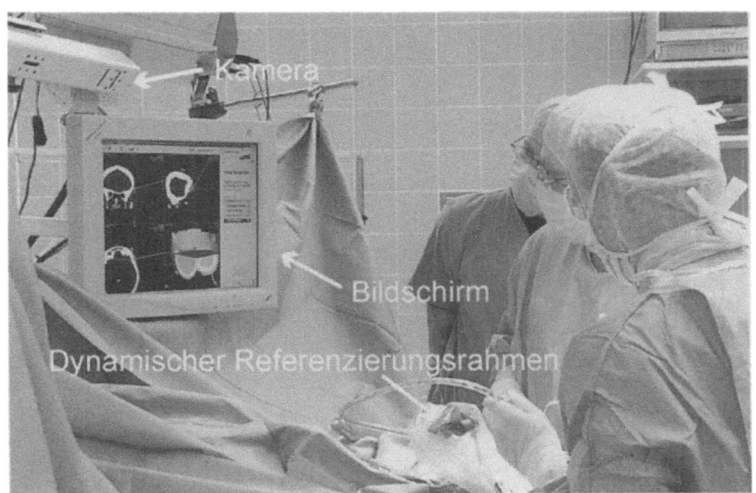

Abb. 2. Notwendig sind ein an der Kopfhalterung fest angebrachter dynamischer Referenzierungsrahmen, eine Kamera zur Detektion der jeweiligen Position eines Instruments, ein Computer mit entsprechender Software zur Bildverarbeitung und ein Bildschirm mit Menüoberfläche zur Darstellung der gewünschten Bilder in verschiedenen Ebenen

Danach kann das Computerprogramm die Position eines Instruments relativ zum Patientenkopf berechnen und das entsprechende CT- oder MRT-Bild anzeigen. Dieser Prozess wird dynamisch am Bildschirm aufgezeigt.

Der Patient wird für den Computer registriert, dann kann der operative Zugang kalkuliert und am Patientenkopf simuliert werden. Während der Operation kann der Operateur zu jedem Zeitpunkt nahezu jedes chirurgische Instrument registrieren und seine Lokalisation im Raum bildgebend darstellen (Abb. 3). Dies geschieht entweder über Blickwendung vom Mikroskop zum Computerbildschirm oder direkt über das Mikroskop, wenn hier eine spezielle Schnittstelle vorhanden ist.

Von erheblicher Wichtigkeit ist die Genauigkeit des Systems. Der berechnete Fehler bei der rahmenlosen Neuronavigation beträgt vor Beginn der Operation bei korrekter Anwendung durchschnittlich 3–5 mm.

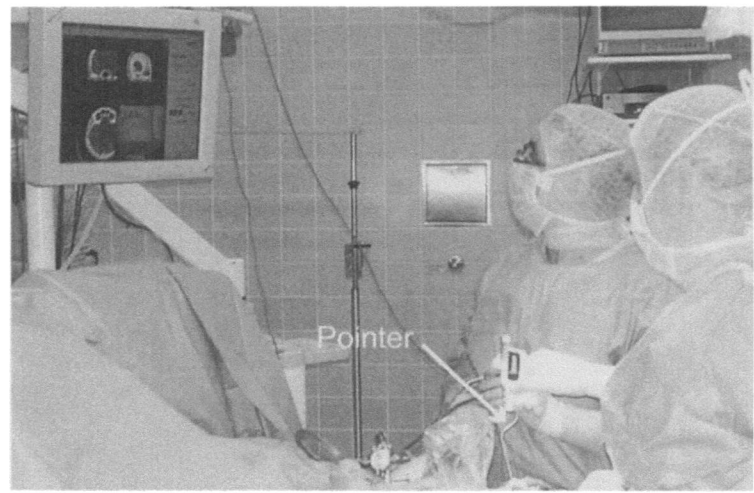

Abb. 3. Während der Operation wird mittels eines Pointers der chirurgische Zugang simuliert und entsprechende CT-Schnittbilder werden multiplanar am Bildschirm dargestellt

4
Indikationen

Die Indikationen auf neurochirurgischem Gebiet ergeben sich für folgende operative Teilschritte:

- exakte Zugangsplanung anhand anatomischer und funktioneller Bilddaten,
- Lokalisation eines chirurgischen Instruments im Raum,
- Bestimmung des Abstands zu wichtigen neurovaskulären und/oder knöchernen Strukturen.

Konkret bedeutet dies, dass die Neuronavigation besonders bei der Behandlung von komplexen Schädelbasistumoren, tief liegenden intrazerebralen Tumoren und kleinen kortikalen oder subkortikalen Tumoren zur Anwendung kommt.

Gerade bei Schädelbasistumoren, die aufgrund ihrer Größe wichtige neurovaskuläre Strukturen verdecken, ist neben der chirurgischen

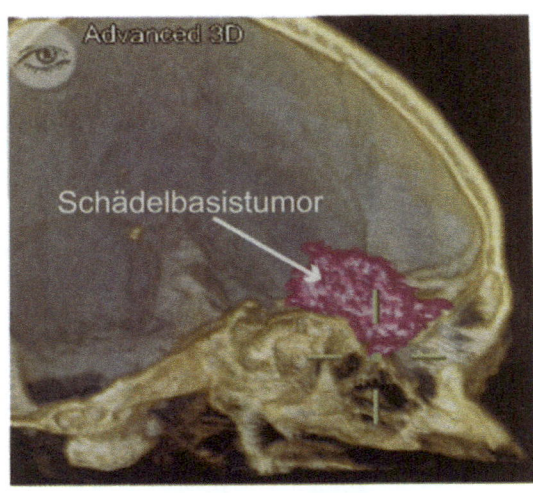

Abb. 4. Bei der Operation eines frontobasalen Schädelbasistumors wird am Monitor eine 3D-CT-Bildrekonstruktion aufgezeigt. Dabei ist der Tumor farbkodiert. Abstände zu wichtigen anatomischen Schädelbasisstrukturen lassen sich berechnen. Das Fadenkreuz zeigt die aktuelle Position des chirurgischen Instruments an

Zugangsplanung auch die Abstandsbestimmung während der Resektionsphase sehr effektiv. Da sich die knöchernen Schädelbasisstrukturen auch intraoperativ nicht verändern, bleibt eine hohe Präzision während der Tumorresektion erhalten (Abb. 4).

Anders ist die Situation bei intrazerebralen oder intraventrikulären Prozessen. Gerade hier ist die intraoperative Orientierung häufig sehr schwierig, besonders wenn anatomische Orientierungspunkte fehlen. Die Neuronavigation ist dann hilfreich zur exakten Bestimmung des Eintrittspunkts (Kraniotomie), zur Festlegung des Zielpunktes (z.B. Tumor) und zur Berechnung der optimalen Trajektorie (operativer Zugangsweg) (Abb. 5 und 6). Während der Operation treten jedoch Relativbewegungen des Gehirns nach Teilresektion von größeren Tumoren und v.a. durch Liquorverlust auf. Die als „brain shift" bezeichnete Massenverlagerung von Hirnstrukturen unter der Operation führt zu einer fortschreitenden Ungenauigkeit des Systems und macht es für die Tumorresektionskontrolle schließlich unbrauchbar.

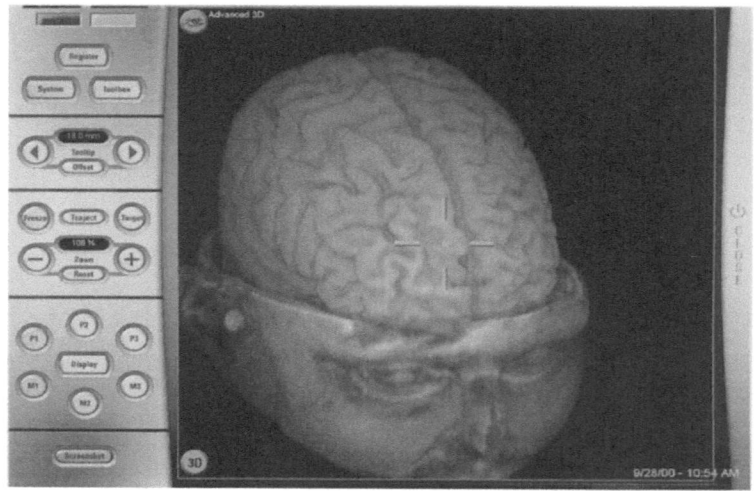

Abb. 5. 3D-MRT mit Darstellung der Hirnoberfläche. Es wird der optimale Eintrittspunkt zur Behandlung einer arteriovenösen Gefäßmissbildung im rechten Stirnlappen bestimmt

Die exakte Zugangsplanung ist v.a. wichtig bei pathologischen Prozessen in eloquenten Hirnarealen wie der sensomotorischen Hirnrinde oder der Sprachregion. Das chirurgische Management dieser Läsionen ist verbunden mit einem hohen Risiko an funktioneller Morbidität. Eine exakte Lokalisation dieser kritischen Zonen ist essenziell, um die perioperative Morbidität und Mortalität zu senken. Bisher vertraute man bei der Lokalisation dieser Hirnareale rein anatomischen Kriterien. Bei größeren Tumoren oder einem erheblichen perifokalen Ödem können jedoch ausgeprägte Verschiebungen der anatomischen Strukturen auftreten (Fried et al. 1995). Außerdem gibt es nachweislich eine nicht unerhebliche interindividuelle Varianz. Um diese Probleme beherrschen zu können, ist ein prä- und intraoperatives Funktionsmapping erforderlich (Ganslandt et al. 1997). Hierzu existieren 2 Lösungsmöglichkeiten: Zum einen lassen sich Funktionsareale durch die Kombination von morphologischen MRT-Daten und intraoperativer Stimulation des Motorkortex mit anschließender 3-D-Rekonstruktion darstellen; alternativ können funktionelle Bilddaten (fMRT, PET, MEG) in die Navigation integriert werden.

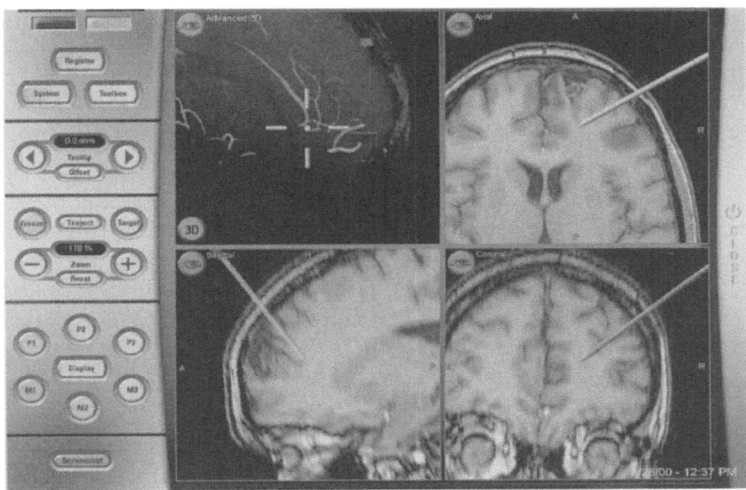

Abb. 6. Bei demselben Patienten wie in Abb. 5 werden multiplanare MR-Schnittbilder dargestellt, um die Ausdehnung der Gefäßmissbildung berechnen zu können. Auch kann der operative Zugangsweg exakt simuliert werden

Beim Einsatz der Neuroendoskopie hat die Neuronavigation einen festen Platz. Die Neuroendoskopie ist v.a. bei zystischen Prozessen und Pathologien im Ventrikelsystem indiziert (Hopf et al. 1999). Der Vorteil liegt in der im Vergleich zum Mikroskop deutlich besseren Visualisierung von Strukturen in der Tiefe. Nachteilig ist, dass der Operateur ausschließlich die Strukturen sieht, die sich vor dem Endoskop befinden. Die exakte Position des Endoskops im Raum kann er gerade bei komplexen Krankheitsprozessen oft nicht bestimmen. Ebenso ist die korrekte Zugangsplanung ohne Hilfsmittel häufig zu unsicher. Der Nutzen der Neuronavigation liegt hier in der anatomischen Orientierung und in der sicheren Zugangsplanung. Eingesetzt wird sie bei endoskopischen Fenestrierungen von paraventrikulären Zysten, bei endoskopischen Resektionen von Tumoren im Ventrikel (z.B. Kolloidzysten), bei endoskopischen Biopsien von multilokulären intraventrikulären Prozessen und bei endoskopischen Aspirationen von intrazerebralen/intraventrikulären Blutungen. Der Einsatz der Neuronavigation bei Standardendoskopien wie der III. Ventrikulostomie ist nur in seltenen Fällen notwendig. Wenn aber die visuellen Bedingungen herabgesetzt sind (z.B. durch Blutungen), die anatomischen Strukturen Veränderungen aufweisen oder die Ventrikel sehr eng gestellt sind, ist die Navigation für die Zugangsplanung das Verfahren der Wahl.

Auch in der Epilepsiechirurgie spielt die Neuronavigation eine immer wichtigere Rolle (van Roost et al. 1997). Häufig müssen Hirnareale entfernt werden, die nur in der Bildgebung (MRT) und elektrokortikographisch Veränderungen aufweisen, intraoperativ aber weder durch eine andere Farbe noch durch eine andere Gewebekonsistenz von normalem Hirngewebe zu differenzieren sind. Hierbei kann die Präzision der „Läsionektomie" durch die Einbindung der Navigation erhöht werden, da diese die Integration von morphologischen und funktionellen MR-Bilddaten erlaubt.

5
Perspektive

Die intraoperative Neuronavigation zählt zu den wichtigsten Neuerungen im Bereich der Neurochirurgie. Sie hat sich bereits als zuverlässig und praktikabel erwiesen. Sie erlaubt eine exzellente dreidimensionale Orientierung durch intraoperative Bilddaten-Anatomie-Interaktionen.

Ein derzeit noch unzureichend gelöstes Problem ist die intraoperative Datenaktualisierung zur Vermeidung von Präzisionsverlusten, die durch die Relativbewegungen des Hirns während der Operation auftreten. Grundsätzlich ist eine Rereferenzierung und Aktualisierung der anatomischen Situation erforderlich. Ob dies alleine mit mathematischen Algorithmen oder in Kombination mit einem intraoperativen, bildgebenden Verfahren wie CT, MRT oder Ultraschall erfolgen wird, ist noch ungewiss.

Literatur

Barnett GH, Kormos DW, Steiner PC, Weisenberger J (1993) Use of a frameless, armless stereotactic wand for brain tumor localization with two-dimensional and three-dimensional neuroimaging. Neurosurgery 33:674–678

Fried I, Nenov V, Ojeman SG, Woods RP (1995) Functional MR and PET imaging of rolandic and visual cortices for neurosurgical planning. J Neurosurg 83:854–861

Ganslandt O, Steimeier R, Kober H et al. (1997) Magnetic source imaging combined with image-guided frameless stereotaxy: a new method in surgery around the motor strip. Neurosurgery 41:621–627

Hopf N, Grunert P, Darabi K, Busert C, Bettag M (1999) Frameless neuronavigation applied to endoscopic neurosurgery. Minim Invasive Neurosurg 42:187–193

Kato A, Yoshimine T, Hayakawa T et al. (1991) A frameless, armless navigational system for computer-assisted neurosurgery. J Neurosurg 74:845–849

Leksell L (1949) A stereotaxic apparatus for intracerebral surgery. Acta Chir Scand 99:229–233

Mundinger F, Riechert T (1963) Die stereotaktischen Hirnoperationen zur Behandlung extrapyramidaler Bewegungsstörungen (Parkinsonismus und Hyperkinesen) und ihre Resultate. Teil A und B. Fortschr Neurol Psychiatr 31:1–65, 69–120

Roberts DW, Strohbein JW, Hatch JF, Murray W, Kettenberger H (1986) A frameless stereotactic integration of computerized tomographic imaging and the operating microscope. J Neurosurg 65:545–549

Roost D van, Schaller C, Meyer B, Schramm J (1997) Can neuronavigation contribute to standardization of selective amygdalohippocampectomy? Stereotact Funct Neurosurg 69:239–242

Spiegel EA, Wycis HT, Marks M, Lee AJ (1947) Stereotaxic apparatus for operations on the human brain. Science 106:349–350

Sturm V, Pastyr O, Schlegel W et al. (1983) Stereotactic computertomography with a modified Riechert-Mundinger device as the basis for integrated stereotactic neuroradiological investigations. Acta Neurochir Wien 68:11–17

Heutiger Stellenwert der intraoperativen Navigation und der roboterassistierten Operationstechnik in Orthopädie und Traumatologie

Werner Siebert

Inhalt

1 Anwendungsmöglichkeiten von Navigation und Robotik in Orthopädie und Traumatologie 306

2 Navigation, Robotik und Referenzierung 309

3 Computerassistiertes Operieren 310
3.1 Passive Systeme 311
3.2 Semiaktive Systeme 311
3.3 Aktive Systeme 312

4 Navigation 313

5 Operationsdauer und -planung in der Robotik 314

6 Roboterunterstützte Hüftendoprothetik 315

7 Knieendoprothetik mit dem Operationsroboter CASPAR . . 316

Literatur 322

1
Anwendungsmöglichkeiten von Navigation und Robotik in Orthopädie und Traumatologie

In den letzten Jahren haben sich viele Anwendungsmöglichkeiten für computergestütztes Operieren, Navigation und inzwischen auch Robotik in Orthopädie und Traumatologie entwickelt. Wenn diese Techniken heute auch noch nicht perfekt sind und wenn sie auch noch nicht überall eingesetzt werden, so bieten sie doch ein großes Potenzial für die Zukunft und für die Verbesserung der Operationstechniken. Qualitätssicherung spielt auch bei operativen Verfahren in Orthopädie und Traumatologie eine große Rolle. Computerassistiertes Operieren, Navigation und Robotik sind wichtige Hilfsmittel auf dem Weg zu einer möglichst sicheren operativen Versorgung für den Patienten. Insbesondere bei minimal invasiven Operationen, die in der sog. Schlüssellochchirurgie eine wesentliche Rolle spielen, ist es oft sehr hilfreich, die Zielgebiete der Operation mithilfe von dreidimensionaler Bildwandlertechnologie, Navigation, computerassistiertem Operieren oder gar Operieren im Computer- und Kernspintomographen darzustellen. Die Entwicklung begann mit Versuchen, die Pedikelschrauben bei Wirbelsäulenoperationen möglichst exakt zu platzieren. Dies ist schwierig, da nahe am Rückenmark durch 5–8 mm große Knochenstrukturen Schrauben von ähnlicher Dicke hindurchgeführt werden müssen, ohne die sehr nahe daran vorbeiziehenden Nerven des Rückenmarks zu verletzen. Heutige Anwendungen basieren deshalb auf den Erfahrungen, die mit der Navigation von Pedikelschrauben an der Wirbelsäule – zunächst an der Lendenwirbelsäule, später auch an der Brust- und Halswirbelsäule – gewonnen werden konnten. Darauf aufbauend wurde dann die Navigation von Verriegelungsnägeln in der Traumatologie entwickelt. Hier besteht das Problem darin, Schrauben, die quer zum Nagel durch den Knochen eingebracht werden, mit möglichst geringer Röntgenbestrahlung exakt durch kleine Löcher zu setzen, die tief im Knochen verborgen sind. Mithilfe der Navigationstechniken und unter Einsatz von Bildwandlern, die dann ihre Daten digitalisiert zu dreidimensionalen Bildern verarbeiten, lässt sich hier erheblich Röntgenstrahlung einsparen. Weitere Entwicklungen in diesem Bereich sind neben exakter Schraubenplatzierung von Verriegelungsnägeln in Oberarm, Ober- und Unterschenkel inzwischen auch die sog. Umstellungsosteotomien. Hierbei werden Knochen, die in O- oder X-Form fehlgestellt sind oder manchmal sogar dreidimensional in allen Ebenen des Raums aufgrund von Erkrankungen oder nach Unfällen schief stehen, durch Entnahme oder Hinzufügung von Knochenkeilen wieder in die richtige Position gestellt. Hierzu bedarf es oft eines sehr guten räumlichen Vorstellungsvermögens und auch dann ist dies selbst mit viel Erfahrung nicht immer optimal zu lösen. Präoperative computertomographische Aufnahmen und intraoperative Bildwandlerkontrollen (Röntgen, das fortlaufend bei der Operation eingesetzt werden kann) ermöglichen hier zwar eine Verbesserung der Operationsergebnisse, aber erst mithilfe der Navigation, der dreidimensionalen Planung am Computer und der Umsetzung dieser Planung im Operationssaal lassen sich optimale Ergebnisse erreichen. Der Ersatz des vorderen Kreuzbands ist ebenfalls eine schwierige Operation, bei der es sehr auf Präzision ankommt. Sowohl der Eintrittspunkt des Bohrkanals im Unterschenkel als auch der Austrittspunkt im Oberschenkel muss innerhalb weniger Millimeter platziert werden. Fehler bei der Platzierung, insbesondere der neu eingezogenen Kreuzbänder aus Sehnen des Körpers oder Fremdgewebe, führen zum Versagen des neuen Kreuzbands und zu einem Misserfolg der Operation. Größtmögliche Genauigkeit bei der Platzierung der Bohrkanäle und der Verankerung der neuen Bänder ist deshalb besonders wichtig. Auch hier kann die Navigation, die dem Chirurgen intraoperativ die Hand führt, von großer Hilfe sein.

Schulterverletzungen nehmen in den letzten Jahren einen immer größeren Raum in der Behandlung, insbesondere bei den minimal invasiv chirurgischen Verfahren, ein. Ausrenkungen des Schultergelenks, angeborene Schulterinstabilitäten oder im Laufe des Lebens erworbene Verletzungen in diesem Bereich können heute durchaus häufig, wenn nicht sogar fast immer, mit arthroskopischen Techniken wieder weitgehend hergestellt werden. Hierbei ist es oft gerade aufgrund der minimal invasiven Operationstechnik nicht ganz einfach, dazu nötige Verankerungsdübel im Schulterknochen sicher und präzise einzubringen. Auch hier hilft die Navigation, dies möglichst zeitsparend, wenig belastend für den Patienten und sicher für Chirurg und Patient durchzuführen.

Die neuesten Entwicklungen betreffen sicherlich den Einbau künstlicher Gelenke. Die exakte dreidimensionale Platzierung der Hüftgelenkpfanne, die neu ins Becken eingesetzt wird, ist oft sehr schwierig. Insbesondere dann, wenn durch sehr großes Körpergewicht diese Fräsung sehr tief im Körper durchgeführt werden muss und die Orientierungspunkte, die dem Chirurgen helfen, sich im Raum zu orientieren, durch überlagerndes Fettgewebe nur schwer zu erkennen sind. Hier werden immer wieder große Schwankungen bei der Platzierung der Pfanne beobachtet. Die Navigation mithilfe von computerassistierten Techniken hilft hier die Pfanne, den neuen Schaft und auch die neue Kugel im Oberschenkel exakt in der richtigen Position einzubringen und damit eine lange Haltbarkeit und ein gutes Einwachsen der neuen Gelenke zu garantieren. Vielleicht sogar noch wichtiger ist diese exakte Platzierung der künstlichen Gelenke am Kniegelenk. Hier ist insbesondere die Rotation der Komponenten sehr schwierig einzuschätzen und es braucht einen sehr erfahrenen Chirurgen, um dies sicher und zuverlässig durchzuführen. Nur wenn Rotation und alle Achsen und Winkel des neuen Gelenks optimal eingesetzt sind, kann man erwarten, dass das Gelenk nicht nur gut funktioniert, sondern auch lange hält. Selbstverständlich wird inzwischen versucht, bei allen anderen künstlichen Gelenken, die eingesetzt werden, mithilfe der Navigation und teilweise auch der Robotik möglichst exakte Platzierungen der Gelenke zu erreichen. Dies gilt nun auch für Schulter-, Ellenbogen-, Hand- und oberes Sprunggelenk.

Folgende Anwendungsmöglichkeiten ergeben sich damit für Navigation und Robotik in Orthopädie und Traumatologie:

- Pedikelschrauben bei Wirbelsäulenoperationen,
- Verriegelungsnagelung,
- Umstellungsosteotomien,
- Kreuzbandchirurgie,
- Schulterstabilisierung,
- Endoprothetik von Hüfte, Knie und anderen Gelenken.

Insbesondere in der Endoprothetik werden hohe Anforderungen an die Weiterentwicklung von Navigation und Robotik gestellt. Mithilfe der Navigation will man die Operationsplanung verbessern, die Operationsgenauigkeit erhöhen, die Operationszeit verringern, das Operationstrauma so gering wie möglich halten sowie den Operationsablauf sicher, zuverlässig und einfach gestalten. Hierzu gibt es viele Möglichkeiten: einerseits operationstechnische Schulungen und Kurse für die Operateure, andererseits Verbesserung der Prothesen und natürlich im Rahmen der Verbesserung der Operationstechnik der Einsatz von Navigation und Robotik. Durch dreidimensionale, vor der Operation angefertigte Modelle lässt sich die räumliche Lagebeziehung zwischen Operation und Planung herstellen. Die am Computer geplante und durchgeführte Operation kann mithilfe von Schablonen dann auf die Operation übertragen werden.

2
Navigation, Robotik und Referenzierung

Die Referenzierung mittels künstlicher Referenzstrukturen erfordert es, dass im Knochen Markierungsstifte und Schrauben eingebracht werden. Um hier dreidimensional eine Lokalisierung durchzuführen, ist ein zusätzlicher Eingriff erforderlich. Dieser Nachteil wird aber durch die verbesserte Genauigkeit sicherlich aufgewogen. Bei Markierungspunkten auf der Haut ist durch die Verschieblichkeit auf der Haut die Genauigkeit nicht so groß. Um eine zweite Operation zu vermeiden, wird zunehmend versucht, in sog. „pinless" durchgeführten Operationen intraoperativ anatomische Markierungspunkte zu erkennen (Abb. 1). Hierzu wird optisch, mechanisch oder magnetisch die Oberfläche abgetastet oder mithilfe von Computertomogrammen oder Röntgenverfahren wie der Bildwandlertechnik intraoperativ ein dreidimensionaler Datensatz gewonnen, der es erlaubt, dann am Computer zu planen, ohne dass eine zweite Operation nötig ist. Anhand dieser

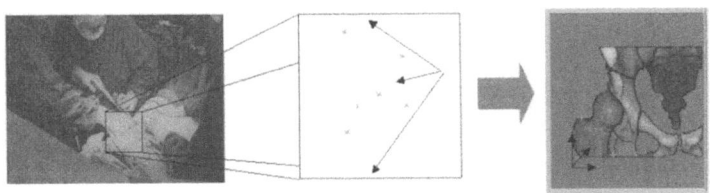

Abb. 1. System von Navigation, Robotik und Referenzierung

Daten ist es dann möglich, sowohl die Instrumente als auch die Hand des Chirurgen zu führen oder einen halb- oder vollautomatischen Roboter zu steuern. Es gibt prinzipiell zwei Möglichkeiten, um dann die gewonnenen Daten auch sicher umzusetzen. Einerseits kann man das zu bearbeitende Objekt, meist einen Knochen, im Raum mittels einer Haltevorrichtung fixieren, andererseits kann man im Knochen eine fixierte Messreferenz einbringen und dann dynamisch referenzieren.

3
Computerassistiertes Operieren

In der computerassistierten Chirurgie ist inzwischen eine Vielzahl von Systemen im Einsatz. Einen kleinen Überblick hierzu gibt Abb. 2. Grundsätzlich unterscheidet man zwischen passiven und aktiven bzw. semiaktiven Systemen.

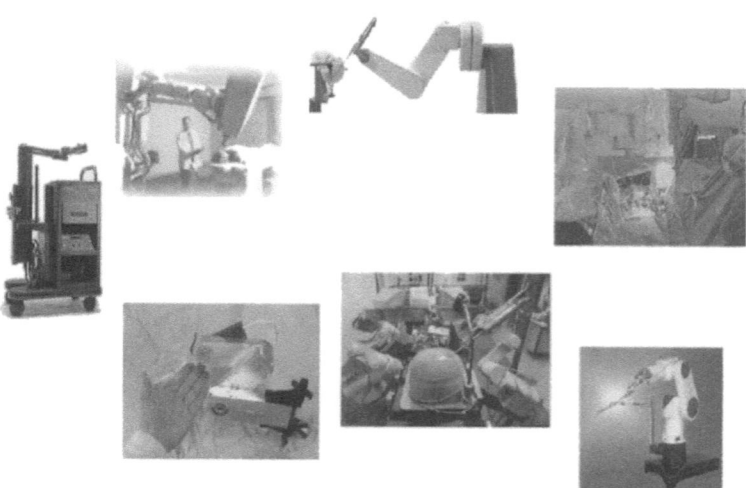

Abb. 2. Übersicht über die beim computerassistierten Operieren verwendeten Geräte

Heutiger Stellenwert der intraoperativen Navigation 311

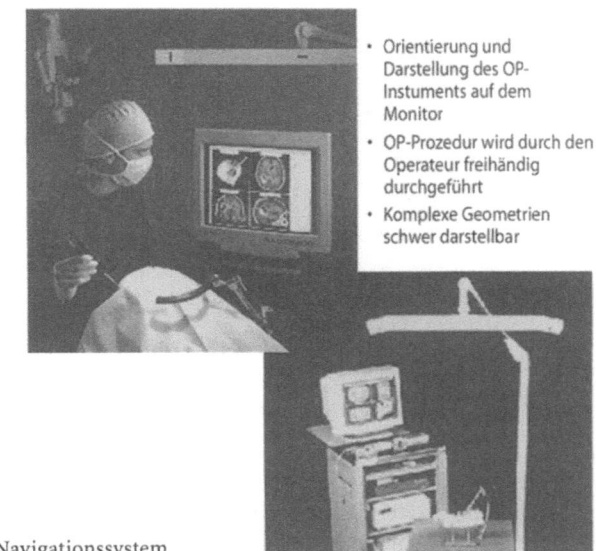

- Orientierung und Darstellung des OP-Instuments auf dem Monitor
- OP-Prozedur wird durch den Operateur freihändig durchgeführt
- Komplexe Geometrien schwer darstellbar

Abb. 3. Passives Navigationssystem

3.1
Passive Systeme

Bei passiven Systemen (Abb. 3) führt der Chirurg das Instrument und mithilfe von aktiven oder passiven Infrarotsonden kann eine Infrarotkamera die Orientierung und Darstellung des Instruments auf einem Computermonitoranzeigen. Sehr komplexe Geometrien sind damit oft schwer darstellbar. Der Operateur muss freihändig, geführt durch das Navigationssystem, den Eingriff ausführen.

3.2
Semiaktive Systeme

Bei semiaktiven computerassistierten Systemen (Abb. 4) wird das OP-Instrument durch den Operateur entsprechend der OP-Planung positioniert, ein kleinerer Hilfsroboter führt dann die entscheidenden, oft sehr präzisen Bohrungen oder Positionierungen der Instrumente aus.

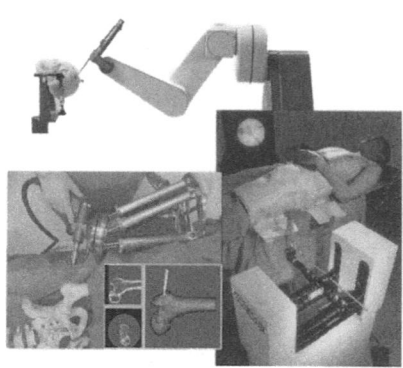

- Führen des OP-Instruments durch den Operateur entsprechend der OP-Planung
- Komplexe Geometrien nur eingeschränkt darstellbar

Abb. 4. Semiaktives Navigationssystem

Hier gibt es schon seit langem Erfahrungen, insbesondere in der Neurochirurgie bei der Positionierung von Kälte- oder Hitzesonden in bestimmten Gehirnarealen, aber inzwischen auch in Orthopädie und Traumatologie bei Bohrungen im Schenkelhals oder anderen Knochen.

3.3
Aktive Systeme

Aktive Systeme (Abb. 5) sind meist aus der Technik übernommene Operationsroboter, die nicht speziell für den Zweck des Operierens gebaut wurden, sondern häufig aus der Fertigung von Computerchips stammen. Diese Verfahren müssen auf exakte computertomographische oder dreidimensionale fluoroskopische Daten zurückgreifen können und intraoperativ das Operationsgebiet exakt referenzieren und erkennen können, um dann mithilfe von schnell drehenden Fräsen Bohrkanäle oder Oberflächen zu bearbeiten, die das exakte Einsetzen von Schrauben, künstlichen Hüft- oder Kniegelenken oder anderen Bauteilen erlauben. Der Roboter führt die exakte, reproduzierbare Umsetzung der präoperativen Planung unter Kontrolle des Operateurs durch. Auch komplexe Geometrien können damit gefräst, gebohrt oder hergestellt werden.

- Exakte, reproduzierbare Umsetzung der präoperativen Planung unter Kontrolle des Operateurs
- Umsetzung komplexer Geometrien möglich

Abb. 5. Aktives Navigationssystem – Robotik

4
Navigation

Mithilfe der Navigation wird versucht – und es ist inzwischen eine Vielzahl von unterschiedlichen Systemen auf dem Markt verfügbar – Expertenwissen über diese Geräte auch an weniger erfahrene Operateure weiterzugeben, um ein möglichst sicheres Operieren zu erreichen. Dem erfahrenen Operateur helfen diese Navigationssysteme die Operationsgeschwindigkeit und die Sicherheit zu erhöhen. Das Funktionsprinzip der Navigationssysteme besteht darin, dass bei optischen Systemen eine Infrarotkamera und ein Sender in Kontakt treten und ein navigiertes Instrument, das meist eine aktive Sonde enthält, manchmal aber auch passive Marker aufgetragen hat, von der Infrarotkamera dreidimensional im Raum erkannt und positioniert wird.

Bei magnetischen Systemen ist eine Sichtlinie, d.h. ein direkter optischer Kontakt zwischen Kamera und eingesetztem Instrument mit aktiven Markern, nicht erforderlich. Allerdings sind die Magnetfelder und die Spulen im Magnetfeld störungssensibel. Bei kinematisch funktionierenden Navigationssystemen ist eine prä- oder intraoperative Bildgebung nicht notwendig. Hier wird aufgrund von Bewegungsdaten, die übertragen werden, ein Bild vom Knie- oder Hüftgelenk gewonnen, anhand dessen es ohne Röntgen oder zusätzliche CT-Bearbeitung möglich ist, eine dreidimensionale Orientierung des zu operierenden Körperteils zu erstellen. Bewährt hat sich dieses Verfahren insbesondere bei der Navigation von Knietotalendoprothesen (Knie-TEP). Hier können nach der Navigation die üblichen Sägelehren aufgesetzt werden und dann kann die Sägung sicher und mit hoher Präzision durchgeführt werden, ohne zusätzliche Röntgenbestrahlung zur Positionierung dieser Schablonen. Bei der kinematischen Orientierung erfolgt die Referenzierung, indem Bewegungen durchgeführt werden, mit denen ein Hüft-, ein Knie- und ein Sprunggelenkzentrum klar definiert und daraus die zu verändernden Achsen berechnet werden. Die Instrumente werden dann sicher mit diesen Hilfsmitteln geführt eingesetzt und die Sägungen können durchgeführt werden. Intraoperativ ist die Kontrolle der exakten Achsen und Winkel in 3 Ebenen möglich und auch postoperativ kann mithilfe dieses Systems geprüft werden, ob die Prothese optimal sitzt. Das System führt den Chirurgen durch die Operation und gibt ihm die Sicherheit, dass alle Winkel und Achsen und alle Sägeschnitte in einem sehr engen Genauigkeitsrahmen durchgeführt werden. Die zusätzliche zeitliche Belastung ist gering und beträgt im Schnitt etwa 15 min mehr als bei einer Operation ohne Navigation.

5
Operationsdauer und -planung in der Robotik

In der Robotik ist der zeitliche Aufwand im Vergleich zur Navigation durchaus etwas größer. Aktive Systeme benötigen prä- oder intraoperative dreidimensionale Daten, mit denen der Fräsroboter dann gesteuert werden kann. Die zu bearbeitenden Knochen dürfen sich nicht mehr bewegen, wenn die Fräsung begonnen hat, deshalb wird häufig eine Verwackelungssicherung oder eine zusätzliche Navigation eingesetzt, die sofort die Operation abbricht, wenn hier Bewegungsartefakte auftreten. Es gibt prinzipiell zwei Möglichkeiten: Einerseits kann durch einen präoperativen Marker, der in der Hüfte oder im Knie eingebracht und dann im Computertomogramm dargestellt wird, die präoperative Planung durchgeführt werden, andererseits kann auch intraoperativ mithilfe von Navigation und Bildwandler ohne Pins registriert werden.

Diese Daten können dann zur Fräsung dienen. Weit verbreitet ist diese Methode für Hüft-, aber auch für Knietotalendoprothesen. Man erhofft sich von der hohen Präzision der Fräsung und der Genauigkeit, mit der zementfreie Implantate eingesetzt werden können, dass diese schnell einwachsen und lange gut halten. Wissenschaftliche Langzeitstudien dazu können natürlich jetzt noch nicht vorliegen, da diese Verfahren erst wenige Jahre zur Verfügung stehen. Die Anfangsergebnisse sind aber durchaus ermutigend. Die Genauigkeit der Operation und die Umsetzung von Planung und Operation sind bisher sehr sicher.

6
Roboterunterstützte Hüftendoprothetik

Die Vorteile der roboterunterstützten Hüfttotalendoprothesenimplantation liegen in einer exakten Aufbereitung des Femurs sowie in der optimalen Prothesenlage (Abb. 6 und 7), insbesondere bei extremen Veränderungen der Knochen durch Unfälle, Schädigungen oder vorausgegangene Operationen, die den Knochen verändert oder total verschlossen haben. Die Nachteile dieses Verfahrens sind der große tech-

Abb. 6. Präoperative Planung und postoperatives Röntgenbild bei Hüft-TEP (ap)

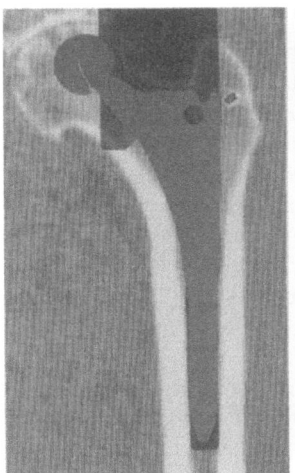
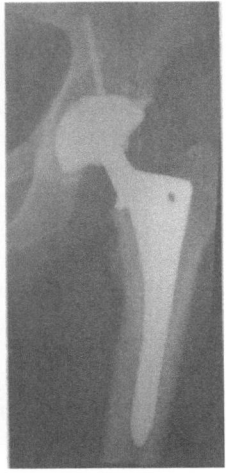

3 Wochen post OP, ap

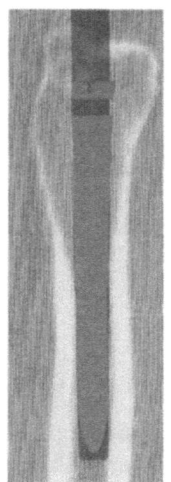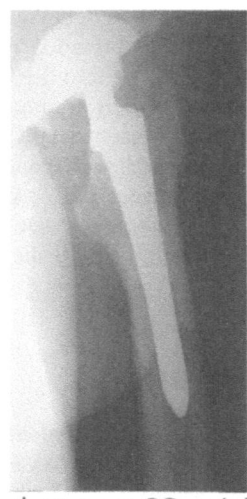

Abb. 7. Präoperative Planung und postoperatives Röntgenbild bei Hüft-TEP (axial)

3 Wochen post OP, axial

nische und personelle Aufwand, der höhere Zeitbedarf für die Operation und die auch damit verbundenen höheren Kosten. Bisher zeigen die Ergebnisse, dass keine zusätzlichen Komplikationen zu erwarten sind, der Vergleich mit konventionell operierten Patienten ergibt hier keinerlei Nachteile hinsichtlich Infektion, Blutung oder intraoperativen Problemen. Die OP-Zeiten sind allerdings verlängert. Für eine roboterassistierte Hüfttotalendoprothese müssen in unserem Hause etwa 140 min gerechnet werden, für eine konventionell eingesetzte nur 89 min. Die Nachuntersuchungen und die prospektiven randomisierten Studien auch von größeren Serien haben begonnen und werden zeigen, ob der vermehrte technische Aufwand mit der Robotik oder auch der Navigation gerechtfertigt ist.

7
Knieendoprothetik mit dem Operationsroboter CASPAR

Die roboterunterstützte Knieendoprothetik ist noch ein sehr neues Feld, das wir für den Operationsroboter CASPAR entscheidend miteinander geprägt haben — dies unvollständig im Original.

gen konnten. Knietotalendoprothesen sind sehr schwierig einzusetzen und wenn hier nicht alle Winkel optimal getroffen werden, muss leider festgestellt werden, dass damit auch vorzeitige Lockerungen einhergehen. Die Literatur zeigt, dass suboptimale Ergebnisse hauptsächlich auf Achsenfehler bei der Implantation zurückzuführen sind. Durch den Einsatz des Roboters lassen sich alle Bedingungen erfüllen: genaue Achsenfestlegung, genaue präoperative Planung, hohe Sicherheit, mit der diese Planung in die Operation umgesetzt wird, und daraus zu erwartende Präzision bei der Implantation des neuen Gelenks.

Es ist zu erwarten, dass bei einem 99%igen Kontakt zwischen Prothese und Knochen und einem Abstand unter 0,1 mm die knöcherne Integration bei zementfreien Implantaten rasch gelingt und ein sicheres Einwachsen der Prothese möglich wird. Achsabweichungen sind bei konventioneller Einbautechnik ohne Navigation und Robotik durchaus häufig zu beobachten. Verschiedene Autoren wie Aglietti u. Buzzi (1988), Petersen u. Engh (1988), Jeffery et al. (1991), Tew u. Waugh (1985) und Stern u. Insall (1992) haben in der Literatur gezeigt, dass erhebliche Achsabweichungen selbst bei erfahrenen Operateuren in nennenswerter Prozentzahl auftreten können (Tabellen 1 und 2).

Tabelle 1. Varus-Valgus-Abweichungen in der Literatur

Autor	Zahl der durchführten TEP	Abweichung von der idealen Achse
Aglietti u. Buzzi 1988	85	49% >2°
		4% >7°
Petersen u. Engh 1988	50	26% >3° (3°Varus – 16°Valgus)
Jeffery et al. 1991	115	32% >3°
Tew u. Waugh 1985	428	34% >5°
		7% >9°
Stern u. Insall 1992	289	(6°Varus – 16°Valgus)

Tabelle 2. Sagittales Alignement in der Literatur

Autor	Zahl der durchgeführten TKA	Femur	Tibia
Stern u. Insall 1992 (post. stab.)	289	Ø 19° Flexion, (−3° – +40°)	Ø 89° (84°–95°)

Varus-Valgus-Abweichungen von 5° finden sich relativ häufig. Varus-Valgus-Achsenfehler führen aber zu vorzeitiger Lockerung der Implantate, wie eine Studie von Duffy (1998) zeigen konnte. Ähnlich waren die Ergebnisse von Jeffery et al. (1991). Wenn die ideale Beinachse nicht hergestellt werden konnte und eine Achsabweichung von mehr als 3° vorlag, waren nach 8 Jahren 24% der zementfrei eingebrachten Knieprothesen locker. Lag der Achsenfehler unter 3°, waren nur 3% im gleichen Zeitraum gelockert.

Es ist also sehr lohnend, die Beinachse ideal wiederherzustellen und bei der Operation ebenfalls die korrekte Gelenklinie und die korrekte Gelenkspannung zu erreichen. Die Anforderungen an eine Implantationstechnik müssen deshalb Verbesserung der Operationsplanung und Präzision der Ausführung beinhalten. Die OP-Zeit und das Operationstrauma sollten dadurch nicht negativ beinflusst werden. Dies waren die Ziele, als wir mit der Entwicklung der Knietotalendoprothesenoperationen mit dem Operationsroboter CASPAR begannen. Nach ausführlichen Testungen am Kunstknochen und am Leichenmodell konnten wir die weltweit erste Operation mit dem Operationsroboter CASPAR am 27. 03. 2000 für eine Knietotalendoprothese in der Orthopädischen Klinik in Kassel durchführen (Abb. 8). Da das Verfahren sehr gut funktionierte und sehr gut standardisiert werden konnte, konnten wir bereits am 11. 05. 2000 die erste beidseitige Knietotalendoprothesenoperation mit dem Roboter in einer Sitzung durchführen. Bei dieser Operation ist es wegen der Präzision bisher noch notwendig, präoperative Marker einzubringen, die dann im CT exakt vermessen werden und anschließend für die Planung als Grundlage dienen. Die hohe Präzision bei Beachtung aller Achsen und Winkel erlaubt es, schon am Computer die Prothesenimplantation zu simulieren, Bandspannungen durchzuspielen, Achskorrekturen und Prothesengrößen zu erproben und so, wenn die Operation mit dem Roboter beginnt, schon über alle diese Dinge informiert zu sein und verschiedene Möglichkeiten schon durchgespielt zu haben, so dass ein optimales Ergebnis erwartet werden darf (Abb. 9).

Die Fräsbahnen garantieren eine hohe Sicherheit, so dass keine Gefäße und Nerven verletzt werden und die Prothesen sicher und mit sehr hohem Knochenkontakt implantiert werden können. Es ist allerdings eine Halterung erforderlich und die Operation verlängert sich geringfügig um etwa 15–20 min. Eine zweite Operation ist erforderlich. Die bisher durchgeführten Operationen sind sehr sicher und exakt

- Entwicklung der Instrumente, der Software und des Roboters seit 1999
- Tests am Kunstknochen
- Tests am Kadavermodell
- Standardisierung des OP-Ablaufs
- **27.3.2000:** erste CASPAR-Knie-TEP in der orthopädischen Klinik Kassel
- **11.5.2000:** erste doppelseitige CASPAR-Knie-TEP

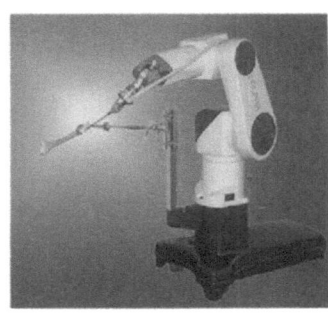

Abb. 8. CASPAR-System zur Knie-TEP-Implantation

möglich gewesen, Komplikationen sind bisher nicht aufgetreten, die Implantate funktionieren in den Nachkontrollen bisher hervorragend. Wir haben inzwischen 60 Kniegelenke bei 59 Patienten operiert, durch-

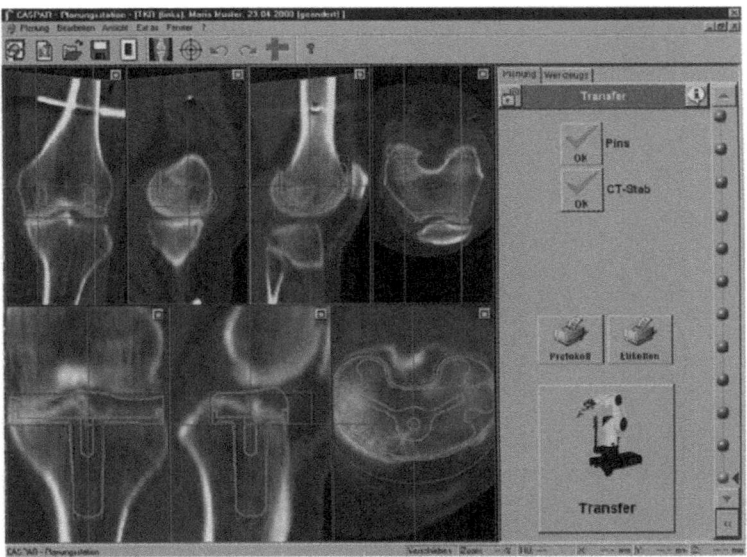

Abb. 9. Screenshot der präoperativen Planung

schnittlich waren die Patienten 67 Jahre alt. Alle Daten sind in einer prospektiven Studie erfasst und werden exakt kontrolliert. Die Operationsdauer konnte von anfänglich 200 min inzwischen auf 90 min reduziert werden. Es ist heute möglich, eine normale Hautinzision einzusetzen und es kann der Blutverlust reduziert werden, da die Markhöhlen nicht mehr eröffnet werden und kein Metallstab in Ober- oder Unterschenkel eingebracht werden muss. Die Registrierung, die intraoperative Handhabung und auch die Sauberkeit sind sehr gut und sehr einfach handhabbar. Die Prothesen haben einen hohen Knochenkontakt und passen perfekt nach der Fräsung durch den Roboter. Wir konnten postoperativ bisher immer eine korrekte mechanische Achse erreichen und die Patienten waren in der Lage, sehr frühzeitig das volle Bewegungsausmaß, das diese Prothese ermöglicht, umzusetzen. Volle Belastung ist vom ersten Tag an erlaubt.

Zusammenfassend kann gesagt werden, dass die roboterassistierte Knie-TEP-Implantation mit dem Operationsroboter CASPAR eine korrekte präoperative dreidimensionale Planung erlaubt, die intraoperativ präzise umgesetzt werden kann. Es ist nur ein geringer Knochenverlust

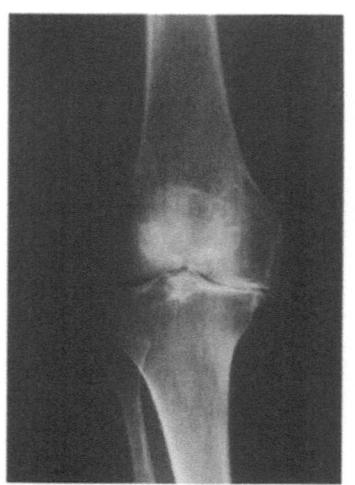
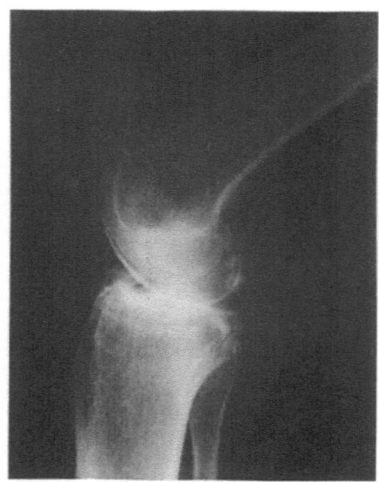

- Ex/Flex 0/10/110°
- Achse: 3° varus (anat.), 9° varus (mech.)

Abb. 10. Kniegelenk einer 80-jährigen Patientin vor der Operation

mit der Operation verbunden, so dass auch erneute, später vielleicht erforderliche Wechseloperationen bei noch guter Knochensubstanz möglich sein werden. Die Wiederherstellung aller Achsen und Winkel ist uns bisher immer perfekt gelungen. Die Achsabweichung war niemals größer als 0,8° (Abb. 10 und 11).

Das Operationsergebnis ist somit deutlich besser als in unseren Händen bisher mit Navigation und mit konventionellen Verfahren möglich. Es ergab sich eine ausgezeichnete Stabilität und eine sichere Korrektur der Achsen sowie hohe Präzision beim Einbau des Implantats. Es wurden keinerlei Nerven und Gefäße geschädigt und damit war eine hohe Sicherheit für den Patienten bei der Operation gegeben. Natürlich muss diese Methodik weiterentwickelt werden und sie muss beweisen, dass sie den Aufwand lohnt. Bei schweren Veränderungen wird sicherlich eine Kombination von Robotik und Navigation erforderlich werden. Inwieweit in der Zukunft mithilfe dieser neuen Techniken auch ganz andere Prothesen eingesetzt werden können, muss sich zeigen. Pro-

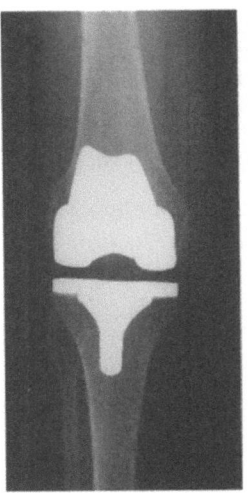
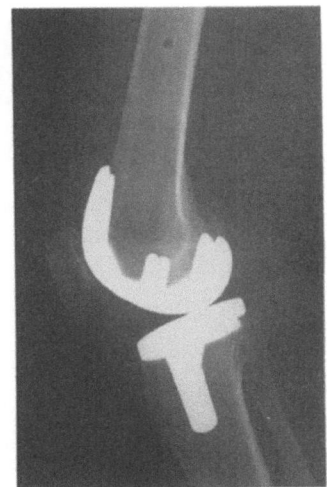

•Ex/Flex 0/0/100° (bei Entlassung)
•Achse: 5° valgus (anat.), 1° varus (mech.)

Abb. 11. Kniegelenk der Patientin aus Abb. 10 nach implantierter Knie-TEP, unterstützt durch den Operationsroboter CASPAR

spektive randomisierte Studien müssen die Überlegenheit dieser Verfahren erst noch beweisen, damit der größere technische und finanzielle Aufwand auch zum Wohle der Patienten gerechtfertigt ist.

> Die Zukunft wird zeigen, ob computerassistiertes Operieren, Navigation und Robotik im Operationssaal einen dauerhaften Platz erobern können. Die hohe Präzision, die Hilfe für den Operator und die Sicherheit für den Patienten sprechen jedoch dafür, dass dies – wenn auch mit anderen Systemen, als sie uns heute zur Verfügung stehen – sicherlich eine wertvolle Bereicherung unserer Möglichkeiten sein wird.

Literatur

Aglietti P, Buzzi R (1988) Posteriorly stabilised total-condylar knee replacement. Three to eight years follow-up of 85 knees. J Bone Joint Surg 70B:211–216

Duffy GP (1998) Cement versus cementless fixation in total knee arthroplasty. Clin Orthop 356:66–72

Jeffery RS, Morris RW, Denham RA (1991) Coronal alignement after total knee replacement. J Bone Joint Surg 73B:709–714

Petersen TL, Engh GA (1988) Radiographic assessment of knee alignment after total knee arthroplasty. J Arthroplasty 3:67–72

Siebert W (2000) Minimal invasive Verfahren in Orthopädie und Traumatologie. Springer, Berlin Heidelberg New York Tokyo

Stern SH, Insall J N (1992) Posterior stabilized prothesis. J Bone Joint Surg Am 74A:980–986

Tew M, Waugh W (1985) Tibiofemoral alignement and the results of knee replacement. J Bone Joint Surg Br 67B:551–556

Sachverzeichnis

A

Aberration, genetische 35
ACE-Hemmer 143
adrenogenitales Syndrom (AGS) 71
Alport-Syndrom 16
Alzheimer-Demenz 120
Alzheimer-Erkrankung 108, 130
AMD (s. Makuladegeneration, altersabhängige)
Aminosäure 27, 91
Amplifikation 53
- Signalamplifikation 53
Amplifikationsreaktion 53
Amplifikationsverfahren 49
Aneurysma 233, 238, 239
- arterielles 233
- Behandlungskonzept 239
- endovaskuläre Embolisation 234, 238
Aneusomie 33
- numerische 33
- segmentale 33
Angina pectoris 138, 149
Angiogenese 136, 137, 139, 157
- Neoangiogenese, therapeutische 149
- Sicherheitsaspekte 157
- therapeutische 137, 157
Angiogramm 273, 274
- Fluoreszenzangiogramm 273, 274
Angiographie 254
- Online-MR-Angiographie 254
- Rotationsangiographie 239
- Subtraktionsangiographie, digitale (DSA) 230, 234
Angiom 233, 234
- Embolisation 234
- zerebrales (AVM) 233
Angioplastie, perkutane transluminale (PTA) 251
Angiopoetine 141
Antikörper, monoklonale 168, 196
APC-Resistenz (s. auch Leiden-Mutation) 84
Apoptose 143
Applikationssysteme 159
- andere Katheter 166
- Ballonkatheter, modifizierter 159
- lokale 159
- Stent, modifizierter 164
Arrays 129
Arteriitis temporalis 271
Arteriogenese 137, 139
Arteriosklerose 110, 273
Arthritis, rheumatische 108, 111
Arzneimittel 96
- gentechnisch hergestellte 96
Asklepiadenschule, römische 182
Augenchirurgie 257
Augenveränderung, diabetische 262
Automatisierung 9
autosomal-dominante Erkrankungen 40
autosomal-rezessive Erkrankungen 39
AVM (s. zerebrales Angiom)

Ballonkatheter, modifizierter 159
Bandscheiben 201
Bandscheibenresektion, minimal invasive 209
Bandscheibenvorfall 231
Basenpaare 24
Basenpaarung, komplementäre 31, 49
Basilarisverschluss 245
Beinischämie, kritische 137, 153
Beinischämiemodell 147
Beratung, genetische 42
Bioinformatik 122, 124
Biotechnologie 9, 17
Blasenkarzinom 193
Blasentumor 186
Blasentumorentfernung, transurethrale (TUR-B) 190
Blindheit, akute 244, 279
Blutung 234, 238, 284
- Hirnblutung 234
- intrazerebrale 284
- Subarachnoidalblutung 238
Blutungskomplikation, zerebrale 274, 284
Blutverlust 189, 193, 206
Brachytherapie, High-Dose-Rate- (HDR-) 191

center of excellence 192, 195
Chip-Array-Verfahren 65
Chiptechnologie 120, 129
Chirurgie 185, 193, 195, 200, 201, 227, 234, 257, 264, 266, 293, 302–306
- Augenchirurgie 257
- Epilepsiechirurgie 302
- Glaskörperchirurgie 266
- Hirnchirurgie 293
- Laserchirurgie 266
- Mikrochirurgie, endoskopische 200
- minimal invasive (MIC) 12, 14, 190, 193, 306
- Neurochirurgie 293
- Prostatachirurgie 185
- Radiochirurgie 234
- Schlüssellochchirurgie (s. auch minimal invasive Chirurgie) 306
- Subretinalchirurgie 264
- Telechirurgie 195
- Unfallchirurgie 201
- Wirbelsäulenchirurgie 201, 227
Chondrozyten 111
Chorioidea 273
Chromosomen 24
Chromosomentranslokationen 93
Claudicatio intermittens 138
Clippung 239
Code, genetischer 28, 90, 124
Codon 27, 32, 91
Coilkonfiguration 240
Coils 239
Computer 8, 194, 296, 307
computerassistiertes Operieren 306, 310, 322
Computertomographie (CT) 17, 207, 230, 247, 294
- Perfusions-CT 247
Crick, Francis 90
CT (s. Computertomographie)
C-Verletzung 207

Datenbanken 122
- Gendatenbank 122
- Proteinstrukturdatenbanken 122
Datenmanagement 124
Datenverarbeitung 296
Datenverarbeitungssystem 11
Dekompression, spinale 222
Deletion 35, 93
Detektionsverfahren 60, 67
- fluoreszenzanalytisches 60
- massenspektroskopische 67

Diabetes mellitus 16, 40, 70, 108, 143, 170
diabetische Augenveränderung 262
Diagnostik 17, 41, 42, 60, 70, 74
- molekulare 41, 60, 70
- Pränataldiagnostik 42, 74
- Röntgenbilddiagnostik 17
Differenzierungspotential 107
digitale Subtraktionsangiographie (DSA) 230, 234, 294
Dittel, Leopold von 184
DNA 8, 21–25, 44, 46, 49–52, 54, 58, 65, 91, 94, 116, 146–149, 153
- Amplifikate 52
- Array 65
- Bausteine 23
- Diagnostik 94
- Fragmente 50, 54
- Ligase 25
- liposomenkomplexierte 149
- Plasmid 146, 148, 153
- Polymerase 25, 49
- Präparation 46
- Sequenzierung 44, 58
- Struktur 21
DNS (s. DNA)
Dolly-Experiment 92, 102
Doppelballonkatheter 148, 159
Doppelhelix 24
Dotter, Charles 165
Down-Syndrom 34
DSA (s. digitale Subtraktionsangiographie)
Duplikation 35

EG-Zellen (s. embryonic germ cells)
Eingriff 205
- thorakoskopischer 205
- Zwei-Höhen-Eingriff 222
Eizellenspende 104
Elektrophorese 54, 121
- Polyacrylamid-Gelelektrophorese 121
Elektroresektion, transurethrale (TUR-P) 190
Embolie 271
- Thromboembolie 70, 84
Embolisation 234, 238
- endovaskuläre 234, 238
- von Aneurysmen 238
- von Angiomen 234
Embolisationsmaterialien 237
Embryo 103, 104
- Einfrieren von Embryonen 104
embryonale Stammzellen (ES-Zellen) 103, 106, 108
Embryonenschutzgesetz 103, 105
embryonic germ cells (EG-Zellen) 106
Endoprothetik 308
Endoskop 257–260
- Faserendoskop 259
- GRIN-Endoskop 259
- Mikroendoskop 257
- Stabendoskop, solides 260
Endoskopie 185, 258, 301
- Glaskörperendoskopie 258
- Gradientenindexendoskopie (GRIN) 259
- Neuroendoskopie 301
- urologische 185
endoskopische Anatomie 214
endoskopische Fusionstechnik 205
endoskopische Mikrochirurgie 200
endoskopische Portale 208
endoskopisches Instrumentarium 209
endotheliale Dysfunktion 144
Endothelzellen 110, 139
Endourologie 183
endovaskuläre Embolisation 234, 238
- von Aneurysmen 238
endovaskuläre Technik 230
EPAR-Lasersystem 248
Ephrine 141

Epilepsiechirurgie 302
Erbanlage 117
Erbgut, menschliches 21
Erbinformation 22, 33
Erbkrankheiten 5, 40, 93
Erkrankungen 39, 40
- Alzheimer-Erkrankung 108, 130
- autosomal-dominante 40
- autosomal-rezessive 39
- Gefäßerkrankung, ischämische 138
- Herzerkrankung, ischämische 137, 149
- Herzerkrankung, koronare (KHK) 138
- Herz-Kreislauf-Erkrankung 108
- Hirngefäßerkrankung 294
- Krebserkrankung 196
- multifaktorielle 39
- Nervenzellenerkrankung 108
- Parkinson-Erkrankung 108, 120, 295
Erythropoetin 92
ESWL (s. extrakorporale Stoßwellenlithotripsie)
ES-Zellen (s. embryonale Stammzellen)
Exon 29
extrakorporale Stoßwellenlithotripsie (ESWL) 188

Facettensyndrom 231
familiäres medulläres Schilddrüsenkarzinom (FMTC) 79
Faserendoskop 259
FCS (s. Fluoreszenzkorrelationsspektroskopie)
FGF (s. fibroblast growth factors)
Fiberoptik 247
Fibrinolyse 243, 247, 250, 287
- Komplikationen 287
- lokale intraarterielle (LIF) 243, 247, 287

- Ultraschallfibrinolyse 250
- ultraschallunterstützte 243
fibroblast growth factors (FGF) 141
FISH (s. Fluoreszenz-in-situ-Hybridisierung)
fluorescence resonance energy transfer (FRET) 64
fluoreszenzanalytische Detektionsverfahren 60
Fluoreszenzangiogramm 273, 274
Fluoreszenz-in-situ-Hybridisierung (FISH) 43
Fluoreszenzkorrelationsspektroskopie (FCS) 60
FMTC (s. familiäres medulläres Schilddrüsenkarzinom)
Forschung 88, 90, 119-122, 133
- Genomforschung 119
- Grundlagenforschung 88, 90
- Proteomforschung 119-122, 133
Fortschrittsrate 192
Fragiles-X-Syndrom 37
Fraktionierungsmethoden 129
Fräsroboter 314
FRET (s. fluorescence resonance energy transfer)
Funktionsmapping 300
- intraoperatives 300
- präoperatives 300
Fusionstechnik, endoskopische 205

Gearhart, John 107
Gedächtnis 130
Gedächtnisentstehung 130
gedächtnisrelevante Proteinveränderungen 132
Gefäße 231
- Okklusion 231
- Rekanalisation 231, 243
Gefäßendothel 137

Gefäßerkrankung, ischämische 138
Gefäßmalformation (s. auch Malformation, arteriovenöse) 234
Gefäßmissbildung, arteriovenöse (s. auch Malformation, arteriovenöse) 300
Gefäß-Nerven-Bündel 203, 214
Gefäßrekanalisation 231, 243
Gefäßstenose 242
Gefäßverschluss 136, 242
Gefäßwachstumsfaktoren 169
Gelenke, künstliche 307
Genapplikation 137
Gendatenbank 122
Gendefekt 33
Gene 27, 35, 75, 77, 91, 94, 116, 120
- Krankheitsgene 27, 94
- Menin-Gen 77
- Onkogene 35
- Presenilin-Gen 120
- Protoonkogene 75
- Tumorsuppressorgene 75
genetische Beratung 42
genetische Information 22, 30
genetische Krankheiten 118
genetischer Code 28, 90, 124
Genexpression 30
Genkonstrukt 168
Genom 21, 26, 27, 33, 37, 50, 90, 93
- Humangenom 90, 93
- mitochondriales 26, 37
- Postgenomzeitalter 116
Genomforschung 119
Genomics 92, 118, 196
genomische Information 117
Genotyp 36
Genprodukte 26, 118
Genreparatur 10
Gentechnik 88
Gentechnikdebatte 17
gentechnisch hergestellte Arzneimittel 96
gentechnische Medikamente 95
Gentechnologie 93

gentherapeutische Strategie 137, 158, 169
Gentherapie 100, 137, 196
Gentransfer 100, 145, 151, 154
- adventitieller 154
- intramyokardialer 151
Gershenfeld, Neil 5
Gesellschaftsethik 88
Gesetze 103, 105, 106
- Embryonenschutzgesetz 103, 105
- Transplantationsgesetz 106
Gesundheitsfürsorge 2, 113
Gesundheitsmarkt 2
Gesundheitssystem 113
Gesundheitsvorsorge 2
Gewebetransplantation 100
Glaskörperabschnitt 257
Glaskörperchirurgie 266
Glaskörperendoskopie (s. auch Endoskopie) 258
Glaskörperinstrument 258
Glaskörperraum 258, 262
- Medikamententräger im 262
Gradientenindexendoskopie (GRIN) 259
- GRIN-Endoskop 259
Graefe, Albrecht von 272
GRIN (s. Gradientenindexendoskopie)
Gruentzig, Andreas 159
Grundlagenforschung 88, 90

Hämochromatose 43
Hämophilie 5, 44, 54
Harnleitersteine 187
Harnorgane 185
Harnwege 185
Harvey, William 182
Hautzellen 110
Heisters, Lorenz 182
hepatocyte growth factor (HGF) 141
Herzerkrankung 137, 138, 149
- ischämische 137, 149

– koronare (KHK) 138
Herz-Kreislauf-Erkrankung 108
Herzmuskelzellen 110
Heteroplasmie 38
HGF (s. hepatocyte growth factor)
High-Tech-Branche 13
Hilfsroboter 311
Hippocampus 131
Hirnblutung 234
Hirnchirurgie 293
Hirngefäßerkrankung 294
Hirntumor 295
Hochfrequenzdiathermie 221
Hochfrequenzturbinenfräse 208
Hochrasanztrauma 207
Homoplasmie 38
Hüftendoprothetik, roboterunterstützte 315
Humangenom 90, 93
Humangenomprojekt 116, 118
Humaninsulin 92
Humanproteine 92
Huntington-Chorea 5, 37
Hybridisierungstechniken 37
– Fluoreszenz-in-situ-Hybridisierung (FISH) 43
Hypercholesterinämie 170
Hyperhomozysteinämie 84
Hyperthermie 191

Ilmensee, Karl 102
Immuntherapieoptionen 196
Implantate 204, 210, 317
– Platten-Schrauben-Implantat 204
Individualisierung 10, 22, 93
– der Medizin 10, 93
– Therapie 22
Information 22, 30, 117
– genetische 22, 30
– genomische 117
Innovationen 2–6, 12–14, 17, 183, 193
– Anwendungs- und Umsetzungsgeschichte 17
– Erfolg von 14
– evolutionäre 6, 13
– medizinische 3, 17
– Reifungs- und Durchsetzungsprozess 5, 12
– revolutionäre 6, 13
Innovationsdimensionen 12
Innovationsrealisation 7
Innovationsstrategie 10
Innovationsvision 7
Insertion 35, 93
Instabilität, traumatische 225
Instrumente 209, 293, 313
– endoskopisches 209
– Mikroinstrumente 293
– navigierte 313
Insulin 92
Interferone 92
Interleukine 92
Internet 3, 193
Intron 29
In-vitro-Fertilisation (IVF) 104, 106
Ischämiemodell, koronares 144
ischämische Gefäßerkrankung 138
ischämische Herzerkrankung 137, 149
Isotope 127
IVF (s. In-Vitro-Fertilisation)

Jacobaeus 200

Kaku, Michio 8
Kaltlichtbeleuchtung 185
Kaltlichtquelle 208
Kao, John 6
Kardiomyozyten (s. Herzmuskelzellen) 110
Karotisstenose 253, 271
Karotisstromgebiet 244, 247

Karyogramm 42
Karzinome 79, 191, 193
- Blasenkarzinom 193
- familiäres medulläres Schilddrüsenkarzinom (FMTC) 79
- Prostatakarzinom 191
Katheter 10, 148, 158, 159, 166, 230, 235, 236, 274, 281
- Ballonkatheter, modifizierter 159
- Doppelballonkatheter 148, 159
- Mikrokatheter 10, 230, 235, 236, 274, 281
- Nadelinjektionskatheter 148, 158, 166
- zur Substanzapplikation 166
Kathetersysteme 137, 160, 170
Kathetertechnologie 5, 10
Keimbahnmutation 83
Keimbahntherapie 105
Keimzellen 106
Kernspintomographie (s. Magnetresonanztomographie)
Kerntechnologie 93
Kerntransfer 100
Kerntransplantation 102
KHK (s. koronare Herzerkankung)
Klonen 89, 95, 101, 103, 105
- reproduktives 103
- therapeutisches 89, 95, 101
Klonierungsdebatte 117
Knieendoprothetik, roboterunterstützte 316
Knietotalendoprothese (Knie-TEP) 314
Knochenersatzmaterialien 204
Knochenresektion, minimal invasive 209
Knorpelsatz 111
Kodierung 21, 29
koronare Herzerkrankung (KHK) 138
koronares Ischämiemodell 144
Krankengymnastik 224
Krankenhausverweildauer 189

Krankheiten 5, 40, 93, 118
- Erbkrankheiten 5, 40, 93
- genetische 118
Krankheitsgene 27, 94
Krebs 70, 108, 116, 196
- Arten 5
- Krebserkrankung 196
- Krebsleiden 70
- Prävention 196
Kreuzband 307
Künstliche Intelligenz 9

Langzeitdepression (LTD) 131
Langzeitpotenzierung (LTP) 131
Laparoskopie 183, 190
laparoskopische pelvine Staging-Lymphadenektomie 190
Laser 189, 247, 248
- EPAR-Lasersystem 248
- YAG-Laser 247
Laserchirurgie 266
Laserrekanalisation 243
Leiden-Mutation (s. auch APC-Resistenz) 62, 84
Leihmutterschaft 104
Lenzen, Wolfgang 17
Lichttoxizität 263
LIF (s. lokale intraarterielle Fibrinolyse)
LIF-Therapie 287
- Komplikationen 287
lokale Applikationssysteme 159
- andere Katheter 166
- Ballonkatheter, modifizierter 159
- Stent, modifizierter 164
lokale intraarterielle Fibrinolyse (LIF) 243, 247, 287
- Komplikationen 287
- LIF-Therapie 287
lokale Medikamentenapplikation 170
lokale superselektive intraarterielle

Lyse (s. auch Fibrinolyse, lokale intraarterielle) 285
Low-Abundance-Proteine 123, 126, 128
LTD (s. Langzeitdepression)
LTP (s. Langzeitpotenzierung)
Lyse 247, 284, 285
- lokale superselektive intraarterielle (s. auch Fibrinolyse, lokale intraarterielle) 285
- regionale 284
- systemische 247, 284

Magnetresonanztomographie (MRT) 207, 234, 294, 230, 300
- 3-D-MRT 300
- MR-angiographische Techniken 234
- Online-MR-Angiographie 254
Makula 273
Makuladegeneration, altersabhängige (AMD) 262
Malformation 233
- arteriovenöse 233
- Gefäßmalformation 234
Mapping, linksventrikuläres elektroanatomisches 151
Mappingsysteme 145
- linksventrikuläre elektroanatomische 145
Massenspektrometrie 68, 121, 128
- Detektionsverfahren 67, 68
- massenspektrometrische Methoden 121
Medikamente 95
- gentechnische 95
- Proteinmedikamente 92
Medikamentenapplikation 137, 159, 167, 170
- Hilfsmittel 167
- lokale 170
Medizin 5, 112, 183

- molekulare 5, 112
- operative 183
- Reproduktionsmedizin 104
Medizintechnologie 4
MEN1 (s. multiple endokrine Neoplasie Typ 1)
MEN2 (s. multiple endokrine Neoplasie Typ 2)
Mendel, Gregor 90
Menin-Gen 77
messenger RNA (mRNA) 27, 118
Metanomics 92, 196
MIC (s. minimal invasive Chirurgie)
Mikrochirurgie, endoskopische 200
Mikrodrähte 236
Mikroendoskop 257
Mikroinstrumente, neurochirurgische 293
Mikrokanalchips 60
Mikrokatheter 10, 230, 235, 236, 274, 281
- Navigation 236
Mikrosatelliten 27
Mikroskop 203, 293, 297
- Operationsmikroskop 203, 293
Mikrosysteme 230
Miniaturisierung 9, 11, 69, 253
minimal invasive Bandscheibenresektion 209
minimal invasive Chirurgie (MIC) 12, 14, 190, 193, 306
minimal invasive Knochenresektion 209
minimal invasive Operation 306
minimal invasive Techniken 183
minimal invasive Therapie (MIT) 230
MIS (s. multiportales Illuminationssystem)
MIT (s. minimal invasive Therapie)
mitochondriales Genom 26, 37
Mitochondrium 37
Mobilisierung, frühfunktionelle 226
Modifikation, posttranslationale 119

Sachverzeichnis 331

Molekularbiologie 22, 90, 100, 107, 125
molekulare Diagnostik 41, 60, 70
molekulare Medizin 5, 112
molekulare Systemanalyse 129, 133
Morbus Alzheimer (s. Alzheimer-Erkrankung)
Morbus Parkinson (s. Parkinson-Erkrankung)
Morton, Thomas Green 182
MPD (s. multiple photon detection)
MRT (s. Magnetresonanztomographie)
multifaktorielle Erkrankungen 39
multiple endokrine Neoplasie Typ 1 (MEN1) 75
multiple endokrine Neoplasie Typ 2 (MEN2) 44, 79
multiple photon detection (MPD) 126
multiportales Illuminationssystem (MIS) 258, 261
Mutationen 33-36, 55, 62, 83, 84, 91
- intragenetische 33
- Keimbahnmutation 83
- Leiden-Mutation 62, 84
- Punktmutation 35, 36, 91
Mutationsscreening 45, 83
Myotonendystrophie 37

Nadelinjektionskatheter 148, 158, 166
Nanotechnologie 9
Navigation 11, 294, 306, 322
- Neuronavigation 294
Navigationsprinzipien 236
Navigationssystem 11, 294, 296, 311–313
- aktives 313
- Neuronavigationssystem 294
- passives 311
- semiaktives 312
navigiertes Instrument 313
Neoangiogenese, therapeutische 149

Neonatalscreening 41
Neovaskularisierung 139, 157
Nephroskop 187
Nervensystem, zentrales 230
Nervenzellen 131
Nervenzellenerkrankung 108
Netzhaut 257
Netzhautforamina 260
Netzhautödem 271, 275
Neurochirurgie 293
Neuroendoskopie 301
Neuronavigation 294
Neuronavigationssytem 294
Neuronavigationsverfahren 233
Neuroradiologie 231, 234, 253
- interventionelle 234
- mikrointerventionelle 253
Neurotransmitter 131
Nierenbeckensteine 188
Nierensteinentfernung, perkutane 187
Nitze, Maximilian Carl-Friedrich 183
Nitze-Zystoskop 185
Norman, Donald A. 13
Nukleinsäureanalyse 45
Nukleinsäuren 46
- Isolation 46
- Virusnukleinsäuren 48
Nukleotide 91

Okklusion von Gefäßen 231
Onkogen 35,
- RET-Protoonkogen 80
Onkologie, urologische 190
Online-MR-Angiographie 254
Operation 181, 191, 306
- minimal invasive 306
- urologische 181
- urologisch-onkologische 191
- Wirbelsäulenoperation 306
Operationsablauf 211
Operationsmikroskop 203, 293

Operationsnarkose 182
Operationsplanung 205, 308, 314
Operationsroboter 11, 195, 316
Operationszeit 193, 195, 210, 225, 226, 308, 316
operative Medizin 183
Operieren, computerassistiertes 306, 310, 322
Ophthalmoskopie, indirekte 262
Orthopädie 306
Osteolyse 223
Osteoporose 40, 70, 233
Osteosynthese 204
oszillierende Säge 208

Pallidotomie 295
Papille 273
Parkinson-Erkrankung 108, 120, 295
Patente, Pharmaka 112
pAVK (s. periphere arterielle Verschlusskrankheit)
PCR (s. Polymerase-Kettenreaktion)
Pelizaeus-Merzbacher-Krankheit (PMD) 109
periphere arterielle Verschlusskrankheit (pAVK) 138, 153
perkutane Nierensteinentfernung 187
perkutane transluminale Angioplastie (PTA) 251
Phänotyp 36
Philadelphia-Translokation 35
photoakustische Rekanalisation 248
photodynamische Therapie 168
Plaquebildung 144
Plasmid 146, 147
pluripotente Stammzellen 106, 111
PMD (s. Pelizaeus-Merzbacher-Krankheit)
Polyacrylamid-Gelelektrophorese 121

Polymerase-Kettenreaktion (PCR) 37, 43, 49, 60, 95
Polymorphismen 41
Portale, endoskopische 208
Postgenomzeitalter 116
postoperative Phase 224
postoperativer Schmerz 183, 189, 193
postoperativer Schmerzmittelbedarf 226
posttranslationale Modifikation 119
Präimplantationstechnik 104
Pränataldiagnostik 42, 74
präoperatives Funktionsmapping 300
Prävention, Krebserkrankung 196
Presenilin-Gen 120
Promotor 29
Prophylaxe 224, 251
– Schlaganfall 251
– Thrombose 224
Prostata, transurethrale Elektroresektion (TUR-P) 190
Prostatachirurgie 185
Prostatahyperplasie, benigne 186
Prostatakarzinom 191
Prostatavergrößerung 186
Prostatektomie, radikale 192
Proteinbiosynthese 27, 30
Proteine 23, 24, 91, 92, 118, 144
– Humanproteine 92
– Low-Abundance-Proteine 123, 126, 128
– rekombinante 144
– Strukturproteine 24
Proteinexpressionsprofile 119, 124, 130
Proteinmedikamente 92
Proteinmuster 133
Proteinquantifizierungstechniken 128
Proteinsequenz 91
Proteinstrukturdatenbank 122
Proteinveränderungen, gedächtnisrelevante 132

Sachverzeichnis

Proteom 33, 119
Proteomanalytik 124
Proteomforschung 119, 121, 122, 133
- Technik 122
Proteomics 92, 118, 196
Prothese 314
- Knietotalendoprothese (Knie-TEP) 314
Protoonkogene 75
PTA (s. perkutane transluminale Angioplastie)
Punktmutation 35, 36, 91

Radiochirurgie 234
Rearrangement 35
- interchromosomales 35
- intrachromosomales 35
Rekanalisation 231, 248
- Gefäßrekanalisation 231, 243
- Laserrekanalisation 243
- photoakustische 248
rekombinante Proteine 144
Rekonstruktion, 3-D 207, 239, 296, 300
Rekonstruktionssysteme, winkelstabile 227
Replikation 24, 31
- semikonservative 24
Reproduktionsmedizin 104
Resektion 190, 209
- Bandscheibenresektion, minimal invasive 209
- Elektroresektion, transurethrale (TUR-P) 190
- Knochenresektion, minimal invasive 209
Resektoskop 186
retinale Zentralarterie 275
Retinitis 262
RET-Protoonkogen 80
Revolution, wissenschaftlich-technische 8

rheumatische Arthritis 108, 111
ribosomale RNA (rRNA) 23
RNA 22, 23, 27, 118
- messenger (mRNA) 27, 118
- ribosomale (rRNA) 23
- transfer (tRNA) 23
RNS (s. RNA)
Roboter 11, 194, 195, 310, 311, 314, 316
- Fräsroboter 314
- Hilfsroboter 311
- intelligente 194
- Operationsroboter 11, 195, 316
- Sprachroboter 194
roboterunterstützte Hüftendoprothetik 315
roboterunterstützte Knieendoprothetik 316
Roboticsysteme 267
Robotik 9, 306, 314, 322
Röntgen, Konrad Wilhelm 89
Röntgenbilddiagnostik 17
Rosenthal, Daniel 200
Rückenmark 222, 306

Samenspende 104
Schädelbasistumor 298
Schaf Dolly 90
Schlaganfall 242
Schlaganfallbehandlung, akute 243
Schlaganfallprophylaxe 251
Schlüssellochchirurgie (s. auch minimal invasive Chirurgie) 306
Schmerz, postoperativer 183, 189, 193
Schmerzblockade 233
Schmerzchronifizierung 233
Schmerzmittelbedarf, postoperativer 226
Schmerztherapie 232
Schnittbilduntersuchung 230
Schulterverletzung 307

Screening 41, 45, 83
- Mutationsscreening 45, 83
- Neonatalscreening 41
Sehminderung 270, 275
- hochgradige (s. auch akute Blindheit) 270
- irreversible 275
- reversible 275
Sehnerv 262
Sequenzanalyse 21, 58
Sequenzierung 22, 54, 58, 78, 93, 116
Sichelzellenanämie 93
Signalamplifikation 53
single nucleotide polymorphism (SNP) 38, 93
Single-Strand-Conformation-Polymorphism-Technik (SSCP-Technik) 56
SNP (s. single nucleotide polymorphism)
Sondierung, supraselektive 245
Spemann, Hans 102
Spinalkanal 222
Spleißen 27, 30, 32, 118
Spondylodisziitis 225
Sprachroboter 194
SSCP-Technik (s. Single-Strand-Conformation-Polymorphism-Technik)
Stabendoskop, solides 260
Staging-Lymphadenektomie, laparoskopische pelvine 190
Stammzellen 103-106, 108, 111, 146
- adulte 105
- embryonale (ES-Zellen) 103, 106, 108
- pluripotente 106, 111
- Stammzellebene 146
Stenose 242, 253, 271
- Gefäßstenose 242
- Karotisstenose 253, 271
Stent 164, 241, 251
- modifizierter 164
Stentbehandlung 242
Stereotaxie 294

Steroid-21-Hydroxylasemangel 71
Strukturproteine 24
Subarachnoidalblutung 238
Subretinalchirurgie 264
Subretinalraum 258
Syndrom 37, 71
- adrenogenitales Syndrom (AGS) 71
- Alport-Syndrom 16
- Down-Syndrom 34
- Facettensyndrom 231
- Fragiles-X-Syndrom 37
Systemanalyse, molekulare 129, 133

Techniken 37, 56, 88, 104, 128, 183, 205, 230, 234
- endovaskuläre 230
- Fusionstechnik, endoskopische 205
- Gentechnik 88
- Hybridisierungstechniken 37
- minimal invasive 183
- MR-angiographische 234
- Präimplantationstechnik 104
- Proteinquantifizierungstechniken 128
- Single-Strand-Conformation-Polymorphism-Technik (SSCP-Technik) 56
Technologie 4, 5, 9, 10, 17, 93, 120, 129
- Biotechnologie 9, 17
- Chiptechnologie 120, 129
- Gentechnologie 93
- Kathetertechnologie 5, 10
- Kerntechnologie 93
- Medizintechnologie 4
- Nanotechnologie 9
Telechirurgie 195
TGF-β_1 (s. transforming growth factor-β_1)
Thalamotomie 295
Theranostik 38

Therapien 168, 230, 233
- Gentherapie 100, 137, 196
- High-Dose-Rate-(HDR-)Brachytherapie 191
- Keimbahntherapie 105
- LIF-Therapie 287
- minimal invasive (MIT) 230
- okkludierende interventionelle 233
- photodynamische 168
- Schmerztherapie 232
- Zelltherapie 100
Thomson, James A. 106
thorakolumbaler Übergang 216, 220
thorakoskopischer Eingriff 205
Thrombangiitis obliterans 154
Thromboembolie 70, 84
Thrombolyse 242, 279
Thrombolytikum 245, 281
Thromboseprophylaxe 224
Thurow, Lester 2
Titankäfig 223
Titankorb 223
Titanplatte 217, 219
- winkelstabile 217
Transfer-RNA (tRNA) 23
transforming growth factor-β_1 (TGF-β_1) 141
Transkription 27, 32
Transkriptionsfaktoren 32
Transkriptionskomplex 32
Translation 118
Translokationen 35, 93
- Chromosomentranslokation 93
- Philadelphia-Translokation 35
Transplantation
- Gewebetransplantation 100
- Kerntransplantation 102
Transplantationsgesetz 106
transurethrale Blasentumorentfernung (TUR-B) 190
transurethrale Elektroresektion, der Prostata (TUR-P) 190
traumatische Instabilität 225
Traumatologie 306

Trokare 204
- Arbeitstrokar 211
Trokarhülse 203
Tumor 186, 295, 296
- Blasentumor 186
- Hirntumor 295
- intrazerebraler Tumor 298
- Schädelbasistumor 298
Tumorsuppressorgene 75

Ultraschall, transrektaler 191
Ultraschallfibrinolyse 250
Ultraschallmesser 221
ultraschallunterstützte Fibrinolyse 243
Umstellungsosteotomie 308
Unfallchirurgie 201
Ureteroskop 187
Urologie 181
- Endourologie 183
urologische Endoskopie 185
urologische Onkologie 190
urologische Operationen 181
urologisch-onkologische Operationen 191
Uveitis 262

vascular endothelial growth factors (VEGF) 141
Vaskulogenese 139
VATS (s. video-assisted thoracoscopic surgery)
VEGF (s. vascular endothelial growth factors)
Vektoren, virale 145, 154
Vektorsystem 158
Ventrikelsystem 301
Verfahren 49, 60, 65, 67, 203, 233
- Amplifikationsverfahren 49

- Chip-Array-Verfahren 65
- Detektionsverfahren, fluoreszenzanalytisches 60
- Detektionsverfahren, massenspektroskopisches 67
- Neuronavigationsverfahren 233
- videoendoskopisches 203
Verschluss 136, 242-245, 270
- akuter embolischer 244
- Basilarisverschluss 245
- Gefäßverschluss 136, 242
- Zentralarterienverschluss (ZAV) 244, 270, 276, 282
Verschlusskrankheit 138, 153
- periphere arterielle (pAVK) 138
vertebrobasiläres Territorium 244
Vertebroplastie 233
Vesalius, Andreas 89
video-assisted thoracoscopic surgery (VATS) 203
videoendoskopisches Verfahren 203
Videokamera 203, 208, 259
- hochauflösende 203, 208
- Minichipvideokamera 259
Videoturm 208
virale Vektoren 145, 154
virtuelle Realität 194
Virusnukleinsäuren 48
Vorfraktionierung 127

Wachstumsfaktoren 92, 136, 137, 140, 141
- angiogene 137, 140
- gefäßspezifische 141
- gefäßunspezifische 141
Watson, James 90
Weyrich, Claus 6
Wilmut, Ian 102
winkelstabile Rekonstruktionssysteme 227
winkelstabile Titanplatte 217

Wirbelfraktur 216
Wirbelkörper 201
Wirbelkörperersatz 205, 223
Wirbelkörperstruktur 216
Wirbelsäule 200, 205, 232
- instabile Verletzungen 205
Wirbelsäulenabschnitt 214
Wirbelsäulenchirurgie 201, 227
Wirbelsäulenoperation 306
Wundinfektion 189, 193

X-Strahlen 89

YAG-Laser 247

ZAV (s. Zentralarterienverschluss)
Zellen 103-111, 131, 139
- embryonic germ cells (EG-Zellen) 106
- Endothelzellen 110, 139
- Hautzellen 110
- Herzmuskelzellen 110
- Keimzellen 106
- Nervenzellen 131
- Stammzellen, adulte 105
- Stammzellen, embryonale 103, 106, 108
- Stammzellen, pluripotente 106, 111
Zellkern 25, 102, 118
Zelltherapie 100
Zellzyklus 24
Zentralarterie, retinale 275
Zentralarterienverschluss (ZAV) 244, 270, 276, 282
- Prognose 282

– Stadien 276
zentrales Nervensystem 230
Ziliarkörper 260
Zystektomie, radikale 193

zystische Fibrose 54
Zystoskop 183, 185
– Nitze-Zystoskop 185
Zytogenetik 22

MIX
Papier aus verantwortungsvollen Quellen
Paper from responsible sources
FSC® C105338

If you have any concerns about our products,
you can contact us on
ProductSafety@springernature.com

In case Publisher is established outside the EU,
the EU authorized representative is:
Springer Nature Customer Service Center GmbH
Europaplatz 3, 69115 Heidelberg, Germany

Printed by Libri Plureos GmbH
in Hamburg, Germany